高等职业教育系列教材

PLC 基础及应用

第 4 版

主编　廖常初

机械工业出版社

本书介绍了三菱 FX3 系列（FX_{3S}、FX_{3G} 和 FX_{3U} 等）PLC 的工作原理、硬件结构、指令系统、编程软件 GX Works2 和仿真软件 GX Simulator2 的使用方法。介绍了使用函数和功能块实现结构化编程的方法，以及一整套易学易用的开关量控制系统的编程方法。介绍了 PLC 之间、PLC 与计算机和变频器之间通信的编程方法。还介绍了模拟量模块的使用、PID 控制的参数整定方法、提高系统可靠性的措施和用 PLC 控制变频器的方法。实验指导书中有 20 多个实验。

读者扫描本书封底"IT"字样的二维码，输入本书书号中的 5 位数字（63522），就可以获取链接，下载本书的配套资源，包括 31 个视频教程（也可以扫描书中的二维码观看指定的视频教程）、编程软件 GX Works2、仿真软件、20 多本中文用户手册和 40 个例程。

本书可以作为高职高专电类与机电一体化专业的教材，也可供工程技术人员使用。

本书配有电子课件和习题答案，需要的教师可登录 www.cmpedu.com 进行免费注册，审核通过后可下载，或联系编辑索取（QQ：1239258369，电话：010-88379739）。

图书在版编目（CIP）数据

PLC 基础及应用 / 廖常初主编． —4 版．—北京：机械工业出版社，2019.7（2024.8 重印）
高等职业教育系列教材
ISBN 978-7-111-63522-2

Ⅰ. ①P… Ⅱ. ①廖… Ⅲ. ①PLC 技术－高等职业教育－教材
Ⅳ. ①TM571.6

中国版本图书馆 CIP 数据核字（2019）第 185178 号

机械工业出版社（北京市百万庄大街 22 号　邮政编码 100037）
策划编辑：李文轶　　责任编辑：李文轶
责任校对：张艳霞　　责任印制：郜　敏

北京富资园科技发展有限公司印刷

2024 年 8 月第 4 版·第 7 次印刷
184mm×260mm·14.5 印张·354 千字
标准书号：ISBN 978-7-111-63522-2
定价：49.00 元

电话服务　　　　　　　　　　　网络服务
客服电话：010-88361066　　　　机 工 官 网：www.cmpbook.com
　　　　　010-88379833　　　　机 工 官 博：weibo.com/cmp1952
　　　　　010-68326294　　　　金 书 网：www.golden-book.com
封底无防伪标均为盗版　　　　机工教育服务网：www.cmpedu.com

前　言

本书第 2 版被评为普通高等教育"十一五"国家级规划教材，累计印数已达二十多万册。

根据 FX 系列 PLC 硬件和软件的发展，本次对第 3 版的内容作了较大的修订。用 FX 系列的第 3 代产品（简称为 FX3 系列）取代了老产品 FX_{2N}/FX_{2NC}、FX_{1N}/FX_{2NC} 和 FX_{1S}。全面介绍了 FX3 系列的硬件、通信功能和新增的指令。

GX Works2 是三菱全系列 PLC 的新一代编程软件，FX3 系列增加了编程语言 ST（结构文本）和结构化梯形图/FBD（功能块图）。使用函数和功能块，可以实现结构化编程，编写的程序具有很好的可移植性。本书通过实例，详细地介绍了函数和功能块的编写和调试的方法。

GX Works2 内置的仿真软件 GX Simulator2 功能强大、使用方便，可以用它模拟硬件 PLC 来执行用户程序。本书详细介绍了编程软件和仿真软件的使用方法。

应用指令是 PLC 学习的难点，本书介绍了应用指令的学习方法，通过大量的例程，详细地介绍了常用的应用指令的使用方法。做完实验指导书中的 20 多个实验，就能掌握基本指令和常用的应用指令的功能和使用方法，包括子程序、中断程序、函数和功能块的编程方法。

本书介绍了编者总结的一整套先进的开关量控制系统的梯形图设计方法，这些设计方法易学易用，用它们可以得心应手地设计出复杂的开关量控制系统的梯形图，包括具有多种工作方式的系统的梯形图，可以节约大量的设计时间。

本书介绍了 PLC 之间的并联链接通信程序，新增了 N∶N 网络通信、计算机链接通信、PLC 与变频器之间通信的编程方法，还介绍了模拟量模块的使用、PID 控制程序、PID 参数的整定方法、提高系统可靠性的措施和用 PLC 控制变频器的方法。

读者扫描本书封底"IT"字样的二维码，输入本书书号中的 5 位数字（63522），就可以获取链接，下载本书的配套资源，包括 31 个视频教程（也可以扫描书中的二维码，观看指定的视频教程）、编程软件 GX Works2、仿真软件、20 多本中文用户手册和 40 个例程。

本书配有电子课件和习题答案，需要的教师可登录 www.cmpedu.com 进行免费注册，审核通过后可下载，或联系编辑索取（QQ：1239258369，电话：010-88379739）。

本书可以作为高职高专电类与机电一体化专业的教材，也可供工程技术人员使用。

本书是机械工业出版社组织出版的"高等职业教育系列教材"之一，由廖常初主编，孙明渝、廖亮、文家学参加了编写工作。

因编者水平有限，书中难免有错漏之处，恳请读者批评指正。

重庆大学　廖常初

目　　录

VI

第1章　PLC的硬件与工作原理

1.1　FX3系列PLC的硬件结构与性能简介

现代社会要求制造业对市场需求做出迅速的反应，生产出小批量、多品种、多规格、低成本和高质量的产品，为了满足这一要求，生产设备和自动生产线的控制系统必须具有极高的可靠性和灵活性，可编程序控制器（Programmable Logic Controller，简称为PLC）正是顺应这一要求出现的，它是以微处理器为基础的通用工业控制装置。PLC的应用面广、功能强大、使用方便，是当代工业自动化的主要支柱性产品之一。

本书以三菱公司的FX3系列小型PLC为主要讲授对象。FX系列PLC以其极高的性能价格比，在我国占有很大的市场份额。

1.1.1　FX3系列PLC的硬件结构

1. FX3系列PLC概述

经过不断的更新换代，于2017年10月发布的三菱电机自动化产品综合样本中，FX3系列小型PLC的高端机型为FX$_{3U}$和FX$_{3UC}$系列；基本机型为FX$_{3GA}$、FX$_{3GE}$和FX$_{3GC}$系列，总称为FX$_{3G}$系列；简易机型为FX$_{3SA}$系列。此外2015年发布的FX系列样本中还有FX$_{3S}$和FX$_{3G}$系列。

FX3系列PLC采用整体式结构，提供多种不同I/O点数的基本单元、扩展单元、扩展模块、功能扩展板和特殊适配器供用户选用。

FX3系列PLC有很好的扩展性，独具双总线扩展方式。使用左侧总线可以连接多个特殊适配器，数据传输效率高。右侧总线则充分考虑到与原有系统的兼容性，可以连接FX$_{2N}$系列的I/O扩展模块和特殊功能模块。基本单元上可以安装一块或两块功能扩展板（与型号有关），客户根据自己的需要可以组合出性价比最高的控制系统。与老系列相比，存储器容量和软元件的数量有较大幅度的提高，增加了大量的指令。

2. 基本单元与扩展单元

基本单元内有CPU、输入/输出电路和电源。在PLC控制系统中，CPU相当于人的大脑和心脏，它不断地采集输入信号，执行用户程序，刷新系统的输出；存储器用来存储程序和数据。所有基本单元都有一个RS-422通信端口和RUN/STOP开关，FX$_{3SA}$/FX$_{3S}$和FX$_{3G}$系列PLC有一个内置的USB端口和两个内置的模拟量电位器。

扩展单元内置DC 24V电源，I/O点数较多，例如32点和48点，但是没有CPU。扩展模块的I/O点数较少，例如8点和16点，没有内置的电源，由基本单元给它供电。

3. 功能扩展板

安装在基本单元内的功能扩展板的价格便宜，不需要外部的安装空间。功能扩展板有以下品种：4 点开关量输入板、2 点开关量晶体管输出板、2 路模拟量输入板、1 路模拟量输出板、8 点模拟量电位器板；RS-232C、RS-485、RS-422 通信板和 FX_{3U} 的 USB 通信板。

4. 显示模块

显示模块 FX_{3S}-5DM、FX_{3G}-5DM 和 FX_{3U}-7DM 的价格便宜，可以直接安装在基本单元上。使用专用的支架，FX_{3U}-7DM 也可以安装到电器柜上。它们可以显示实时时钟的当前时间和错误信息，可以对定时器、计数器和数据寄存器等进行监视，通过简单的操作，可以修改 PLC 的软元件值。

FX_{3U}-7DM 和 FX_{3G}-5DM 可以显示 4 行，每行 16 个字符或 8 个汉字。FX_{3S}-5DM 可以显示七段数码和图标。

5. 特殊适配器

特殊适配器安装在基本单元的左边。有模拟量输入、模拟量输出、热电阻/热电偶温度传感器输入、脉冲输入（高速计数器）、脉冲输出（定位）、数据收集、MODBUS 通信和以太网通信等特殊适配器。

6. 扩展单元、扩展模块和特殊模块

它们安装在基本单元的右边，FX3 系列可以使用 FX_{2N}/FX_{2NC} 和 FX_{3U} 的扩展单元、扩展模块和特殊模块。有开关量输入/输出扩展单元和扩展模块，还有模拟量输入/输出、网络/通信、高速计数器（脉冲输入）和定位（脉冲输出）模块。

7. 存储器

PLC 的存储器分为系统程序存储器和用户程序存储器。系统程序相当于个人计算机的操作系统，它使 PLC 具有基本的智能，能完成 PLC 设计者规定的各种工作。系统程序由 PLC 生产厂家设计并固化在 ROM 内，用户不能读取。

PLC 的用户程序由用户设计，它决定了 PLC 的输入信号与输出信号之间的具体关系。FX3 系列将用户程序存储器的单位称为步。

PLC 常用以下几种存储器：

（1）随机访问存储器（RAM）

可以用编程软件读出 RAM 中的用户程序或数据，也可以将用户程序和运行时的数据写入 RAM。它是易失性的存储器，RAM 芯片断电后，存储的信息将会丢失。

RAM 的工作速度高，价格低，改写方便。FX_{3U} 和 FX_{3UC} 用 RAM 来存储用户程序。为了在 PLC 断电后保存 RAM 中的用户程序和数据，专门为 RAM 配备了一个锂电池。锂电池可以用 2～5 年，使用寿命与环境温度有关。需要更换锂电池时，PLC 面板上的 BATT 发光二极管亮，表示电池电压过低，同时特殊辅助继电器 M8005 的常开触点接通，可以用它来接通控制屏面板上的指示灯或声光报警器，通知用户及时更换锂电池。

（2）只读存储器（ROM）

用户只能读出 ROM 的内容，不能写入。它是非易失的，即它的电源消失后，也能保存存储的内容。ROM 用来存放 PLC 的系统程序。

（3）电擦除可编程只读存储器（EEPROM）

它是非易失性的，也可以改写它的内容，兼有 ROM 的非易失性和 RAM 的随机读/写的优点，但是写入数据所需的时间比 RAM 长得多。

FX_{3SA}、FX_{3S} 和 FX_{3G} 系列使用 EEPROM 来保存用户程序，允许写入 2 万次，不需要定

期更换锂电池，成为几乎不需要维护的计算机控制设备。它们还可以使用安装在基本单元内的 EEPROM 存储器盒来扩展存储器容量。FX₃ᵤ 系列可以用闪存存储器盒来扩展存储器容量。PLC 安装了存储器盒后，将优先运行存储器盒内的程序。

8．编程设备

编程设备用来生成用户程序，并用它来进行编辑、检查、修改和监视用户程序的执行情况。早期使用的手持式编程器已基本上被编程软件替代。

使用编程软件 GX Works2，可以在计算机的屏幕上直接生成和编辑用户程序。程序被编译后下载到 PLC，也可以将 PLC 中的程序上传到计算机。

9．电源

FX3 系列使用 220V 交流电源或 24V 直流电源，FX3 系列可以为输入电路和外部的传感器（例如接近开关）提供 24V 直流电源，驱动 PLC 负载的直流电源一般由用户提供。

当 PLC 的扩展电源供给不足时，FX₃ᵤ 和 FX₃ɢ 可以使用电源扩展单元 FX₃ᵤ-1PSU-5V，输入电压为 AC 100～240V。FX₃ᵤᴄ 和 FX₃ɢᴄ 可以使用 FX₃ᵤᴄ-1PS-5V，输入电压为 DC 24V（-15%～+20%）。它们的输出均为 DC 5V/1A。FX₃ᵤ-1PUS-5V 还输出 DC 24V、0.3A 的电流。

1.1.2 FX3 系列 PLC 性能简介

1．FX3 系列共同的性能规格

1）采用反复执行用户程序的循环运算方式。输入/输出控制采用的是执行 END 指令时的批处理方式，有输入/输出刷新指令和脉冲捕捉功能。

2）如果用推荐的 GX Works2 编程，简单工程可使用的编程语言为梯形图和 SFC（顺序功能图），结构化工程可使用的编程语言为 ST（结构文本）和结构化梯形图/FBD（功能模块表）。

如果用 GX Developer 编程，编程语言可选梯形图、指令表和 SFC。

3）有 29 条基本顺控指令，2 条步进梯形指令。主控指令最多嵌套 8 层。

4）有 16 点单相高速计数器，5 点双相高速计数器。

5）有 16 位变址寄存器 V0～V7 和 Z0～Z7，512 点特殊数据寄存器（D8000～D8511）。16 位十进制常数（K）的范围为-32768～+32767，32 位十进制常数的范围为-2147483648～+2147483647。16 位十六进制常数（H）的范围为 0～FFFF，32 位十六进制常数的范围为 0～FFFF FFFF。

6）可以使用 6 点输入中断和脉冲捕捉功能，3 点定时器中断功能。FX₃ᵤ 和 FX₃ᵤᴄ 还有 6 点 32 位高速计数器中断功能。

7）实时时钟提供年、月、日、小时、分、秒、星期的值。

8）为了防止用户程序被改写和读出，FX₃ɢ、FX₃ᵤ 和 FX₃ᵤᴄ 可以设置 8 个字符（0～9 和 A～F）或 16 个字符组成的关键字。还可以设置为"不可解除的保护"，不用设置关键字。

2．各系列的性能规格比较

各系列的简要性能规格见表 1-1。

表 1-1　FX3 系列的简要性能规格

项目	FX3SA/FX3S	FX3GA	FX3U/FX3UC
最大 I/O 点数	30	256	384
内置 RAM 存储器/步			64000，可扩展
内置 EEPROM 存储器/步	16000，程序容量 4000	32000，可扩展	
应用指令/种	116	124	218
基本指令处理速度/（μs/指令）	0.21	0.21	0.065
内置模拟量电位器/点	2	2	
辅助继电器/点	1536	7680	7680
状态/点	256	4096	4096
定时器/点	169	320	512
16 位计数器/点	32	200	200
32 位计数器/点	35	35	35
高速计数器最高计数频率/kHz	60	60	100
数据寄存器/点	3000	8000	8000
16 位扩展寄存器/点		24000	32768
16 位扩展文件寄存器/点		24000	32768
CJ、CALL 指令用指针/点	256	2048	4096

3．FX3 系列的通信功能

基本单元内置 RS-422 编程端口，FX3SA/FX3S 和 FX3G 内置 USB 端口，FX3U 可以使用 USB 功能扩展板。FX3G 通过扩展选件最多可以扩展到 4 个通信端口，其他 FX3 系列最多可以扩展到 3 个端口。

可以用功能扩展板或特殊适配器来扩展 RS-232C、RS-485 和 RS-422 端口，实现各种串行通信；通过 CC-Link 主站模块和智能设备站模块可以实现开放式现场网络通信。

使用 RS-232C 和 RS-485 功能扩展板或特殊适配器，可以实现计算机链接和无协议通信，扩展的 RS-232C 端口可以实现编程通信和远程维护。扩展的 RS-485 端口可以实现并行链接、简易 PLC 间链接（N∶N 链接）和与三菱变频器的通信。扩展的 RS-422 端口可以实现编程通信和与三菱的 GOT 人机界面的通信。

通过以太网，可以实现 FX3 系列的局域网通信、远程维护和监控。通过特殊适配器，FX3 系列可以作为主站或从站实现 Modbus 通信。

1.2　FX 系列 PLC 的硬件

1.2.1　FX3 系列 PLC 的基本单元

1．FX3U 和 FX3UC 系列

FX3U（见图 1-1）有输入/输出分别为 8/8 点、16/16 点、24/24 点、32/32 点、40/40 点和 64/64 点的基本单元。最多可以扩展到 384 个 I/O 点（包括通过 CC-Link 扩展的远程 I/O

点）。有交流电源型和直流电源型（128 点的只有交流电源型），输入端有 AC 输入型和 DC 漏型/源型输入型，输出端有继电器输出型、晶体管源型输出型、晶体管漏型输出型和双向晶闸管输出型。

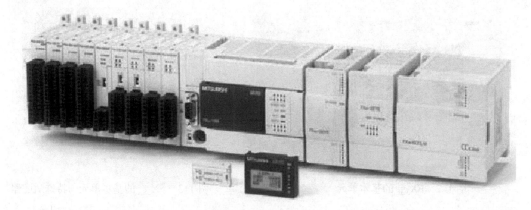

图 1-1 FX3U 系列 PLC

FX3U 可以使用 FX3U 系列的功能扩展板和特殊适配器，还可以使用 FX2N 和 FX3U 系列的扩展模块、扩展单元和特殊扩展模块/单元。

FX3UC 系列是紧凑型 PLC，采用连接器式输入/输出，可省接线。有输入/输出分别为 8/8 点、16/16 点、32/32 点和 48/48 点的基本单元。FX3UC 内置 CC-Link 主站单元的功能，通过 CC-Link 网络最多可以扩展到 384 个 I/O 点。FX3UC 只有直流电源型，有 DC 漏型输入型和 DC 漏型/源型输入型，输出端有继电器输出型、晶体管源型输出型和晶体管漏型输出型。

FX3UC 可以使用 FX2N 和 FX2NC 的扩展模块，以及 FX2N 和 FX3U 的特殊扩展模块/单元。

2. FX3GA 系列和 FX3G 系列

FX3GA 有输入/输出分别为 14/10 点、24/16 点和 36/24 点的基本单元，FX3GA 只有交流电源型，输入端为 DC 漏型/源型输入型，输出端有继电器输出型和晶体管漏型输出型。

FX3G 系列是比较老的系列，与 FX3GA 相比，多了一个 8 输入/6 输出的基本单元，基本单元有交流电源型和晶体管源型输出型。

FX3GA、FX3G、FX3GE（见图 1-2）和 FX3GC 最多有 256 个 I/O 点（包括 128 点 CC-Link 网络 I/O），使用 FX3G 的功能扩展板和 FX3U 的特殊适配器，FX2N 和 FX3U 的扩展模块、扩展单元和特殊扩展模块。基本单元集成有 RS-422 和 USB 通信端口。

3. FX3GE 与 FX3GC 系列

在 FX3GA 的基础上，FX3GE 增加了 2 点模拟量输入、1 点模拟量输出和 1 个以太网端口。有输入/输出分别为 14/10 点和 24/16 点的基本单元。FX3GE 有交流电源型和直流电源型，输入端为 DC 漏型/源型输入型，输出端有继电器输出型、晶体管源型输出型和晶体管漏型输出型。

FX3GC 系列是紧凑型 PLC，只有直流电源的 16 点输入/16 点输出的基本单元，有直流漏型输入和晶体管漏型输出的组合型，以及直流漏型/源型输入和晶体管源型输出的组合型。

4. FX3SA 和 FX3S 系列

FX3SA 系列（见图 1-3）和 FX3S 系列有输入/输出分别为 6/4 点、8/6 点、12/8 点和 16/14

点的基本单元，不能扩展 I/O 点，FX₃s 是比较老的系列。它们集成有 RS-422 和 USB 通信端口，使用 FX₃G 的功能扩展板和 FX₃U 的特殊适配器。

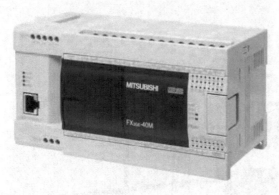

图 1-2 FX₃GE 的基本单元

图 1-3 FX₃SA 的基本单元与特殊适配器

FX₃SA 系列只有交流电源型，输入端只有 DC 漏型/源型输入型，输出端有继电器输出型和晶体管漏型输出型。

FX₃s 系列有交流电源和直流电源型，输入端为 DC 漏型/源型输入型，输出端有继电器输出型、晶体管源型输出型和晶体管漏型输出型。此外还有 3 种 30 个 I/O 点、带 2 点模拟量输入的基本单元，它们分别采用 3 种不同的输出类型。

1.2.2 开关量输入/输出电路

1. 开关量输入/输出的作用

输入（Input）和输出（Output）简称为 I/O，基本单元、扩展单元、部分扩展模块、功能扩展板和特殊适配器均有开关量 I/O 电路。I/O 电路是系统的眼、耳、手、脚，是联系外部现场设备和 CPU 的桥梁。

输入电路用来接收和采集输入信号。开关量输入电路用来接收由按钮、选择开关、数字拨码开关、限位开关、接近开关、光电开关、压力继电器等提供的开关量输入信号；模拟量输入电路用来接收电位器、测速发电机和各种变送器提供的连续变化的模拟量输入信号。开关量输出电路用来控制接触器、电磁阀、电磁铁、指示灯、数字显示装置和报警装置等输出设备，模拟量输出电路用来控制调节阀、变频器等执行机构。

CPU 内部的工作电压一般是 5V，而 PLC 的输入/输出信号电压较高，例如直流 24V 和交流 220V。从外部引入的尖峰电压和干扰噪声可能使 PLC 无法正常工作，甚至损坏 CPU 中的元器件。在 I/O 电路中，用光耦合器、光敏晶闸管、小型继电器等器件来隔离 PLC 的内部电路和外部电路，I/O 电路除了传递信号外，还有电平转换与隔离的作用。

2. 开关量输入电路

图 1-4 所示的电流从输入端子流出，为漏型输入。图 1-5 所示的电流从输入端子流入，为源型输入。PLC 可以为接近开关、光电开关等传感器提供 24V 电源。图 1-4 中用外接的触点和 NPN 集电极开路晶体管提供输入信号，PLC 外部的小方框内是三线制传感器的输出电路示意图。源型输入端子外接传感器的 PNP 集电极开路晶体管。表 1-2 给出了 FX₃U 系列的基本单元的输入技术指标。

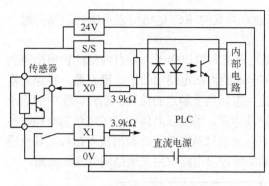

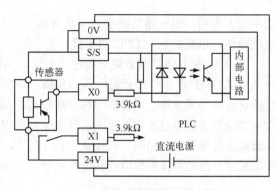

图 1-4 直流漏型输入电路　　　　　　　图 1-5 直流源型输入电路

表 1-2　FX₃ᵤ 系列的基本单元输入规格

项　　目	规　　格		
软元件号	X0～X5	X6、X7	其他输入点
输入信号电压	DC 24V±10%（AC 电源型）		
输入信号电流	6mA、DC 24V	7mA、DC 24V	5mA、DC 24V
输入阻抗/kΩ	3.9	3.3	4.3
ON 输入灵敏度电流	大于 3.5mA	大于 4.5mA	大于 3.5mA
OFF 输入灵敏度电流	小于 1.5mA		
输入响应时间	10ms		
输入信号形式	无电压触点，或集电极开路晶体管		
输入状态显示	输入为 ON 时面板上的 LED 灯亮		

当图 1-4 中的外接触点接通或图中的 NPN 型晶体管饱和导通时，电流经内部 DC 24V 电源的正极、发光二极管、3.9kΩ 电阻、X0 等输入端子和外部的触点或传感器的输出晶体管，从 0V 端子流回内部直流电源的负极。光耦合器中两个反并联的发光二极管中的一个发光，光敏晶体管饱和导通，CPU 在输入阶段读入的是二进制数 1；外接触点断开或传感器的输出晶体管处于截止状态时，发光二极管熄灭，光敏晶体管截止，CPU 读入的是二进制数 0。

基本单元的 X0～X17 有内置的数字滤波器，以防止由于输入触点抖动或外部干扰脉冲引起的错误的输入信号。可以用特殊数据寄存器 D8020 或应用指令 REFF 调节它们的滤波时间。X20 开始的输入继电器的 RC 滤波器的延迟时间固定为 10ms。

3．开关量输出电路

输出电路的功率放大器件有驱动直流负载的晶体管和场效应晶体管、驱动交流负载的双向晶闸管，以及既可以驱动交流负载又可以驱动直流负载的小型继电器。输出电流的典型值为 0.3～2A，负载电源由外部现场提供。

FX 系列 PLC 的输出点分为若干组，每一组各输出点的公共点名称为 COM1、COM2 等，某些组可能只有一点。各组可以分别使用各自不同类型的电源。如果几组共用一个电源，应将它们的公共点连接到一起。

图 1-6 是继电器输出电路。梯形图中某输出继电器的线圈"通电"时，内部电路使对应的物理继电器的线圈通电，它的常开触点闭合，使外部负载得电工作。继电器同时起隔离和

功率放大作用，每一路只提供一对常开触点。与触点并联的 RC 电路用来消除触点断开时产生的电弧，以减轻它对 CPU 的干扰。

图 1-7 是晶体管漏型集电极输出电路，负载电流流入输出端子，各点内部的输出电路的公共点 COM1 连接外部直流电源的负极。输出信号送给内部电路中的输出锁存器，再经光耦合器送给输出晶体管，后者的饱和导通状态和截止状态相当于触点的接通和断开。图中的稳压管用来抑制关断过电压和外部的浪涌电压，以保护晶体管。场效应晶体管输出电路的结构与晶体管输出电路基本上相同。表 1-3 给出了 FX$_{3U}$/ FX$_{3UC}$ 系列基本单元的输出技术指标，其他硬件的输出电路的具体参数请查阅硬件手册。双向晶闸管输出电路中用光敏晶闸管实现隔离。

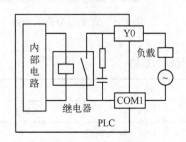
图 1-6　继电器输出电路

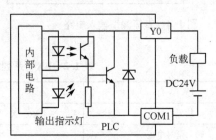
图 1-7　晶体管漏型输出电路

表 1-3　FX$_{3U}$/FX$_{3UC}$ 系列基本单元输出规格

输出规格	继电器型	晶体管型	双向晶闸管型
外部电源电压	小于 AC 240V 或 DC 30V	DC 5～30V	AC 85～242V
最大电阻负载	2A/点，8A/组	0.5A/点，0.8A/4 点，1.6A/8 点	0.3A/点，0.8A/组
最大感性负载	80VA	12W，DC 24V	15VA/AC 100V，30VA/AC 200V
OFF→ON 的响应时间	10ms	Y0～Y1 小于 5μs，其余各点小于 0.2ms	小于 1ms
ON→OFF 的响应时间	10ms	Y0～Y1 小于 5μs，其余各点小于 0.2ms	小于 10ms

由于散热的原因，有的输出电路对同一个公共点（COM 点）的几个输出点的总电流也有限制，例如某晶体管输出电路的最大输出电流为 0.5A/点，每 4 点 1 组的最大总电流为 0.8A。

20VA、35VA 和 80VA 时继电器触点的寿命分别为 300 万、100 万和 20 万次。

除了输入模块和输出模块外，还有既有输入电路又有输出电路的模块，其输入、输出的点数一般相同。

开关量输出点的输出电流额定值与负载的性质有关，例如 FX$_{3U}$ 基本单元的继电器输出可以驱动 AC 220V/2A 的电阻性负载，但是只能驱动 AC 220V/80VA 的电感性负载。

继电器型输出电路的工作电压范围广，触点的导通压降小，承受瞬时过电压和瞬时过电流的能力较强，但是动作速度较慢，触点寿命（动作次数）有一定的限制。如果负载的通断状态变化不是很频繁，建议优先选用继电器型。

晶体管型与双向晶闸管型输出电路分别用于直流负载和交流负载，它们的可靠性高，反应速度快，寿命长，但是过载能力稍差。

4. 开关量I/O 模块、特殊适配器和功能扩展板

FX3 系列的大多数子系列可以使用 FX$_{2N}$ 和 FX$_{2NC}$ 的开关量输入、输出、输入/输出混合模块和开关量输入、输出的扩展单元，此外 FX$_{3G}$ 和 FX$_{3SA}$ 还可以使用 FX$_{3G}$ 的 4 点数字量输入和 2 点数字量输出功能扩展板。

1.2.3　高速计数器模块与位置控制模块

现代工业控制为 PLC 提出了许多新的课题，仅仅用通用 I/O 模块来解决，在硬件方面费用太高，在软件方面编程相当麻烦，某些控制任务甚至无法用通用 I/O 模块来完成。

为了增强 PLC 的功能，扩大其应用范围，PLC 厂家开发了品种繁多的特殊用途的模块、特殊适配器和功能扩展板。

用于模拟量输入/输出和网络通信的硬件将在有关章节介绍。本节主要介绍与脉冲输入（高速计数器）和脉冲输出（定位）有关的硬件。

1．高速计数器模块

PLC 梯形图程序中的计数器的最高工作频率受扫描周期的限制，一般仅有几十赫兹。在工业控制中，有时要求 PLC 有高速计数功能，计数脉冲主要来自旋转编码器。高速计数模块可以对几十千赫兹甚至上百千赫兹的脉冲计数，它们大多有一个或几个开关量输出点，当计数器的当前值等于或大于设定值时，可以通过中断程序及时地改变开关量输出的状态。这一过程与 PLC 的扫描过程无关，以保证负载被及时驱动。可以通过 PLC 和外部输入启动或禁止计数。

FX$_{3U}$-4HSX-ADP 是用于 FX$_{3U}$ 的高速输入适配器，最高频率为单相 200kHz 或双相 100kHz。可连接两台传感器。

FX$_{3U}$-2HC 可以输入两个高速信号，最高频率为 200kHz，有 4 点晶体管输出。

FX$_{2NC}$-1HC 有 1 个高速计数器，用于单相/双相最高 50kHz 的高速计数，硬件比较器附带高速匹配输出功能，有 2 点晶体管输出。

FX$_{2NC}$-1HC 和 FX$_{3U}$-2HC 双相输入时可以设置为 1 倍频、2 倍频和 4 倍频模式，4 倍频是指在相位差为 90°的两相信号的上升沿和下降沿都计数。

2．定位控制模块

位置控制模块用来控制运动物体的位置、速度和加速度，它们可以控制直线运动或旋转运动、单轴或多轴运动。它们使运动控制与 PLC 的顺序控制功能有机地结合在一起，被广泛地应用在机床、装配机械等场合。

位置控制一般采用闭环控制，用伺服电动机作驱动装置。如果用步进电动机作驱动装置，既可以采用开环控制，也可以采用闭环控制。模块可以存储给定的运动曲线，典型的机床运动曲线如图 1-8 所示，高速 $v1$ 用于快速进给，低速 $v2$ 用于实际的切削过程，$P1$ 是运动的终点。模块从位置传感器得到当前的位置值，并与给定值相比较，比较的结果用来控制伺服电动机或步进电动机的驱动装置。

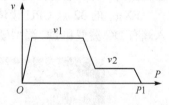

图 1-8　运动控制示意图

FX$_{3U}$-2HSY-ADP 是 FX$_{3U}$ 专用的高速脉冲输出适配器，输出最高 200kHz 的独立 2 轴脉冲，使用 PLC 内置的指令进行简单定位。

FX$_{3U}$-20SSC-H 是 2 轴定位控制模块，可实现高精度的 2 轴线性插补和 2 轴圆弧插补控制。

FX$_{3U}$-1PG 和 FX$_{2N}$-10PG 是单轴定位控制模块，FX$_{2N}$-10GM 和 FX$_{2N}$-20GM 是双轴定位控制模块。FX$_{2N}$-10PG 的最高频率为 1MHz，其余的为 200kHz。

单轴定位的 FX$_{2N}$-10PG 的最短起动时间为 1ms，支持近似 S 型的加/减速控制，可以接收最高 30kHz 的外部脉冲输入，表格操作使定位编程更为方便。

FX$_{2N}$-20GM 是双轴定位单元，可以实现线性插补和圆弧插补，或独立双轴控制，插补时频率为 100kHz。有绝对位置检测功能和手动脉冲发生器连接功能，通过专用软件可以开发流程图式程序。它可以脱离 PLC 独立工作。

3．可编程凸轮开关模块

在机械控制系统中常用机械式凸轮开关来接通或断开外部负载，机械式凸轮开关对加工的精度要求高，运行时易磨损。

可编程凸轮开关模块 FX$_{2N}$-1RM-E-SET 可以实现高精度的角度位置检测。它可以进行动作角度的设定和监视，可以在 EEPROM 中存放 8 种不同的程序。通过连接晶体管扩展模块，最多可以得到 48 个凸轮输出点。

1.2.4 FX$_{5U}$/FX$_{5UC}$、FX$_{1S}$、FX$_{1N}$/FX$_{1NC}$ 与 FX$_{2N}$/FX$_{2NC}$ 系列简介

1．FX$_{5U}$ /FX$_{5UC}$ 系列

MELSEC iQ-R 系列和 MELSEC iQ-F 系列是以三菱电机的 iQ Platform 软件环境为基础的 PLC。FX$_{5U}$ 是 MELSEC iQ-F 系列的新产品。

FX$_{5U}$ 和 FX$_{5UC}$ 最多可以扩展到 256 个 I/O 点。包括远程 I/O 在内，最多可以扩展到 512 点。FX$_{5U}$ 的高速系统总线的速度约为 FX$_{3U}$ 的 150 倍。

FX$_{5U}$ 系列的 CPU 模块（见图 1-9）内置 12 位两通道模拟量输入、一通道模拟量输出和 SD 卡插槽。内置的带 Modbus 功能的 RS-485 端口可以连接 32 台变频器或其他外部设备。内置的以太网端口最多可以连接 8 台计算机或相关设备。通过 SLMP 协议，计算机可以读写 PLC 的软元件数据和实现远程维护。

该 CPU 模块内置 200kHz、4 轴的定位功能，此外还可以使用简易运动控制定位模块。

FX$_{5U}$ 用 GX Works3 编程，增设了自锁继电器、链锁继电器、特殊继电器和特殊寄存器等软元件。专用指令由 FX3 的 510 种增加到 FX5 的 1014 种。

FX$_{5U}$ 有 32 点、64 点和 80 点的基本单元，采用 AC 电源和 DC 源型/漏型输入，有继电器输出型、晶体管源型输出型和晶体管漏型输出型。FX$_{5U}$ 有专用的通信用扩展板。

FX$_{5UC}$ 的 32 点 CPU 模块（见图 1-10）采用 DC 电源，输出端有晶体管漏型和源型，输入端有 DC 漏型和 DC 漏型/源型。FX$_{5UC}$ 有专用的 32 点 I/O 扩展模块。

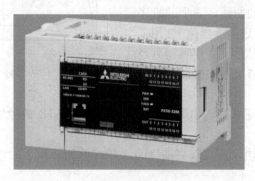

图 1-9　FX$_{5U}$ 系列的 CPU 模块　　　　图 1-10　FX$_{5UC}$ 系列的 CPU 模块

FX_{5U} 和 FX_{5UC} 可以使用 FX_{5U} 的通信和模拟量用的扩展适配器、I/O 模块和智能功能模块。通过总线转换模块，还可以使用 FX_{3U} 的智能功能模块。

2. FX_{1S} 系列

FX_{1S}、FX_{1N}/FX_{1NC} 与 FX_{2N}/FX_{2NC} 是 FX 系列上一代的 PLC。FX_{1S} 系列是超小型低价格 PLC。该系列有输入/输出分为 6/4 点、8/6 点、12/8 点和 16/14 点的基本单元。FX_{1S} 内可以同时安装 FX_{1N}-5DM 显示模块和一块扩展板，不能使用扩展模块和特殊适配器。

3. FX_{1N}/FX_{1NC} 系列

FX_{1N} 系列有输入/输出分别为 8/6 点、14/10 点、24/16 点和 36/24 点的基本单元，可以组成最多 128 个 I/O 点的系统。可以使用扩展模块和特殊功能模块、FX_{1N}-5DM 显示模块和功能扩展板。FX_{1NC} 属于紧凑型机型，有输入/输出分别为 8/8 点、16/16 点的基本单元。FX_{1N} 和 FX_{1NC} 的性能规格基本上相同，FX_{1NC} 和 FX_{2NC} 系列不能安装显示模块和功能扩展板。

4. FX_{2N}/FX_{2NC} 系列

FX_{2N} 系列有输入/输出分别为 8/8 点、16/16 点、24/24 点、32/32 点、40/40 点和 64/64 点的基本单元，最多可以扩展到 256 个 I/O 点。FX_{2N} 系列有多种 I/O 扩展单元和 I/O 扩展模块、特殊单元、特殊模块和功能扩展板。

FX_{2NC} 和 FX_{2N} 的性能指标基本上相同，最多可以扩展到 256 个 I/O 点，连接 4 个特殊功能模块。FX_{2NC} 有 16 点、32 点、64 点和 96 点的直流电源晶体管输出的基本单元和 16 点的继电器输出的基本单元。

1.3 逻辑运算与 PLC 的工作原理

1.3.1 逻辑运算

某些物理量只有两种相反的状态，例如电平的高、低，接触器线圈的通电和断电等。它们被称为开关量。二进制数的 1 位（bit）只能取 0 和 1 这两个不同的值，可以用它们来表示开关量的两种状态。梯形图中的位软元件（例如辅助继电器 M 和输出继电器 Y）的线圈"通电"时，其常开触点接通，常闭触点断开，以后称该软元件为 ON，或称该软元件为 1 状态。位软元件的线圈和触点的状态与上述的相反时，称该软元件为 OFF，或称该软元件为 0 状态。

使用继电器电路或 PLC 的梯形图（见图 1-11）可以实现开关量的逻辑运算。

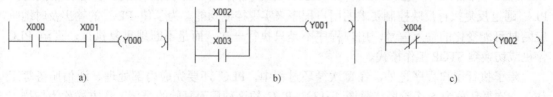

图 1-11 "与""或""非"逻辑运算

梯形图中触点的串联可以实现"与"运算（见图 1-11a），触点的并联可以实现"或"运算（见图 1-11b），用常闭触点控制线圈可以实现"非"运算（见图 1-11c）。

"与""或""非"逻辑运算的输入/输出关系如表 1-4 所示，逻辑运算表达式中的乘号

"·" 和加号分别表示"与"运算和"或"运算。$\overline{X4}$ 的上画线表示对 X4 作"非"运算。

表 1-4 逻辑运算关系表

与			或			非	
$Y0 = X0 \cdot X1$			$Y1 = X2 + X3$			$Y2 = \overline{X4}$	
X0	X1	Y0	X2	X3	Y1	X4	Y2
0	0	0	0	0	0	0	1
0	1	0	0	1	1	1	0
1	0	0	1	0	1		
1	1	1	1	1	1		

多个触点的串、并联电路可以实现复杂的逻辑运算，图 1-12 中的继电器电路实现的逻辑运算可以用逻辑代数表达式表示为

$$KM = (SB1 + KM) \cdot \overline{SB2} \cdot \overline{FR}$$

与普通算术运算"先乘除后加减"类似，逻辑运算的规则为先"与"后"或"。为了先作"或"运算（触点的并联），用括号将"或"运算式括起来，括号中的运算优先执行。

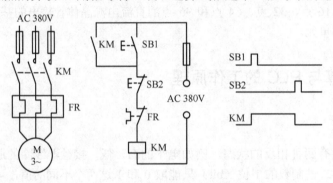

图 1-12 异步电动机控制电路

1.3.2 PLC 的工作原理

1. 扫描工作方式

PLC 有两种工作模式，即运行（RUN）模式与停止（STOP）模式。在运行模式时，PLC 通过反复执行反映控制要求的用户程序来实现控制功能。为了使 PLC 的输出及时地响应随时可能变化的输入信号，用户程序不是只执行一次，而是不断地重复执行，直至 PLC 停机或切换到 STOP 工作模式。

除了执行用户程序之外，在每次循环过程中，PLC 还要完成内部处理、通信服务等工作，一次循环分为 5 个阶段（见图 1-13）。PLC 的这种周而复始的循环工作方式称为扫描工作方式。由于 PLC 执行指令的速度极高，从外部输入、输出关系来看，处理过程似乎是同时完成的。

在内部处理阶段，PLC 检查内部的硬件是否正常，将监控定时器复位，以及完成一些其他内部工作。

在通信服务阶段，PLC 与其他带微处理器的控制设备通信，响应编程设备输入的命令，更新编程设备的显示内容。

当 PLC 处于停止（STOP）模式时，只执行以上的操作。PLC 处于运行（RUN）模式时，还要完成另外三个阶段的操作。

在 PLC 的存储器中，设置了两片区域用来存放输入信号和输出信号的状态，它们分别称为输入映像区和输出映像区。梯形图中的其他软元件也有对应的映像存储区。

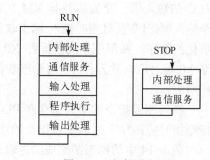

图 1-13　扫描过程

在输入处理阶段，PLC 把所有外部输入电路的接通状态和断开状态读入输入映像区。

外部输入电路接通时，对应的输入映像存储器为 1 状态，梯形图中对应的输入继电器的常开触点接通，常闭触点断开。外部输入电路断开时，对应的输入映像存储器为 0 状态，梯形图中对应的输入继电器的常开触点断开，常闭触点接通。

某一软元件对应的映像存储器为 1 状态时，称该软元件为 ON；对应的映像存储器为 0 状态时，称该软元件为 OFF。

在程序执行阶段，即使外部输入电路的状态发生了变化，输入映像区的状态也不会随之而变，输入信号变化了的状态只能在下一个扫描周期的输入处理阶段被读入。

PLC 的用户程序由若干条指令组成，指令在存储器中按步序号顺序排列。在没有跳转指令时，CPU 从第一条指令开始，逐条顺序地执行用户程序，直到用户程序结束之处。在执行指令时，从输入映像区或别的软元件映像区中将有关软元件的 0、1 状态读出来，并根据指令的要求执行相应的逻辑运算，将运算的结果写入对应的软元件映像存储器中，因此，各软元件映像区（输入映像区除外）的内容随着程序的执行而变化。

在输出处理阶段，CPU 将输出映像区的 0、1 状态传送到输出锁存器。梯形图中某一输出继电器的线圈"通电"时，对应的输出映像存储器为 1 状态。信号经输出电路隔离和功率放大后，继电器型输出电路中对应的硬件继电器的线圈通电，其常开触点闭合，使外部负载通电工作。

若梯形图中输出继电器的线圈"断电"，对应的输出映像存储器为 OFF，在输出处理阶段之后，继电器型输出电路中对应的硬件继电器的线圈断电，其常开触点断开，外部负载断电，停止工作。

2．扫描周期

PLC 在 RUN 模式时，执行一次图 1-13 所示的扫描操作所需的时间称为扫描周期，其典型值约为 10～100ms。扫描周期与用户程序的长短、指令的种类和 CPU 执行指令的速度有很大的关系。当用户程序较长时，指令执行时间在扫描周期中占相当大的比例。

由于扫描工作方式的原因，PLC 可能检测不到窄脉冲输入信号，因此输入脉冲宽度应大于 PLC 的扫描周期。

3．PLC 的工作原理

下面用一个简单的例子来进一步说明 PLC 的扫描工作过程。图 1-14 给出了 PLC 的外部接线图和梯形图，该 PLC 控制系统与图 1-12 所示的继电器电路的功能相同。

起动按钮 SB1、停止按钮 SB2 和热继电器 FR 的常开触点分别接在编号为 X0～X2 的

PLC 的输入端,交流接触器 KM 的线圈接在编号为 Y0 的 PLC 的输出端。图的中间是这 4 个输入/输出变量对应的输入/输出映像存储器和梯形图。梯形图是一种编程语言,是 PLC 图形化的程序。梯形图中的软元件 X0 与接在输入端子 X0 的 SB1 的常开触点和输入映像存储器 X0 相对应,软元件 Y0 与输出映像存储器 Y0 和接在输出端子 Y0 的 PLC 内部的输出电路相对应。

梯形图以指令的形式储存在 PLC 的用户程序存储器中,图 1-14 中的梯形图与下面 5 条指令相对应,"//"之后是该指令的注释。

图 1-14 中的梯形图完成的逻辑运算为

$$Y0 = (X0 + Y0) \cdot \overline{X1} \cdot \overline{X2}$$

LD   X0   //接在左侧母线上的 X0 的常开触点
OR   Y0   //与 X0 的常开触点并联的 Y0 的常开触点
ANI   X1   //与并联电路串联的 X1 的常闭触点
ANI   X2   //串联的 X2 的常闭触点
OUT   Y0   //Y0 的线圈

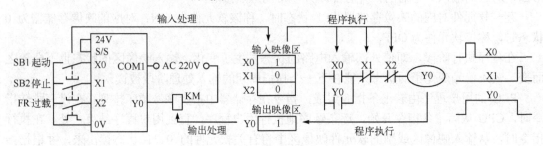

图 1-14　PLC 外部接线图与梯形图

在输入处理阶段,CPU 将 SB1、SB2 和 FR 的常开触点的状态读入相应的输入映像存储器,外部触点接通时读入的是二进制数 1,反之读入的是二进制数 0。

执行第 1 条指令时,从 X0 对应的输入映像存储器中取出二进制数并保存起来。

执行第 2 条指令时,取出 Y0 对应的输出映像存储器中的二进制数,与 X0 对应的二进制数作"或"运算,电路的并联对应"或"运算,运算结果被暂时保存。

执行第 3 条和第 4 条指令时,分别取出 X1 或 X2 对应的输入映像存储器中的二进制数,因为是常闭触点,自动反转(作"非"运算,即 1→0,0→1)以后与前面的运算结果作"与"运算,运算结果被暂时保存。电路的串联对应于"与"运算。

执行第 5 条指令时,将二进制数运算结果送入 Y0 对应的输出映像存储器。

在输出处理阶段,CPU 将各输出映像存储器中的二进制数传送给输出电路并锁存起来,如果 Y0 对应的输出映像存储器存放的是二进制数 1,外接的负载线圈将通电,反之将断电。

如果读取到输入映像存储器 X0~X2 的二进制数均为 0,在程序执行阶段,经过上述逻辑运算过程之后,Y0 为 0,使 KM 的线圈处于断电状态。按下起动按钮 SB1,X0 变为 ON,经逻辑运算后 Y0 变为 ON。在输出处理阶段,将 Y0 对应的输出映像存储器中的二进制数 1 送给输出电路,PLC 内 Y0 对应的物理继电器的常开触点接通,接触器 KM 的线圈通电。

4．输入/输出滞后时间

输入/输出滞后时间又称为系统响应时间，是指 PLC 的外部输入信号发生变化的时刻至它控制的外部负载的状态发生变化的时刻之间的时间间隔，它由输入电路滤波时间、输出电路的滞后时间和因扫描工作方式产生的滞后时间这 3 部分组成。

输入电路的 RC 滤波电路用来滤除由输入端引入的干扰噪声，消除因外接输入触点动作时产生的抖动引起的不良影响，滤波电路的时间常数决定了输入滤波时间的长短，其典型值为 10ms 左右。

输出电路的滞后时间与电路的类型有关，继电器型输出电路的滞后时间为 10ms；双向晶闸管型输出电路在负载通电时的滞后时间约为 1ms，负载由通电到断电时的最大滞后时间为 10ms；晶体管型输出电路的滞后时间小于 0.2ms。

由扫描工作方式引起的滞后时间最长可达两、三个扫描周期。

PLC 总的响应延迟时间一般只有几十毫秒，对于一般的系统是无关紧要的。要求输入/输出滞后时间尽量短的系统，可以选用扫描速度快的 PLC 或采取输入中断等措施。

可以用输入/输出刷新指令 REF（FNC 50）来立即读取最新的外部输入电路的状态，或将逻辑运算结果立即输出给外部负载。

1.4　习题

1．填空

1）FX3 系列的硬件主要由_____、_____、_____、_____和_____组成。

2）辅助继电器的线圈"断电"时，其常开触点_____，常闭触点_____。

3）外部的输入电路断开时，对应的输入映像存储器为_____，梯形图中对应的输入继电器的常开触点_____，常闭触点_____。

4）若梯形图中输出继电器的线圈"通电"，对应的输出映像存储器为_____，在输出处理阶段之后，继电器型输出电路中对应的硬件继电器的线圈_____，其常开触点_____，外部负载_____。

2．FX3 系列的基本单元的左边和右边分别安装什么硬件？

3．基本单元与扩展单元有什么区别？

4．功能扩展板有什么特点，FX3 系列的有哪些功能扩展板？

5．存储器 RAM 和 EEPROM 各有什么特点？

6．FX$_{3U}$ 和 FX$_{3G}$ 系列的用户程序分别用什么存储器保存？

7．使用带锂电池的 PLC 应注意什么问题？

8．FX3 系列用 GX Works2 编程时可以选用那些编程语言？

9．FX$_{3SA}$/FX$_{3S}$ 内置什么通信端口？

10．开关量输出电路有哪 3 种类型，各有什么特点？

11．开关量源型输入电路和漏型输入电路各有什么特点？

12．简述 PLC 的扫描工作过程。

第2章 编程软件 GX Works2 使用指南

2.1 GX Works2 的安装与使用

2.1.1 安装软件与设置软件界面

1．iQ Works 工程软件与 GX Works2

三菱电机的 iQ Platform 对应的工程环境的综合管理软件 iQ Works 由以下 4 个软件组成：核心导航软件 MELSOFT Navigator、PLC 编程和维护软件 GX Works2、运动 CPU 设计维护软件 MT Developer2，和触摸屏画面开发工具软件 GT Developer3。MELSOFT Navigator 是 iQ Works 的核心，它可以轻松设计、集成整个上层系统，例如系统的配置、参数批量设置、系统标签等，通过在整个控制系统中共享系统设计和编程等设计信息，提高系统设计效率和编程效率。

GX Works2 是三菱电机新一代的 PLC 软件，与过去的编程软件相比，提高了功能和操作性能，更加容易使用。支持梯形图、SFC、ST 及结构化梯形图/FBD 等编程语言，可以实现程序编辑、参数设定、网络设定、程序监控、调试和在线更改、智能功能模块设置等功能，适用于 Q、QnU、L、FX 等系列 PLC，兼容 GX Developer 软件，支持 iQ Works，具有系统标签功能，可以实现 PLC 数据与人机界面、运动控制器的数据共享。

2．安装 GX Works2

可以在三菱电机自动化（中国）有限公司的网站（http://cn.mitsubishielectric.com/fa/zh/）下载 GX Works2 和用户手册，也可以通过本书的配套资源获取。本书以该软件的 V1.570U 版为例，介绍软件的使用方法。

该软件可以在 64 位的 Windows 7 和 Windows 10 操作系统下安装。在安装 GX Works2 之前，应关闭 360 卫士这类软件和杀毒软件。双击文件夹\GX Works2 V1.570U\Disk1 中的 setup.exe，开始安装软件。弹出的对话框提示关闭所有的应用程序。单击各对话框的"下一步"按钮，可以打开下一个对话框。依次出现"欢迎"对话框和"用户信息"对话框（见图 2-1），在用户信息对话框输入产品 ID（序列号）。

单击"选择安装目标"对话框中的"更改"按钮，可以修改安装软件的目标文件夹。确认"开始复制文件"对话框中的设置内容后，单击"下一步"按钮，开始安装软件，出现的"安装状态"对话框，显示安装的状态。

安装结束后，出现的对话框提示安装 FX 专用的帮助的方法（例如双击\GX Works2 V1.570U\Disk2 等文件夹中的 setup.exe 文件）。此外，还先后出现了 FX 系列之外的与 PLC 有关的信息提示对话框，以及是否查看 CPU 模块记录设置工具的安装手册的对话框，单击"否"按钮关闭这些对话框。

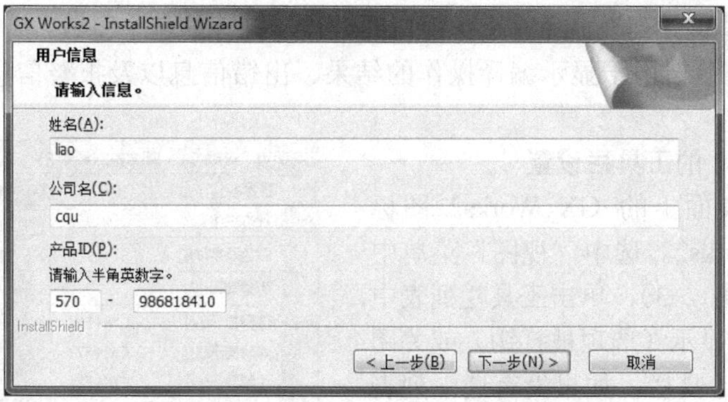

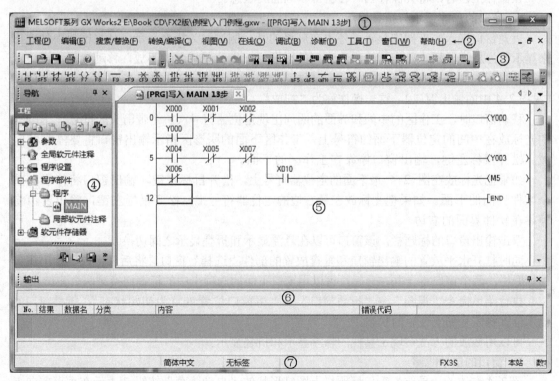

图 2-1 "用户信息"对话框

FX 专用的帮助包括一本中文编程手册和 5 本英文手册。这些手册的中文版可以在三菱电机自动化（中国）有限公司的网站或本书的配套资源中获取。

最后出现"完成 InstallShield 向导"对话框，单击"完成"按钮，结束安装过程。

3．GX Works2 简单工程的界面

图 2-2 是 GX Works2 简单工程的界面。图中标有①的是标题栏，标有②和③的分别是菜单栏和工具栏。可以用工具栏上的按钮快速完成各种常用的操作。标有④的是导航窗口的视窗内容显示区域，可以用它下面的视窗选择区域的 3 个按钮，选择显示工程、用户库和连接目标。

图 2-2　GX Works2 简单工程的界面

标有⑤的工作窗口是进行编程、参数设置和监视等的主画面。可以用"窗口"菜单中的

"水平并列"或"垂直并列"命令在工作窗口同时显示打开的两个窗口。

标有⑥的输出窗口用于显示编译操作的结果、出错信息以及报警信息。标有⑦的是状态栏。

4．GX Works2 的工具栏设置

双击计算机桌面上的 GX Works2 图标，打开 GX Works2。选中"视图"菜单中的"工具栏"（见图 2-3），单击工具栏列表中的某个选项，可以显示（选项被打钩）或关闭（钩消失）对应的工具栏。如果没有选中列表最下面的"显示所有工具栏"，列表中的工具栏选项由 13 个减少到 5 个。一般只显示正在使用的编程语言的工具栏。图 2-3 显示的工具栏为"标准""程序通用"和"梯形图"。

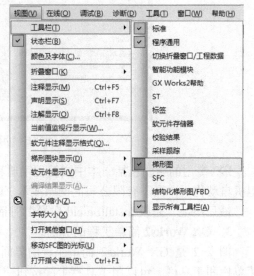

图 2-3　设置 GX Works2 的工具栏

5．打开和关闭折叠窗口

执行菜单命令"视图"→"折叠窗口"，单击出现的列表中的某个窗口对象，可以打开或关闭该窗口。单击打开的某个窗口右上角的 ⊠ 按钮，可以关闭它。

在保存工程时，将会保存当时各窗口和画面的状态。

6．窗口的悬浮显示与折叠显示

折叠窗口嵌入主框架中显示（停靠在屏幕的某一侧）称为折叠显示，从主框架中独立出来显示称为悬浮显示。单击"输出"窗口的标题栏，按住鼠标左键不放，移动鼠标，窗口变为悬浮显示，并随光标一起移动。松开鼠标左键，悬浮的窗口被放置在屏幕上当前的位置（见图 2-4 中的输出窗口），这一操作称为"拖放"。

移动窗口时，工作区的中间和界面的四周出现定位器符号（8 个带箭头的符号），图 2-4 的光标放在中间的定位器下面的符号上，工作区下面的阴影区指示输出窗口将要停靠的区域。松开鼠标左键，输出窗口停靠在工作区的下面。

如果把光标放在图 2-4 最下面的定位器符号上，松开鼠标左键，输出窗口将停靠在整个软件界面的下面。如果把光标放在最右边的定位器符号上，松开鼠标左键，输出窗口将停靠在软件界面的右边。

双击输出窗口的标题栏，该窗口可以在悬浮显示和折叠显示之间切换。

同时打开水平放置的输出窗口和垂直放置的部件"选择"窗口，将后者拖放到输出窗口的标题栏，两个窗口将合并在一起。可以用窗口下面的选项卡中的标签切换这两个窗口。

执行菜单命令"视图"→"折叠窗口"→"将窗口位置恢复为初始状态"，折叠窗口的显示位置将恢复到安装后的状态。

可以用拖放的方法实现工具栏的悬浮显示和折叠显示。

7．窗口的自动隐藏

图 2-4 左边的"导航"窗口标题栏上图钉形状的"自动隐藏"按钮 ⊣ 表示在垂直方向上窗口被"图钉"钉死。单击该按钮，它变为水平方向的图钉 ⊢ ，"导航"窗口被自动隐藏，变为界面最左边标有"导航"的一个小图形。单击它以后导航窗口重新出现。单击标题栏上

的 ➕ 按钮，它的形状变为 ➤，自动隐藏功能被取消。可以用同样的方法自动隐藏其他窗口。

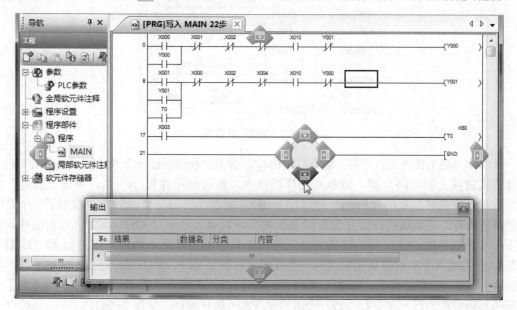

图 2-4　窗口的浮动与停靠

视频"编程软件使用入门"可通过扫描二维码 2-1 播放。

二维码 2-1

2.1.2　生成用户程序

1. 简单工程和结构化工程

GX Works2 以工程为单位对各 PLC 的程序和参数进行管理。可选简单工程和结构化工程（Structured Project）两种编程方式。本书主要介绍简单工程，4.9 节介绍结构化工程。

简单工程直接用三菱 PLC CPU 的指令创建顺控程序。编程的方法与 GX Developer 基本相同，可以读取用 GX Developer 编写的程序，可选是否使用标签编程。FX 的简单工程支持梯形图和 SFC（顺序功能图）编程语言。使用 SFC 时，不能选"使用标签"。

结构化工程可以像 C 语言那样进行结构化编程，使程序层次化和部件化。通过功能块 FB 和函数 FC，生成易于阅读和重复引用的结构化程序。FX 的结构化编程支持结构化梯形图/FBD 和 ST 这两种编程语言。结构化工程仅支持标签编程。

2. 创建一个新工程

单击工具栏上的"新建工程"按钮 🗋，或执行菜单命令"工程"→"新建"，打开"新建"对话框。用下拉式菜单设置 PLC 的系列号和机型。图 2-5 中的工程类型为简单工程，使用标签，编程语言为梯形图。单击"确定"按钮，生成新的工程。新工程的主程序 MAIN 被自动打开。

执行菜单命令"工程"→"另存为"，将工程的名称修改为"入门例程"。

3. 生成梯形图程序

新生成的程序中只有一条结束指令 END（见图 2-6a），深蓝色边框的矩形光标在最左边。此时为默认的"写入"模式。

图 2-5 "新建"对话框

单击梯形图工具栏上的"常开触点"按钮 ⊣⊢ F5，弹出"梯形图输入"对话框（见图 2-6a）。按计算机键盘上的〈F5〉键，将执行同样的操作。输入软元件号 X0 后，单击"确定"按钮，或按计算机键盘上的〈Enter〉键（回车键），指令"END"所在行上面增加了一个新的灰色背景的行，在新增的行最左边出现 X0 的常开触点（见图 2-6b），同时光标自动移到右边下一个软元件的位置。用同样的方法，单击工具栏上的"常闭触点"按钮 ⊣/⊢ F6 和"线圈"按钮 ⊣ ⊢ F7，生成两个串联的常闭触点和一个线圈（见图 2-6c）。单击常开触点下面的区域，将光标移到图 2-6c 中的位置。单击工具栏上的按钮 ⊣ ⊢ sF5，在指令"END"所在行上面增加了一个新的灰色背景的行，在该行生成一个并联的 Y0 的常开触点（见图 2-6d）。

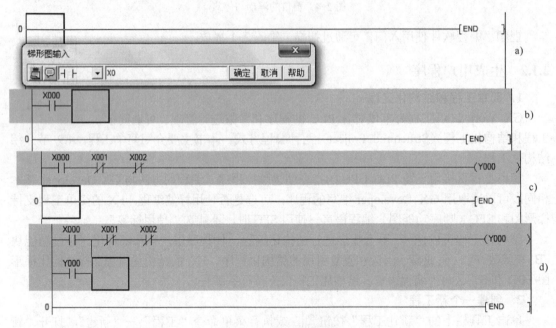

图 2-6 生成梯形图程序

同时按〈Shift〉和〈Insert〉键，或执行菜单命令"编辑"→"行插入"，可以在光标所在行的上面插入一个新的空白行，然后在新的行添加触点或线圈。

图 2-6d 中的控制电路具有记忆功能，在继电器系统和 PLC 的梯形图中被大量使用，它被称为"起动-保持-停止"电路，或简称为"起保停"电路。

4. 程序的转换

单击工具栏上的"转换"按钮 ，或执行菜单命令"转换/编译"→"转换"，编程软件对输入的程序进行转换（即编译）。转换操作首先对用户程序进行语法检查，如果没有错误，将用户程序转换为可以下载的代码格式。转换成功后梯形图中灰色的背景消失，图 2-2 中显示的是转换后的梯形图。

如果程序有语法错误，将会显示错误信息。"故意"删除图 2-6 中的线圈，再执行"转换"命令时，将会出现显示错误信息的对话框，同时光标将自动移到出错的位置。

单击工具栏上的"转换（所有程序）"按钮 ，或执行菜单命令"转换/编译"→"转换（所有程序）"，可以批量转换所有的程序。

5．与串联电路并联的触点的画法

要在某个触点的下面放置与它并联的触点，可将矩形光标放在该触点的下面，在"写入"模式单击工具栏上的 或 按钮，被放置的触点与它上面的触点并联。

为了画出图 2-7h 左边 3 个触点的串并联电路，首先画出 3 个串联触点和 Y3 的线圈（见图 2-7a）。将矩形光标放在并联电路右侧垂直线的右边（见图 2-7b），单击工具栏上的按钮 ，画出一根垂直线。将矩形光标放到要放置并联触点的位置（见图 2-7c），单击"常闭触点"按钮 ，生成 X6 的常闭触点，矩形光标自动右移一格（见图 2-7d）。单击"水平线"按钮 ，将出现的"横线输入"对话框中以矩形光标宽度为单位的横线长度由 10 改为 1，或单击选中"在连接点处停止"复选框，再单击"确定"按钮，生成一条水平线（见图 2-7e），完成了 X6 的触点的并联连接。

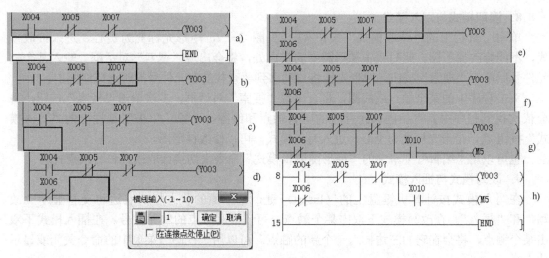

图 2-7　梯形图的输入过程

图 2-6 和图 2-7 中矩形光标的高度不同，与是否显示当前值监视行有关（见图 2-17）。

用矩形光标选中某一段水平线，单击 按钮，可以删除矩形光标内的水平线。将矩形光标放到要删除的垂直线的右侧，垂直线的上端点在矩形光标左侧中间（见图 2-7e），单击 按钮，可以删除选中的垂直线。

6．分支电路的画法

图 2-7h 中有包含两个线圈的分支电路。首先将矩形光标放在图 2-7e 的位置，单击工具栏上的按钮 ，画出一根垂直线。将矩形光标下移一格，使垂直线的下端点在光标左侧中间（见图 2-7f）。依次单击工具栏上的"常开触点"按钮和"线圈"按钮，生成 X10 的常开

触点和 M5 的线圈（见图 2-7g）。最后单击"转换"按钮，转换后的梯形
图见图 2-7h。

视频"生成用户程序"可通过扫描二维码 2-2 播放。

二维码 2-2

7．用画线功能生成分支电路

按下工具栏上的"画线输入"按钮 F10，将矩形光标放置到要输入画线
的位置（见图 2-8 上面的图），按住鼠标左键，通过移动鼠标"拖拽"矩形光标，在梯形图
上划出一条折线。改变矩形光标终点的位置，可以改变折线的高度和宽度。再次单击"画线
输入"按钮，终止画线输入操作。单击"画线删除"按钮 ，"拖拽"矩形光标，可以删除
矩形光标经过的折线。再次单击该按钮，终止画线删除操作。

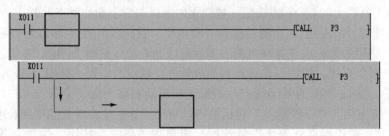

图 2-8　用画线功能生成分支电路

8．读取模式与写入模式

单击工具栏上的"读取模式"按钮 （见图 2-2），矩形光标变为实心，进入读取模
式，不能修改梯形图。此时双击梯形图中的空白处，将会出现"搜索"对话框。输入某个软
元件号后单击"搜索"按钮，矩形光标将自动移到要查找的软元件号的触点或线圈上。

双击程序中的某个触点或线圈，将会出现"搜索"对话框。多次单击"搜索"按钮，将
会依次找到程序中具有相同软元件号的所有触点和线圈等对象。单击工具栏上的"写入模
式"按钮 ，矩形光标变为空心，进入写入模式，可以修改梯形图。

也可以用"编辑"菜单中的"梯形图编辑模式"命令来切换读取模式和写入模式。

9．改写模式与插入模式

在写入模式按计算机键盘上的〈Insert〉键，最下面的状态栏的右边将交替显示"改
写"和"插入"。在改写模式下双击某个触点，可以改写触点的软元件号。在插入模式下双
击某个触点，将会在它的左边插入一个新的触点。可以用"视图"菜单中的命令关闭或显示
状态栏。

10．剪贴板的使用

在写入模式，首先用矩形光标选中梯形图中的某个触点或线圈。按住鼠标左键，在梯
形图中移动鼠标，可以选中一个长方形区域（见图 2-9）。被选中的部分用深蓝色表示。在
最左边的步序号区按住鼠标左键，在该区上下移动鼠标，将会选中一个或多个电路（见
图 2-10）。

可以用计算机键盘上的〈Delete〉键删除选中的部分，用工具栏上的按钮和 Windows 的
剪贴板功能，将选中的部分复制和粘贴到梯形图的其他地方，甚至可以复制到同时打开的其
他工程。

11. 程序区的放大与缩小

执行菜单命令"视图"→"放大/缩小",或单击工具栏上的 ⊕ 按钮,可以用弹出的对话框设置显示的倍率（50%～150%,4 级倍率）。选中"指定",可以设置任意的倍率。如果选中"自动倍率",将根据程序区的宽度自动确定倍率。

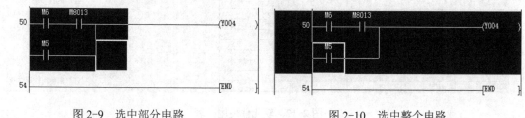

图 2-9　选中部分电路　　　　　　　图 2-10　选中整个电路

12. 搜索与替换功能

选中梯形图中 Y0 的触点或线圈,执行菜单命令"搜索/替换"→"交叉参照",在弹出的"交叉参照"对话框（见图 2-11）中,显示在哪些程序的哪些步对 Y0 使用了什么指令和指令的图形符号。

在"软元件/标签"选择框输入其他软元件号,单击"搜索"按钮,将会显示该软元件的交叉参照信息。用"软元件/标签"选择框选中"所有软元件/标签",单击"搜索"按钮,将会显示所有软元件和标签的交叉参照信息。

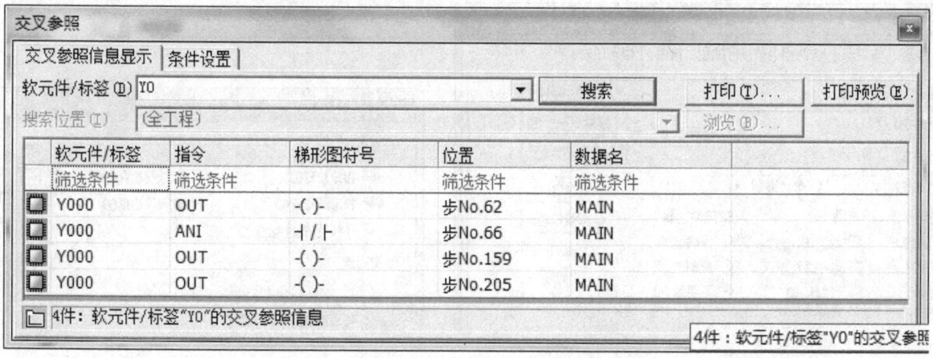

图 2-11　"交叉参照"对话框

软元件使用列表用于显示已经使用了哪些软元件,以避免对同一软元件的重复使用。执行菜单命令"搜索/替换"→"软元件使用列表",在打开的对话框中输入软元件号 Y0（见图 2-12）,单击"搜索"按钮,将会显示程序中使用的从 Y0 开始的输出继电器,是否使用了它们的触点和线圈,每个软元件使用的次数和软元件的注释。

在写入模式执行菜单命令"搜索/替换"→"软元件搜索",在打开的"搜索/替换"对话框中输入软元件号 Y0（见图 2-13）,单击"搜索下一个"按钮,将用程序中的矩形光标指示搜索到的 Y0 的触点或线圈。再次单击该按钮,将会指示搜索到的 Y0 的下一个触点或线圈。

在"替换软元件"选择框中输入 Y10,单击"替换"按钮,矩形光标移动到 Y0 的触点或线圈处。再次单击"替换"按钮,选中的触点或线圈的软元件号变为 Y10。单击"全部替换"按钮,Y0 的所有触点或线圈的软元件号变为 Y10。

图 2-12 软元件使用列表

可以用该对话框或"搜索/替换"菜单中的命令，搜索或替换软元件、指令和字符串，互换常开/常闭触点（A/B 触点）和实现软元件批量更改。

13．程序检查

执行菜单命令"工具"→"程序检查"，可以用图 2-14 中的对话框设置检查的内容，单击"执行"按钮，在界面下面出现的"输出"窗口的"程序检查"列表中出现检查的结果。在某些特定的条件下，允许出现双线圈（同一元件的线圈出现两次或多次），图 2-14 中没有检查双线圈。

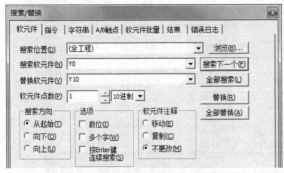

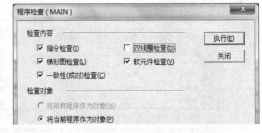

图 2-13 "搜索/替换"对话框   图 2-14 "程序检查"对话框

14．转换 GX Developer 格式的程序

GX Works2 可以打开和转换用以前的编程软件 GX Developer 生成的工程。

执行菜单命令"工程"→"打开其他格式数据"→"打开其他格式工程"，打开图 2-15 中的对话框。用"查找范围"选择框选中某个用 GX Developer 生成的工程，双击其中的 Gppw.gpj 文件，再单击弹出的"MELSOFT 系列 GX Works2"对话框中的"是"按钮，该工程转换为 GX Works2 格式后被打开。最后单击显示"已完成"的对话框中的"确定"按钮，结束转换操作。双击"导航"窗口的"程序部件"文件夹中的"MAIN"（见图 2-2），打开该工程的主程序。可以用菜单命令"工程"→"另存为"设置转换后的工程的名称。用菜单命令"工程"→"PLC 类型更改"修改 PLC 的系列号。

视频"程序编辑器的操作"可通过扫描二维码 2-3 播放。

二维码 2-3

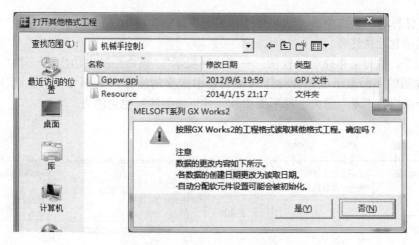

图 2-15　打开 GX Developer 格式的工程

2.1.3　生成与显示注释、声明和注解

在程序中，可以生成和显示下列的附加信息：

1）为每个软元件指定一个注释；

2）在梯形图的电路上面添加 64 个字符的声明，为跳转和子程序指针（P 指针）和中断指针（I 指针）添加 64 个字符的声明；

3）在线圈的上面添加 32 个字符的注解。

1．生成和显示软元件注释

（1）生成软元件注释

双击图 2-16 左边"导航"窗口中的"全局软元件注释"，打开软元件注释编辑器。"软元件名"列表中是默认的 X0，在"注释"列中，输入 X0 的注释"起动按钮"，用同样的方法生成 X1 和 X2 的注释。在"软元件名"文本框输入 Y0，按〈Enter〉键后切换到输出继电器注释画面，输入 Y0 的注释（见图 2-16 中下面的小图）。

图 2-16　软元件注释编辑器

在梯形图的写入模式按下工具栏上的"软元件注释编辑"按钮，进入注释编辑模式。双击梯形图中的某个触点或线圈，可以用出现的"注释输入"对话框输入注释或修改已有的注释。单击"确定"按钮后在梯形图中将显示新的或修改后的注释，新的注释同时自动

进入软元件注释表。再次单击"软元件注释编辑"按钮，退出注释编辑模式。

（2）显示软元件注释

打开程序，执行菜单命令"视图"→"注释显示"，该命令的左边出现一个"√"，将会在触点和线圈的下面显示在软元件注释编辑器中定义的注释（见图 2-17）。再次执行该命令，该命令左边的"√"消失，梯形图中软元件下面的注释也会消失。

图 2-17 生成声明

2. 设置注释和监视行的显示格式

（1）设置注释显示格式

执行菜单命令"视图"→"软元件注释显示格式"，如果单击弹出的"选项"对话框中的"恢复为默认值"按钮（见图 2-18），将会采用第一次打开软件时默认的注释显示格式，注释将占用 4 行，程序显得很不紧凑，因此需要设置注释的显示格式。可选 1～4 行，每行 8 列或 5 列。建议设置为 1 行 8 列（一行 8 个字符或 4 个汉字）。

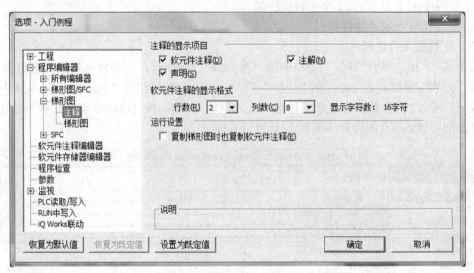

图 2-18 "选项"对话框

选中左边窗口的"梯形图"，可以设置梯形图的显示格式，例如将显示的触点数由 11 个改为 9 个。

（2）设置当前值监视行的显示格式

在 RUN 模式下，单击工具栏上的"监视模式"按钮 🔲，将会在应用指令的操作数和定时器、计数器的线圈下面的"当前值监视行"（见图 2-17），显示它们的监视值。执行菜单命令"视图"→"当前值监视行显示",可选"始终显示""始终隐藏"和"仅在监视时显示"。建议设置为"仅在监视时显示",未进入监视模式时,不显示当前值监视行。

3. 生成和显示声明

可以在梯形图电路上面生成和显示声明。在写入模式下,单击工具栏上的"声明编辑"按钮 ，进入声明编辑模式。双击梯形图中的某个步序号或某块电路,可以用弹出的"行间声明输入"对话框输入声明(见图 2-17)。单击"确定"按钮后,在该电路块的上面将会立即显示新的或修改后的声明。再次单击"声明编辑"按钮,退出声明编辑模式。图 2-17 是已生成声明的梯形图。

执行菜单命令"视图"→"声明显示",可以显示或隐藏声明。

退出声明编辑模式后,双击显示的声明,可以用弹出的"梯形图输入"对话框编辑它。

选中程序中的声明,按计算机键盘上的〈Delete〉键,可以删除它。

4. 生成和显示注解

在写入模式下,按下工具栏上的"注解编辑"按钮 ，进入注解编辑模式。双击梯形图中的某个线圈或输出指令,可以用弹出的"注解输入"对话框输入注解或修改已有的注解(见图 2-19)。单击"确定"按钮后在该电路块的上面将会立即显示新的或修改后的注解。再次单击"注解编辑"按钮,退出注解编辑模式。退出后双击显示出的注解,可以用出现的"梯形图输入"对话框编辑注解。图 2-19 是已生成 Y0 的注解的梯形图。

图 2-19　生成注解

执行菜单命令"视图"→"注解显示",可以显示或隐藏注解。

选中梯形图中的注解,按计算机键盘上的〈Delete〉键,可以删除它。

视频"生成注释、声明与注解"可通过扫描二维码 2-4 播放。

2.1.4　指令的帮助信息与 PLC 参数设置

二维码 2-4

1. 特定指令的帮助信息

在梯形图的最左边生成 X11 的常开触点,双击该触点右边的空白处,弹出"梯形图输入"对话框(见图 2-20 左边上面的小图)。输入"MOV"(传送指令),单击"帮助"按钮,弹出"指令帮助"对话框,给出了 MOV 指令的帮助信息。

单击"指令帮助"对话框左下角的"详细"按钮,弹出"详细的指令帮助"对话框(见图 2-20 中右边的大图)。"说明"区中是指令功能的说明。"可使用的软元件"列表中的"S"行是源操作数,"D"行是目标操作数。"数据类型"列的 BIN16 是 16 位的二进制整数,X、Y 等软元件列中的"*"表示可以使用对应的软元件,"-"表示不能使用对应的软元件。

单击"脉冲化"复选框,左上角的"MOV"变为"MOVP"(脉冲执行的传送指令)。

在"软元件输入"列中"S"所在行的单元输入源操作数 D12,在"软元件输入"列中

"D"所在行的单元输入目标操作数 D13。

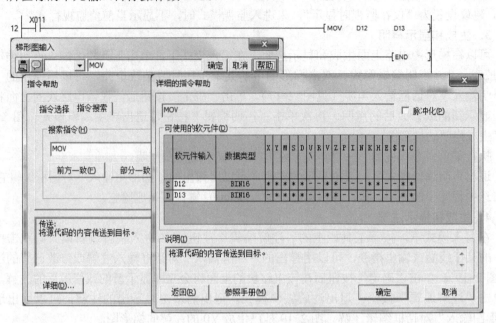

图 2-20 "指令帮助"对话框

输入结束后,单击"确定"按钮,返回"梯形图输入"对话框。可以看到输入的指令"MOV D12 D13"。也可以用"梯形图输入"对话框直接输入上述指令,MOV、D12 和 D13 之间用空格分隔。单击"确定"按钮,可以看到梯形图中新输入的指令。

双击梯形图中已有的指令,出现该指令的"梯形图输入"对话框。单击"帮助"按钮,也会出现该指令的"指令帮助"对话框。

2. 查找任意指令的帮助信息

双击梯形图中的空白处,打开"梯形图输入"对话框,里面没有任何指令和软元件号。单击"帮助"按钮,弹出"指令帮助"对话框中的"指令选择"选项卡(见图 2-21)。也可以在图 2-20 中打开"指令选择"选项卡。

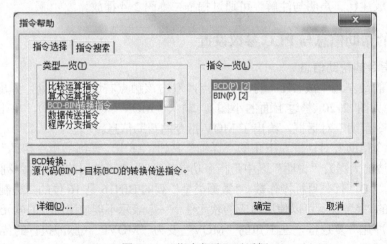

图 2-21 "指令帮助"对话框

可以用"类型一览"列表选择指令的类型,"指令一览"列表给出了选中的指令类型中的所有指令。选中某一条指令,下面窗口是该指令的帮助信息。双击其中的某条指令,将打开该指令"详细的指令帮助"对话框,可以看到该指令详细的说明,也可以用该对话框输入该指令的操作数。

安装软件时如果安装了 FX 专用的帮助,选中程序中的某条指令,按计算机键盘上的〈F1〉键,将会出现 FX3 系列编程手册指令说明书中该指令的详细说明。说明书是用 Adobe Reader 打开的。

3. 使用 GX Works2 的帮助功能

执行菜单命令"帮助"→"GX Works2 帮助",打开帮助界面,图 2-22 是帮助界面的导航窗口。导航窗口下面从左到右的按钮分别用于切换到目录、关键字、搜索、收藏夹和履历(即使用帮助的历史记录)。图 2-22 中显示的是搜索功能,输入要搜索的关键字后,可以选择筛选条件。单击"搜索"按钮,用列表列出包含指定的关键字的搜索结果。双击"搜索结果"列表中的某个标题,帮助界面右边的窗口显示该标题详细的内容。右键单击右边的窗口,执行所弹出的快捷

图 2-22 帮助界面的导航窗口

菜单中的"添加到收藏夹"命令,右边窗口显示的标题被保存到收藏夹。单击图 2-22 中的"收藏夹"按钮,可以看到收藏夹中保存的标题。

视频"指令帮助信息的使用"可通过扫描二维码 2-5 播放。

4. PLC 的参数设置

双击图 2-16 左边"导航"窗口的"参数"文件夹中的"PLC 参数",打开"FX 参数设置"对话框(见图 2-23)。在"PLC 系统设置(2)"和"以太网端口设置"选项卡中,可以设置通信的参数。

二维码 2-5

图 2-23 "FX 参数设置"对话框

每个注释块和文件寄存器块使用 500 步的存储器容量,每个注释块可以保存 50 点的注释。在"存储器容量设置"选项卡中,FX3S 最多可以设置 4 块文件寄存器,其他系列最多可以设置 14 块文件寄存器。

2.2 在线操作与仿真软件的使用

2.2.1 程序的写入、读取与其他在线操作

一般用编程电缆来实现用户程序的写入、读取与在线监控。现在使用得最多的是型号为 USB-SC09-FX 的编程电缆，它用来连接计算机的 USB 端口和 FX 系列的 RS-422 编程端口。转换盒上的发光二极管用来指示数据的接收和发送状态。

1. 安装 USB-SC09-FX 的驱动程序

USB-SC09-FX 编程电缆需要安装附带的驱动程序才能使用，驱动程序将计算机的 USB 端口仿真为 RS-232 端口（俗称 COM 口）。现在国内生产 USB-SC09-FX 编程电缆的厂家很多，不同厂家的电缆的驱动程序的安装方法可能有较大的差别。作者使用的 USB-SC09-FX 的驱动程序在 Windows 7 操作系统下的安装步骤如下：

1）先不插设备，打开"CH340 驱动（232 转 USB）"文件夹，双击"CH340 341 驱动.EXE"文件。CH340 是 RS-232 转 USB 的芯片。

2）单击弹出的对话框中的"安装"按钮。

3）弹出"驱动预安装成功"对话框后，单击"确定"按钮，然后关闭安装窗口。

4）将 USB-SC09-FX 插入计算机的 USB 接口，出现"成功安装了设备驱动程序"的信息。

5）右键单击桌面上的"计算机"，选中"属性"，打开设备管理器（见图 2-24）。在"端口（COM 和 LPT）"文件夹中，可以看到 USB-SERIAL CH340（COM3）。说明驱动程序安装成功，连接编程电缆的 USB 端口对应的串口为 COM3，可以正常使用 USB-SC09-FX。COM 的编号与使用计算机的哪个物理 USB 端口有关。

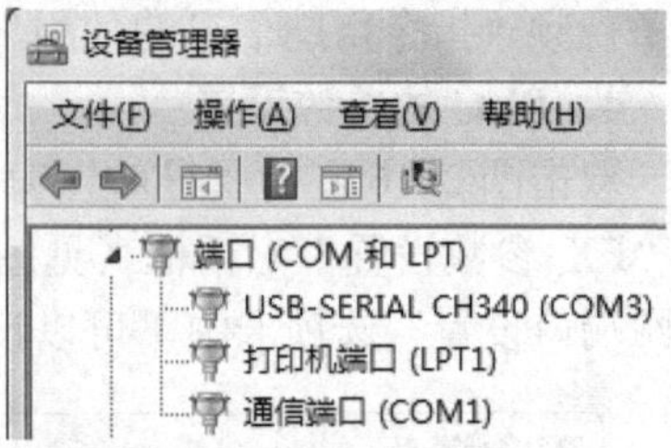

图 2-24　计算机的设备管理器

2. 设置连接目标

安装好驱动程序后，用 USB-SC09-FX 连接计算机的 USB 端口和 PLC 的编程端口。执行"工程"菜单中的"PLC 类型更改"命令，根据实际使用的 PLC 型号设置 PLC 类型。

用 GX Works2 打开一个工程，单击"导航"窗口下面的视窗选择区域的"连接目标"按钮，再双击"导航"窗口的"当前连接目标"文件夹中的 Connection1，打开"连接目标设置 Connection1"对话框（见图 2-25）。

双击"计算机侧 I/F"行最左边的"Serial USB"（串口 USB）按钮，选中弹出的对话框中的"RS-232C"（见图 2-25 中的小图）。"COM 端口"设置为图 2-24 中的 COM3。FX3 系列 PLC 的"传送速度"可以在 9.6k～115.2k(bit/s)的几个选项中选择。单击"确定"按钮确认。

双击"可编程控制器侧 I/F"行最左边的"PLC Module"按钮，采用默认的设置，"CPU 模式"为 FXCPU。可以单击图 2-25 右下角的"通信测试"按钮，测试 PLC 与计算机的通信连接是否成功。最后单击"确定"按钮，关闭对话框。

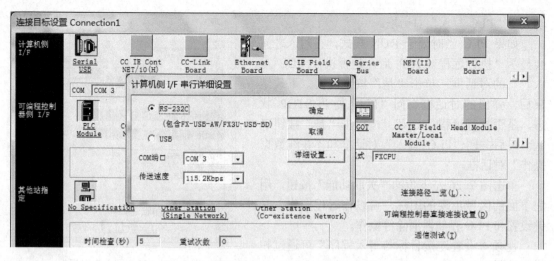

图 2-25 "连接目标设置 Connection1" 对话框

3. 将程序写入 PLC

单击工具栏上的 "PLC 写入" 按钮 ，或执行菜单命令 "在线" → "PLC 写入"，弹出 "在线数据操作" 对话框（见图 2-26），自动选中了 "写入"。选中 MAIN（主程序）或其他要写入的对象。

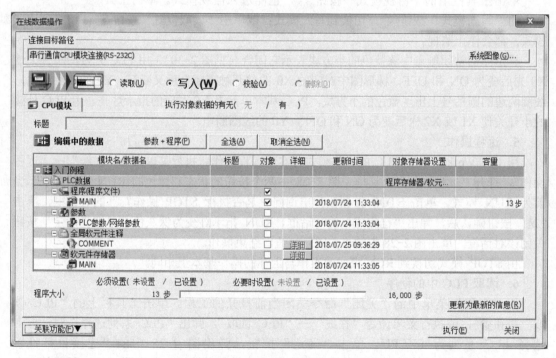

图 2-26 "在线数据操作" 对话框

单击 "执行" 按钮，弹出 "PLC 写入" 对话框（见图 2-27），写入完成后，单击 "关闭" 按钮，关闭该对话框。最后关闭 "在线数据操作" 对话框。

如果选中了复选框 "处理结束时，自动关闭窗口"，下一次写入时，写入结束后将会自动关闭"PLC 写入"对话框。

如果 PLC 当时处于 RUN 模式，在写入之前会显示"执行远程 STOP 后，是否执行 PLC 写入？"的对话框，单击"是"按钮确认。下载结束后，弹出的对话框询问"PLC 处于 STOP 状态，是否执行远程 RUN？"，单击"是"按钮确认。最后关闭"PLC 写入"对话框和"在线数据操作"对话框。

单击图 2-26 左下角的"关联功能"按钮，用它下面的区域出现的图标，可以作远程操作、时钟设置和 PLC 存储器清除等操作。

视频"设置连接目标与写入程序"可通过扫描二维码 2-6 播放。

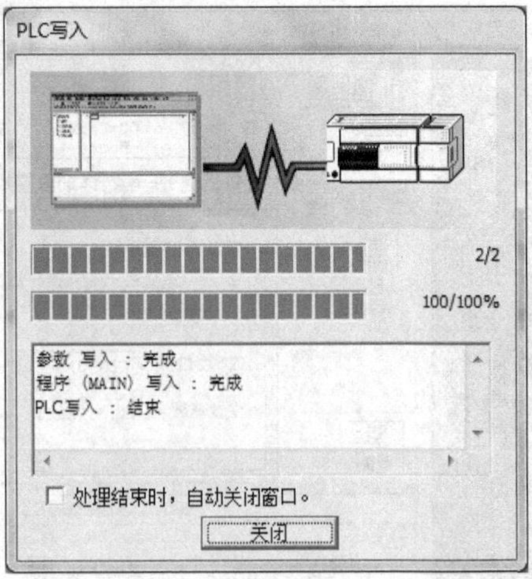

图 2-27 "PLC 写入"对话框

4. 监控与调试程序

将工程"入门例程"写入 PLC 后，打开主程序 MAIN，进入写入模式。单击工具栏上的"监视开始"按钮 🔍，进入监视模式。工具栏上的"监视模式"按钮 🔐 被自动选中。可以用工具栏上的 🔍 按钮停止监视。

二维码 2-6

单击工具栏上的"监视模式"按钮 🔐，也能进入监视模式。单击工具栏上的"写入模式"按钮 🔧，切换到写入模式；或单击"读取模式"按钮 🔧，切换到读取模式，都会停止监视。

梯形图的常闭触点中深蓝色的小方块表示它闭合（见图 2-30）。用 PLC 外接的小开关使 X0 先后变为 ON 和 OFF，梯形图中对应的 X0 的常开触点闭合后又断开。Y0 的线圈通电，线圈两边的圆括号上出现蓝色的小方块，PLC 基本单元上 Y0 对应的指示灯亮。用 PLC 外接的小开关使 X1 或 X2 先后变为 ON 和 OFF，Y0 的线圈断电。

5. 远程操作

用 GX Works2 改变 PLC 的操作模式可实现远程操作。执行菜单命令"在线"→"远程操作"，打开"远程操作"对话框。图 2-28 中两个按钮的状态和绿色的 RUN 指示灯表示当前为 RUN 模式。单击 STOP 按钮，弹出询问"是否执行 STOP 操作？"的对话框，单击"是"按钮确认后，弹出"已完成"的对话框，RUN 指示灯变为深灰色。单击"确定"按钮关闭该对话框。单击图 2-28 中的"关闭"按钮，结束操作。

由 STOP 模式切换到 RUN 模式的操作与上述的操作基本上相同。

6. 读取 PLC 中的程序

用"工程"菜单中的"关闭"命令关闭当前打开的工程。单击工具栏上的"PLC 读取"按钮 🔧，或执行菜单命令"在线"→"PLC 读取"，弹出"PLC 系列选择"对话框，选择 PLC 系列为 FXCPU。单击"确定"按钮，弹出图 2-25 中的"连接目标设置 Connection1"对话框。确认设置的参数后，单击"确定"按钮，弹出图 2-26 所示的"在线数据操作"对话框，自动选中"读取"。选中要读取的对象后，单击"执行"按钮，弹出"PLC 读取"对话框（类似于图 2-27 中的对话框）。读取结束后，两次单击"关闭"按钮，关闭该对话框和"在线数据操作"对话框。在 GX Works2 中，可以看到从 PLC 读取的程序和参数。

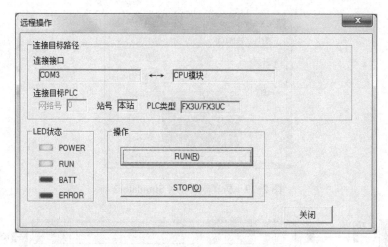

图 2-28 "远程操作"对话框

视频"程序的监控调试与读取"可通过扫描二维码 2-7 播放。

二维码 2-7

2.2.2 仿真软件使用入门

1．仿真软件 GX Simulator2 的功能

由于价格昂贵，初学者一般没有用 PLC 做实验的条件。即使有一个小
PLC，其 I/O 点数和功能也很有限。PLC 的仿真软件为解决这一问题提供了很好的途径。
仿真软件用来模拟 PLC 的系统程序和用户程序的运行。与硬件 PLC 一样，需要将用户程
序下载到仿真 PLC。通过"当前值更改"对话框，给仿真 PLC 提供输入信号。可以通过程
序监视、监看窗口和软元件/缓冲存储器批量监视视图，观察仿真 PLC 执行用户程序后，
软元件提供的输出信息。

仿真软件 GX Simulator2 被嵌入在编程软件 GX Works2 中。不需要 PLC 的硬件，用 GX
Simulator2 就可以模拟运行 PLC 的用户程序。它可以对所有的 FX3 系列 PLC 仿真，还可以
对大中型 PLC（Q、L、A 等系列）仿真。

GX Simulator2 使用方便、功能强大，仿真时可以使用编程软件的各种监控功能，做仿
真实验和做硬件实验时用监视功能观察到的现象几乎完全相同。

GX Simulator2 支持 FX3 系列绝大部分的指令，但是不支持中断指令、PID 指令、位置
控制指令、与硬件和通信有关的指令。打开某个工程，启动仿真后，执行菜单命令"调试"
→"显示模拟不支持的指令"，在弹出的对话框中，将会显示该工程中 GX Simulator2 不支持
的指令。

2．打开仿真软件

打开一个工程后，单击工具栏最右边的"模拟开始/停止"按钮🖳，或执行菜单命令
"调试"→"模拟开始/停止"，打开仿真软件 GX Simulator2（见图 2-29）。用户程序被自动
写入仿真 PLC，图 2-27 是显示写入过程的对话框。写入结束后，关闭该对话框，图 2-29 中
的 RUN 指示灯变为绿色，表示 PLC 处于运行模式。

3．仿真操作

打开仿真软件后，梯形图程序自动进入监视模式（见图 2-30），梯形图中常闭触点上的
深蓝色表示对应的软元件为 OFF，常闭触点闭合。

图 2-29 仿真软件 GX Simulator2

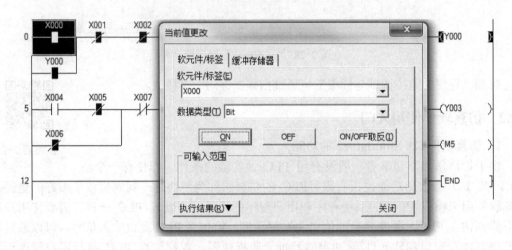

图 2-30 梯形图监视模式与"当前值更改"对话框

单击工具栏上的"当前值更改"按钮 ，弹出"当前值更改"对话框。单击对话框中的"执行结果"按钮，将会关闭或打开该按钮下面的"执行结果"列表，该列表记录了当前值被更改的历史记录。

单击梯形图中的 X0 的触点，"当前值更改"对话框中的"软元件/标签"选择框中出现X0。单击"ON"按钮，X0 变为 ON，梯形图中 X0 的常开触点中间的部分变为深色，表示该触点闭合。相当于做硬件实验时接通了 X0 端子外接的输入电路。由于梯形图程序的作用，Y0 的线圈通电，Y0 线圈两边的圆括号的背景色变为深蓝色。

单击"当前值更改"对话框中的"OFF"按钮，X0 变为 OFF，梯形图中 X0 的常开触点断开。由于 Y0 的自保持触点的作用，Y0 的线圈继续通电。

单击选中梯形图中 X1 的触点，"当前值更改"对话框中的 X0 变为 X1，令 X1 先后变为 ON 和 OFF，模拟停止按钮的操作。梯形图中 X1 的常闭触点断开后又接通。由于梯形图程序的作用，Y0 变为 OFF，梯形图中 Y0 两边的圆括号的深蓝色背景色消失。在 Y0 为 ON 时，令 X2 变为 ON，Y0 的线圈也会断电。

二维码 2-8

视频"仿真软件使用入门"可通过扫描二维码 2-8 播放。

2.3 习题

1. 怎样设置 GX Works2 的工具栏？
2. 怎样自动隐藏 GX Works2 的窗口？
3. 怎样用 GX Works2 打开和转换用 GX Developer 生成的工程？
4. 怎样生成和显示软元件注释？
5. 怎样设置软元件注释的显示格式？
6. 怎样设置当前值监视行的显示方式？
7. 怎样获取特定的指令的帮助信息？
8. 程序写入 PLC 需要做哪些操作？
9. 怎样用远程操作改变 PLC 的 RUN/STOP 状态？
10. 怎样打开仿真软件和用仿真软件调试程序？

第3章 FX系列PLC编程基础

3.1 PLC 的编程语言

IEC（国际电工委员会）的 PLC 编程语言标准（IEC 61131—3）中有 5 种编程语言：

1）顺序功能图（Sequential Function Chart，SFC）；

2）梯形图（Ladder Diagram，LD）；

3）功能块图（Function Block Diagram，FBD）；

4）指令表（Instruction List，IL）；

5）结构文本（Structured Text，ST）。

其中的顺序功能图、梯形图和功能块图（三菱的手册称为功能模块表）是图形编程语言，指令表和结构文本是文字语言。

1．顺序功能图（SFC）

这是一种位于其他 4 种编程语言之上的图形语言，用来编制顺序控制程序，第 5 章中将作详细的介绍。顺序功能图提供了一种组织程序的图形方法，它用来描述开关量控制系统的功能，步、转换和动作是它的三种主要的元件（见图 3-1），GX Works2 提供了顺序功能图（SFC）语言。对于没有顺序功能图语言的 PLC，也可以用顺序功能图来描述开关量控制系统的功能，根据它可以很容易地设计出顺序控制梯形图程序。

2．梯形图（LD）

梯形图是使用得最多的 PLC 图形编程语言。梯形图与继电器控制系统的电路图很相似，直观易懂，很容易被工厂熟悉继电器控制的电气人员掌握，特别适合于开关量逻辑控制。图 3-2 和图 3-3 给出了用来表示同一逻辑关系的 3 种编程语言。图 3-2 和图 3-3 中的梯形图和功能块图是用结构化编程的"结构化梯形图/FBD"语言编写的。

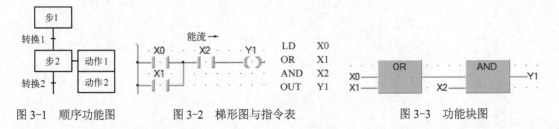

图 3-1　顺序功能图　　　　图 3-2　梯形图与指令表　　　　图 3-3　功能块图

梯形图由触点、线圈和应用指令等组成。触点代表逻辑输入条件，例如外部的开关、按钮和内部条件等。线圈通常代表逻辑输出结果，用来控制外部的指示灯、交流接触器和内部的输出标志位等。

在分析梯形图中的逻辑关系时，为了借用继电器电路图的分析方法，可以想象左右两侧

36

垂直母线之间有一个左正右负的直流电源电压，结构化梯形图省略了右侧的垂直母线。当图 3-2 中 X0 与 X2 的触点接通，或 X1 与 X2 的触点接通时，有一个假想的"能流"（Power flow）流过 Y1 的线圈。利用能流这一概念，可以帮助我们更好地理解和分析梯形图，能流只能从左向右流动。

3．功能块图（FBD）

这是一种类似于数字逻辑电路的编程语言，有数字电路基础的人很容易掌握。该编程语言用类似与门、或门的方框来表示逻辑运算关系，方框的左侧为逻辑运算的输入变量，右侧为输出变量，方框被"导线"连接在一起，信号自左向右流动。图 3-3 中的控制逻辑与图 3-2 中的相同。国内很少有人使用功能块图语言。

4．指令表（IL）

PLC 的指令是一种与计算机的汇编语言中的指令相似的助记符表达式，由指令组成的程序叫作指令表程序。指令表程序较难阅读，其中的逻辑关系很难一眼看出，设计开关量控制程序时一般使用梯形图语言。在用户程序存储器中，指令按步序号顺序排列。GX Developer 支持指令表语言，GX Works2 不支持该语言。

5．结构文本（ST）

结构文本（ST）是具有与 C 语言相似的语法构造、文本形式的程序语言。与梯形图相比，它能实现复杂的数学运算，编写的程序非常简洁和紧凑。

3.2 FX 系列 PLC 的软元件

3.2.1 位软元件

位（bit）软元件（例如辅助继电器 M 和输出继电器 Y 等）只有两种不同的状态，FX 的编程手册将位软元件的线圈"通电"、常开触点接通、常闭触点断开的状态称为 ON，相反的状态称为 OFF。分别用二进制数 1 和 0 来表示这两种状态。

FX 系列 PLC 梯形图中的软元件的名称由字母和数字组成，它们分别表示软元件的类型和软元件号，例如 Y10 和 M129。

1．输入继电器

输入继电器（X）是 PLC 接收外部输入的开关量信号的窗口。PLC 通过光耦合器，将外部信号的状态读入并存储在输入映像区。输入端可以外接常开触点或常闭触点，也可以接多个触点组成的串并联电路或传感器（例如接近开关）。在梯形图中，可以多次使用输入继电器的常开触点和常闭触点。

输入继电器和输出继电器的软元件号用八进制数表示，八进制数只有 0～7 这 8 个数字符号，遵循"逢 8 进 1"的运算规则，不使用 8 和 9 这两个数字符号。八进制数 17 和 20 是两个相邻的整数。除了输入继电器和输出继电器的软元件号采用八进制外，其他软元件的元件号均采用十进制。

基本单元的输入继电器和输出继电器的软元件号从 0 开始，扩展单元和扩展模块接着它左边的模块的输入编号和输出编号自动分配，但是末位数从 0 开始分配。例如，如果左边的模块以 X43 结束，那么下一个单元或模块的输入编号从 X50 开始分配。

图 3-4 是一个 PLC 控制系统的示意图，X0 端子外接的输入电路接通时，它对应的输入

映像存储器为 ON，外接电路断开时为 OFF。

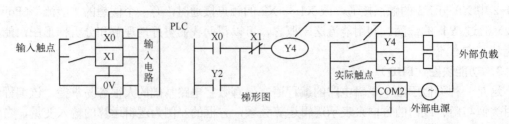

图 3-4 PLC 控制系统示意图

因为 PLC 只是在每一扫描周期开始时读取输入信号，输入信号为 ON 或为 OFF 的持续时间应大于 PLC 的扫描周期。如果不满足这一条件，可能会丢失输入信号。

输入继电器的状态取决于外部输入电路的状态，不可能受用户程序的控制，因此在梯形图中不能出现输入继电器的线圈。

2．输出继电器

输出继电器（Y）是 PLC 向外部负载发送信号的窗口。输出继电器用来将 PLC 的输出信号传送给硬件输出电路，再由后者驱动外部负载。如果图 3-4 的梯形图中 Y4 的线圈"通电"，继电器型输出模块中对应的硬件继电器的常开触点闭合，使外部负载工作。输出电路中的每一个硬件继电器仅有一对常开触点，但是在梯形图中，每一个输出继电器的常开触点和常闭触点都可以多次使用。图 3-4 中椭圆形的线圈是 FX 编程手册中的画法。

3．一般用途辅助继电器（M）

辅助继电器相当于继电器系统的中间继电器，它们并不对外输入和输出，只是在程序中使用，是一种内部的状态标志。

一般用途辅助继电器（见表 3-1）没有停电保持功能。如果在 PLC 运行时电源突然中断，输出继电器和一般用途辅助继电器将全部变为 OFF。若电源再次接通，除了因程序控制而变为 ON 的以外，其余的仍将保持为 OFF 状态。

表 3-1 一般用途辅助继电器

类型	FX₃S，FX₃SA	FX₃G	FX₃U，FX₃UC
一般用途型	1408 点，M0~383，M512~M1535	6528 点，M0~383，M1536~M7679	500 点，M0~499
停电保持型	128 点，M384~511	1152 点，M384~M1535	7180 点，M500~1023，M1024~M7679
总计	1536 点	7680 点	7680 点

4．停电保持型辅助继电器

某些控制系统要求记忆电源中断瞬时的状态，重新通电后再现其状态，停电保持型辅助继电器可以用于这种场合。在电源中断时，FX₃S 和 FX₃G 系列用 EEPROM 来长期保存软元件中的信息。FX₃U 和 FX₃UC 系列用 RAM 和锂电池来保存软元件中的信息。

有的系列某些区域的辅助继电器可以设置是否有停电保持功能。

图 3-5 中 X0 和 X1 分别是起动按钮和停车按钮，有停电保持功能的 M500 通过 Y0 控制外部的电动机，如果电源中断时 M500 为 ON，因为电路的记忆作用，重新通电后 M500

将保持为 ON，使 Y0 继续为 ON，电动机重新开始运行。

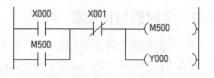

图 3-5 停电保持功能

5．特殊辅助继电器

FX3 系列 PLC 有 512 点特殊辅助继电器，它们用来表示 PLC 的某些状态，提供时钟脉冲和标志（例如进位、借位标志），设定 PLC 的运行方式，或者用于步进顺控、禁止中断、设定计数器是加计数还是减计数等。

《FX3 系列微型可编程控制器编程手册 基本·应用指令说明书》第 37 章详细介绍了特殊辅助继电器和特殊数据寄存器的使用方法。

特殊辅助继电器分为两类：

（1）触点利用型

PLC 的系统程序驱动触点利用型特殊辅助继电器的线圈，在用户程序中直接使用其触点，但是不能出现它们的线圈，下面是几个例子：

1）M8000 和 M8001（运行监控）：当 PLC 执行用户程序时，M8000 为 ON，M8001 为 OFF；停止执行时，M8000 为 OFF（见图 3-6），M8001 为 ON。

2）M8002（初始脉冲）：M8002 仅在 M8000 由 OFF 变为 ON 状态时的一个扫描周期内为 ON（见图 3-6），可以用 M8002 的常开触点，来使有停电保持功能的软元件初始化复位或给某些软元件置初始值。

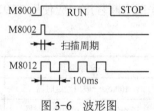

图 3-6 波形图

3）M8004（错误发生）：如果运算出错，例如除法指令的除数为 0，M8004 变为 ON。

4）M8005（电池电压低）：锂电池电压下降至规定值时变为 ON，可以用它的触点通过输出继电器驱动外部的指示灯，提醒工作人员更换锂电池。

5）M8011～M8014 分别是 10ms、100ms、1s 和 1min 时钟脉冲，一个周期内它们的触点接通和断开的时间各占 50%。

（2）线圈驱动型

线圈驱动型特殊辅助继电器由用户程序驱动其线圈，使 PLC 执行特定的操作，用户并不使用它们的触点。例如：

M8030 的线圈"通电"后，"电池电压低"发光二极管熄灭；

M8033 的线圈"通电"时，PLC 进入 STOP 模式后，映像存储区和数据存储区的值保持不变；

M8034 的线圈"通电"时，禁止所有的输出；

M8039 的线圈"通电"时，PLC 以 D8039 中指定的扫描时间按恒定扫描模式运行。

6．状态

状态（S，State）是用于编制顺序控制程序的一种软元件，它与第 5 章将要介绍的 STL 指令（步进梯形指令）一起使用。状态也可以像辅助继电器那样使用。一般用途状态没有停电保持功能。如果使用了应用指令 IST（状态初始化），S0～S9 用来作初始状态。停电保持型的状态在停电时用带锂电池的 RAM 或 EEPROM 来保存其 ON/OFF 状态。

与应用指令 ANS（信号报警器置位）和 ANR（信号报警器复位）配合使用，状态 S900～S999 可以用作外部故障诊断的输出，称为信号报警器。

3.2.2 定时器与计数器

8个连续的二进制位组成一个字节（Byte），16个连续的二进制位组成一个字（Word）。

FX 的定时器（T）相当于继电器系统中的时间继电器。它有一个当前值字，最高位（第15位）为符号位，正数的符号位为 0，负数的符号位为 1。有符号的字可以表示的最大正整数为 32767。

定时器对 PLC 内部的 1ms、10ms 和 100ms 时钟脉冲进行加计数，达到设定值时，定时器的输出触点动作。FX 系列的定时器分为一般用途定时器和累计型定时器。

可以用常数 K 或数据寄存器（D）的值作为定时器的设定值。例如可以将外部数字拨码开关输入的数据存入数据寄存器，作为定时器的设定值。

1. 一般用途定时器

FX 各子系列可用的定时器如表 3-2 所示。100ms 定时器的定时范围为 0.1～3276.7s，10ms 定时器的定时范围为 0.01～327.67s，1ms 定时器的定时范围为 0.001～32.767s。在子程序或中断程序中应使用 T192～T199。

表 3-2　定时器

定时器类型	FX3S，FX3SA	FX3G	FX3U，FX3UC
100ms 一般用途定时器	63 点，T0～T62	200 点，T0～199	
10ms/100ms 一般用途定时器	31 点，T32～T62	46 点，T200～T245	
1ms 一般用途定时器	65 点，T63～T127	64 点，T256～T319	256 点，T256～T511
100ms 累计型定时器	6 点，T132～T137	6 点，T250～T255	
1ms 累计型定时器	4 点，T128～T131	4 点，T246～T249	
电位器型	内置 2 点，D8031、D8031 中保存		

FX3S 的 M8028 置为 ON 时，100ms 定时器 T32～T62 变为 10ms 定时器。

一般用途定时器及其波形图如图 3-7 所示。在图 3-7 中 X0 的常开触点接通时，T1 的当前值计数器从零开始，对 100ms 时钟脉冲进行累加计数。当前值等于设定值 100 时，T1 的输出触点在其线圈被驱动 10s（100ms×100）后动作。梯形图中 T1 的常开触点接通，常闭触点断开，当前值保持不变。X0 的常开触点断开或 PLC 断电时，T1 被复位，它的输出触点也被复位，梯形图中 T1 的常开触点断开，常闭触点接通，当前值被清零。一般用途定时器没有停电保持功能。本节的程序见例程"定时器应用"。

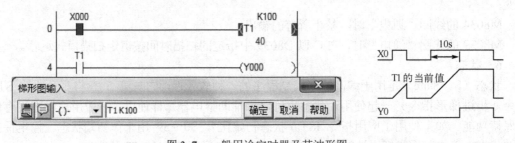

图 3-7　一般用途定时器及其波形图

如果需要在定时器的线圈"通电"时就动作的瞬动触点，可以在定时器线圈两端并联一个辅助继电器的线圈，并使用它的触点。

在输入定时器线圈时，单击工具栏上的"线圈"按钮 ，输入"T1 K100"，单击"确定"按钮，生成 T1 的线圈，线圈上面是设定值。可以用软元件批量监视视图、监看窗口或梯形图来监视定时器的当前值。

2．登录软元件并进行监视

执行菜单命令"视图"→"折叠窗口"→"监看 1"，打开监看 1 窗口（见图 3-8）。最多可以生成 4 个监看窗口（监看 1～监看 4）。监看窗口主要用于不能同时看到梯形图中需要监视的有关的软元件的场合。在"软元件/标签"列输入 X0，数据类型为默认的 Bit，注释列显示该软元件已定义的注释。在第 2 行输入软元件号 T1，数据类型为默认的有符号字，监视的是 T1 的当前值。将第 3 行的数据类型改为 Bit，监视的是 T1 的触点的状态。

在运行时令 X0 为 ON，监看 1 窗口中 X0 的当前值变为 1，该行的背景色变为深蓝色（见图 3-8）。T1 的当前值从 0 开始不断变化，达到设定值 100 值（10s）后不再增加，T1 的位和 Y0 的当前值由 0 变为 1，背景色变为深蓝色。令 X0 为 OFF，监看 1 窗口 X0 的当前值变为 0，背景色变为白色，T1 的当前值变为 0。可以通过程序监视得到同样的信息。

软元件/标签	当前值	数据类型	类	软元件	注释
X0	1	Bit		X000	T1启动
T1	55	Word[Signed]		T1	
T1	0	Bit		T1	
Y0	0	Bit		Y000	

图 3-8　监看窗口

选中程序编辑器或标签编辑器中的某个软元件或标签，执行右键快捷菜单中的"登陆至监看窗口"命令，选中的软元件或标签将被自动登录到监看窗口中。

3．累计型定时器

100ms 累计型定时器的定时范围为 0.1～3276.7s。图 3-9 中 X1 的常开触点接通时，T250 的当前值计数器对 100ms 时钟脉冲进行累加计数。X1 的常开触点断开或 PLC 断电时停止定时，T250 的当前值保持不变。X1 的常开触点再次接通或重新上电时继续定时，当前值在保持的值的基础上累加计数，累计时间（图 3-9 中的 $t_1 + t_2$）为 9s（$90 \times 100\text{ms}$）时，T250 的常开触点接通。累计型定时器的线圈断电时不会复位，所以需要用复位指令 RST 将累计型定时器复位。

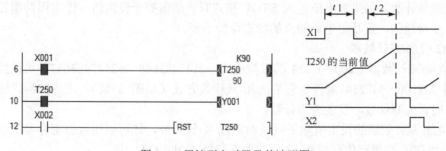

图 3-9　累计型定时器及其波形图

如果 1ms 累计型定时器用于中断程序和子程序，在它的当前值达到设定值后，其触点在执行该定时器的第一条线圈指令时动作。

视频"定时器的基本功能"可通过扫描二维码 3-1 播放。

二维码 3-1

4．定时器的定时精度

设定时器的设定时间为 T，实际定时时间大致在 $T-\alpha$ 和 $T+T_0$ 之间，T_0 是扫描周期，α 是定时器的分辨率。1ms、10ms 和 100ms 定时器的分辨率分别为 1ms、10ms 和 100ms。如果定时器的触点在线圈之前，最大误差约为 $2T_0$。

5．内部计数器

内部计数器（C）用来对 PLC 的内部映像存储器（X、Y、M 和 S）提供的信号计数，计数信号为 ON 或 OFF 的持续时间应大于 PLC 的扫描周期，其响应速度通常小于数十赫兹。计数器的类型与软元件号的关系见表 3-3。

表 3-3　内部计数器

PLC 系列	FX$_{3S}$，FX$_{3SA}$	FX$_{3G}$	FX$_{3U}$，FX$_{3UC}$
一般用途 16 位加计数器	16 点，C0～C15	16 点，C0～C15	100 点，C0～C99
停电保持 16 位加计数器	16 点，C16～C31	184 点，C16～C199	100 点，C100～C199
一般用途 32 位加减计数器	35 点，C200～C234	20 点，C200～C219	
停电保持 32 位加减计数器	—	15 点，C220～C234	

6．16 位加计数器

16 位加计数器的设定值为 1～32767。图 3-10 中的波形图给出了 16 位加计数器的工作过程。

X0 用来提供计数输入信号，当 16 位加计数器的复位输入电路断开，计数输入电路由断开变为接通时（即计数脉冲的上升沿），C0 的当前值加 1。在 5 个计数脉冲之后，C0 的当前值等于设定值 5，梯形图中 C0 的常开触点接通，常闭触点断开。再来计数脉冲时其当前值不变。16 位加计数器也可以通过数据寄存器来指定设定值。本节的程序见例程"计数器应用"。

图 3-10 中 X1 的常开触点接通时，C0 被复位，梯形图中其常开触点断开，常闭触点接通，计数当前值被清 0。

在电源中断或进入 STOP 模式时，16 位加计数器停止计数。停电保持型计数器（例如 FX3U 的 C101）保持计数当前值不变。电源再次接通，进入 RUN 模式后，在保持的当前值的基础上继续计数。如果断电或进入 STOP 模式时当前值等于设定值，停电保持型计数器的常开触点是接通的，重新上电后触点的状态保持不变。

7．32 位加/减计数器

32 位加/减计数器 C200～C234 的设定值为 -2147483648～$+2147483647$，可以用特殊辅助继电器 M8200～M8234 来设定它们的加/减计数方式（见图 3-11）。对应的特殊辅助继电器为 ON 时，为减计数，反之为加计数。

32 位加/减计数器的设定值除了可以由常数 K 设定外，还可以用数据寄存器来设定，如果指定的是 D0，则设定值存放在 32 位数据寄存器（D1，D0）中。

32 位加/减计数器的当前值在最大值 2147483647 时加 1，将变为最小值-2147483648，类似地，在最小当前值-2147483648 时减 1，将变为最大值 2147483647，这种计数器称为"环形计数器"。

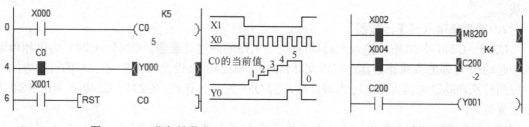

图 3-10　16 位加计数器　　　　　　　　图 3-11　32 位加/减计数器

视频"计数器的基本功能"可通过扫描二维码 3-2 播放。

二维码 3-2

3.2.3　高速计数器

1. 高速计数器概述

高速计数器（HSC）用于对内部计数器无能为力的外部高速脉冲计数，计数过程与 PLC 的扫描工作方式无关。

21 点高速计数器 C235～C255 共用 PLC 的 8 个高速计数器输入端 X0～X7，某一输入端同时只能供一个高速计数器使用。这 21 个计数器均为 32 位加/减计数器。不同类型的高速计数器可以同时使用，但是它们的高速计数器输入端的使用不能产生冲突。

高速计数器的运行建立在中断的基础上，这意味着事件的触发与扫描时间无关。在对外部高速脉冲计数时，梯形图中高速计数器的线圈应一直通电，以表示与它有关的输入点已被使用，其他高速计数器的处理不能与它冲突。可以用运行时一直为 ON 的 M8000 的常开触点来驱动高速计数器的线圈。

高速计数器的当前值达到设定值时，如果要立即进行输出处理，应使用高速计数器比较置位/复位指令（HSCS/HSCR）和高速计数器区间比较指令（HSZ）。高速计数器也属于环形计数器。

表 3-4 给出了各高速计数器对应的输入端子的软元件号，表中的 U 和 D 分别为加、减计数输入，A 和 B 分别为 A、B 相输入，R 为复位输入，S 为置位输入。

表 3-4　高速计数器的输入端子的软元件号

中断输入	无起动/复位的单相计数器						有起动/复位的单相计数器					单相双输入计数器					双相双输入计数器				
	C235	C236	C237	C238	C239	C240	C241	C242	C243	C244	C245	C246	C247	C248	C249	C250	C251	C252	C253	C254	C255
X000	U/D						U/D			U/D		U	U		U		A	A		A	
X001		U/D					R			R		D	D		D		B	B		B	
X002			U/D					U/D			U/D		R		R			R	R		R
X003				U/D				R			R			U	U			A	A	
X004					U/D				U/D					D	D			B	B	
X005						U/D			R					R	R			R	R	
X006									S					S					S	
X007									S					S					S	

43

X0～X7 可以用于高速计数器、输入中断、脉冲捕捉以及 SPD（脉冲密度）、ZRN（原点回归）、DSZR（带 DOG 搜索的原点回归）指令和通用输入，不要同时重复使用同一个输入端子。

2. 单相单输入高速计数器

C235～C240 为单相单输入无起动/复位输入端的高速计数器，C241～C245 为单相单输入带起动/复位端的高速计数器，可以用 M8235～M8245 来设置 C235～C245 的计数方向，对应的特殊辅助继电器为 ON 时为减计数，为 OFF 时为加计数。C235～C240 只能用 RST 指令来复位。

图 3-12 中的 C244 是单相单输入带起动/复位输入端的高速计数器，由表 3-4 可知，计数脉冲由 X0 提供。X1 和 X6 分别为复位输入端和起动输入端，它们的复位和起动与扫描工作方式无关，其作用是立即的和直接的。如果 X12 为 ON（见图 3-12），一旦 X6 变为 ON，立即开始计数，计数输入端为 X0。X6 变为 OFF，立即停止计数，C244 的设定值由（D1，D0）指定。除了用 X1 来立即复位外，也可以在梯形图中用复位指令来复位。

在图 3-12 中，当 X7 为 ON 时，选择了高速计数器 C237，从表 3-4 可知，C237 的计数输入端是 X2，但是它并不在程序中出现，计数脉冲信号不是 X7 提供的。

图 3-12 中 C237 的设定值为 4510。在加计数时，若计数器的当前值由 4509 变为 4510，计数器的输出触点变为 ON。在减计数时，若当前值由 4510 变为 4509，输出触点变为 OFF。

3. 单相双输入计数器

单相双输入计数器（C246～C250）有一个加计数输入端和一个减计数输入端，例如 C246 的加、减计数输入端分别是 X0 和 X1。计数器的线圈通电时，在 X0 的上升沿，计数器的当前值加 1，在 X1 的上升沿，计数器的当前值减 1。某些计数器还有复位和起动输入端，也可以在梯形图中用复位指令来复位。

通过 M8246～M8255，可以监视 C246～C255 实际的计数方向，对应的 M 为 ON 时计数器为减计数，为 OFF 时为加计数。

4. 双相双输入高速计数器

C251～C255 为双相（又称为 A-B 相型）双输入高速计数器，它们有两个计数输入端，某些计数器还有复位和起动输入端。

图 3-13 中的 X14 为 ON 时，通过中断，C251 对 X0 输入的 A 相信号和 X1 输入的 B 相信号的动作计数。X13 为 ON 时 C251 被复位。当计数值大于等于设定值时，Y2 的线圈通电，若计数值小于设定值，Y2 的线圈断电。

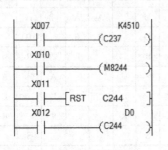

图 3-12　单相高速计数器

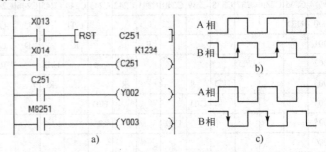

图 3-13　双相双输入高速计数器

A-B 相输入不仅提供计数信号，根据它们的相对相位关系，还提供了计数的方向。利用旋转轴上安装的 A-B 相型编码器，在机械正转时自动进行加计数，反转时自动进行减计数。A 相输入为 ON 时，若 B 相输入由 OFF 变为 ON，为加计数（见图 3-13b）；A 相为 ON 时，若 B 相由 ON 变为 OFF，为减计数（见图 3-13c）。

通过 M8251 可以监视 C251 的加/减计数状态，加计数时 M8251 为 OFF，减计数时 M8251 为 ON。

5．高速计数器的最高计数频率

FX$_{3U}$ 有 6 点最高计数频率为 100kHz、2 点为 10kHz 的单相计数器。其他系列有 4 点最高计数频率为 60kHz、2 点为 10kHz 的单相计数器。FX$_{3U}$-4HSX-ADP 高速输入特殊适配器有 8 点最高计数频率为 200kHz 的单相计数器。上述计数器中双相 1 倍频和 4 倍频计数的最高计数频率减半。

3.2.4 数据寄存器、指针与常数

1．数据寄存器

在模拟量检测与控制以及位置控制等场合，数据寄存器（简称为 D）用来存储数据和参数。数据寄存器可以存储 16 位二进制数（称为一个字），两个数据寄存器合并起来可以存放 32 位数据。在 D0 和 D1 组成的 32 位数据寄存器（D1，D0）中，D0 存放低 16 位，D1 存放高 16 位。16 位和 32 位数据寄存器的最高位为符号位，符号位为 0 时数据为正，为 1 时数据为负。

数据寄存器可以用于应用指令，以及用于定时器、计数器设定值的间接指定。

（1）一般用途数据寄存器

PLC 从 RUN 模式进入 STOP 模式时，所有的一般用途数据寄存器（见表 3-5）的值被清零。如果特殊辅助继电器 M8033 为 ON，PLC 从 RUN 模式进入 STOP 模式时，一般用途数据寄存器的值保持不变。

表 3-5 数据寄存器

类 型	FX$_{3S}$, FX$_{3SA}$	FX$_{3G}$	FX$_{3U}$, FX$_{3UC}$
一般用途型	2872 点，D0～D127，D256～D2999	7028 点，D0～D127，D1100～D7999	200 点，D0～D199
停电保持型	128 点，D128～D255	972 点，D128～D1099	7800 点，D200～D511，D512～D7999
文件寄存器	D1000 以后最大 2000 点	D1000 以后最大 7000 点	D1000 以后最大 7000 点

（2）停电保持型数据寄存器

停电保持型数据寄存器有停电保持功能，PLC 从 RUN 模式进入 STOP 模式时，停电保持型寄存器的值保持不变。通过参数设定，可以改变停电保持型数据寄存器的范围。M8032 为 ON 时，将会清除所有的停电保存软元件。

（3）扩展寄存器和扩展文件寄存器

扩展寄存器（R）是用来扩展数据寄存器（D）的软元件。扩展寄存器（R）的内容也可以保存在扩展文件寄存器（ER）中。FX3 各子系列的扩展寄存器和扩展文件寄存器的点数见表 1-1。FX$_{3U}$ 和 FX$_{3UC}$ 只有使用存储器盒时才可以使用扩展文件寄存器。

2．特殊用途的数据寄存器

FX3 系列的特殊用途数据寄存器为 512 点（D8000～D8511），它们用来控制和监视 PLC 内部的各种工作方式和软元件，例如电池电压、扫描时间、正在动作的状态的编号等。PLC 上电时，这些数据寄存器被写入默认的值。

可以用 D8000 来改写监控定时器以 ms 为单位的设定时间值。D8010～D8012 中分别是 PLC 扫描时间的当前值、最大值和最小值。

3．文件寄存器

每 500 点文件寄存器为 1 个记录块。FX$_{3S}$ 可以设置最多 4 块文件寄存器，FX$_{3G}$、FX$_{3U}$ 和 FX$_{3UC}$ 最多可以设置 14 块文件寄存器。

文件寄存器用来设置具有相同软元件编号的数据寄存器的初始值。上电时和从 STOP 模式切换到 RUN 模式时，文件寄存器中的数据被传送到系统 RAM 的数据寄存器区。

可以在 GX Works2 的"FX 参数设置"对话框的"存储器容量设置"选项卡中（见图 2-23），从 D1000 开始，以 500 点（块）为单位，设置文件寄存器的容量。

4．模拟电位器值保存寄存器

FX$_{3S}$、FX$_{3SA}$ 和 FX$_{3G}$ 有两个内置的设置参数用的模拟电位器，用小螺钉旋具调节电位器，可以改变指定的数据寄存器 D8030 或 D8031 的值（0～255）。

FX$_{3U}$ 和 FX$_{3UC}$ 没有这种内置的模拟电位器，但是可以用 8 点电位器特殊功能扩展板来实现同样的功能。常用这些电位器来修改定时器的时间设定值。可以用应用指令 VRRD（FNC 85）读出各模拟电位器设置的 8 位二进制数。

5．变址寄存器

FX 系列有 16 个变址寄存器 V0～V7 和 Z0～Z7。在 32 位操作时将软元件号相同的 V 和 Z（例如 V2 和 Z2）合并使用，Z 为低位。需要用 32 位的 DMOV 指令来改写（V2，Z2）的值，指令中的目标软元件为 Z2。

变址寄存器用来改变软元件的软元件号，例如当 V4＝12 时，数据寄存器的软元件号 D6V4 相当于 D18（12＋6＝18）。变址寄存器也可以用来修改常数的值，例如当 Z5＝21 时，K48Z5 相当于常数 69（21＋48＝69）。

4.1.1 节通过实例介绍了变址寄存器的使用方法。

6．指针

指针（P/I）包括分支、子程序用的指针（P），和中断用的指针（I）。在梯形图中，指针放在左侧母线的左边。指针的用法见 4.5 节。

7．常数

K 用来表示十进制常数，16 位常数的范围为−32768～+32767，32 位常数的范围为−2147483648～+2147483647。

H 用来表示十六进制常数，十六进制使用 0～9 和 A～F 这 16 个数字，16 位常数的范围为 0～FFFF，32 位常数的范围为 0～FFFF FFFF。

3.3　FX 系列 PLC 的基本指令

FX 系列 PLC 有 20 多条基本指令，此外还有一百多条应用指令。仅用基本指令便可以编写出开关量控制系统的用户程序。GX Developer 可以使用指令表，虽然 GX Works2 不能使用指令表，但是 FX3 系列的编程手册仍然介绍了指令表，所以本章仍然保留了与指令表有关的内容。

3.3.1　与触点和线圈有关的指令

LD（Load，取）和 LDI（Load Inverse，取反）分别是电路开始的常开触点和常闭触点对应的指令。LD 与 LDI 指令对应的触点一般与左侧母线相连，在使用 ANB（电路块与）、ORB（电路块或）指令时，LD 与 LDI 指令用来定义与其他电路串联、并联的电路块的起始触点。

AND（And，与）和 ANI（And Inverse，与反转）分别是常开触点和常闭触点串联连接指令。单个触点与左边的电路串联时，使用 AND 和 ANI 指令。

OR（Or，或）和 ORI（Or Inverse，或反转）分别是常开触点和常闭触点并联连接指令。并联触点的左端接到该指令所在的电路块的起始点（LD 点），右端与前一条指令对应的触点的右端相连。

上述触点指令可以用于软元件 X、Y、M、T、C 和 S 等。

OUT 是驱动线圈的输出指令，可以用于 Y、M、T、C 和 S 等。OUT 指令不能用于输入继电器 X，线圈和输出类指令应放在梯形图同一行的最右边。

OUT 指令可以连续使用若干次，对应于线圈的并联（见图 3-14）。

定时器和计数器的 OUT 指令可以用以字母 K 开始的十进制常数来指定它们的设定值。也可以在 OUT 指令中指定数据寄存器（D）或扩展寄存器（R）的软元件号，用它们的当前值作为定时器和计数器的设定值。

定时器实际的定时时间与定时器的种类有关，图 3-14 中的 T0 是 100ms 定时器，K19 对应的定时时间为 $19 \times 100\text{ms} = 1.9\text{s}$。

用指令表输入图 3-14 中的定时器指令时，输入"OUT T0 K19"，指令助记符、软元件号和设定值之间用空格分隔。

在图 3-15 中，指令"OUT　M101"之后通过 T1 的触点去驱动 Y4，称为连续输出。只要按正确的次序设计电路，可以重复使用连续输出。

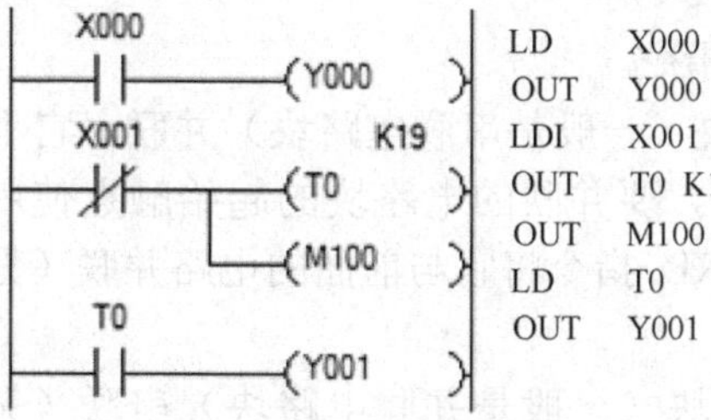

图 3-14　LD、LDI 与 OUT 指令 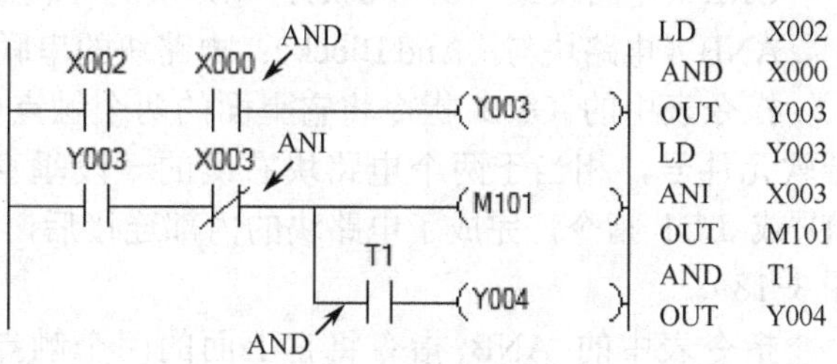　　　　图 3-15　AND 与 ANI 指令

串联和并联指令是用来描述单个触点与别的触点或触点组成的电路的连接关系的。虽然图 3-15 中 T1 的触点和 Y4 的线圈组成的串联电路与 M101 的线圈是并联关系，但是 T1 的常开触点与左边的电路是串联关系，所以 T1 的触点对应于 AND 指令。

OR 和 ORI 指令总是将单个触点并联到它前面已经连接好的电路的两端，以图 3-16 中的 M110 的常闭触点为例，它前面的 4 条指令已经将 4 个触点串并联为一个整体，因此指令

"ORI M110" 对应的常闭触点并联到该电路的两端（见例程"基本指令"）。

【例3-1】 已知图3-17中X1的波形，画出M0的波形。

在X1上升沿之前，X1的常开触点断开，M0和M1均为OFF，其波形用低电平表示。在X1的上升沿，X1变为ON，CPU先执行第一行的电路。因为前一扫描周期M1为OFF，M1的常闭触点闭合，所以M0变为ON。执行第二行电路后，M1变为ON。从上升沿之后的第二个扫描周期开始，到X1变为OFF为止，M1均为ON，其常闭触点断开，使M0为OFF。因此，M0只是在X1的上升沿的一个扫描周期为ON。

如果交换图3-17中上下两行的位置，在X1的上升沿，M1的线圈先"通电"，M1的常闭触点断开，因此M0的线圈不会"通电"。由此可知，如果交换相互有关联的两块电路的相对位置，可能会改变某些线圈的工作状态。一般会使线圈"通电"或"断电"的时间提前或延后一个扫描周期，对于绝大多数系统，这是无关紧要的，在某些情况下，可能会影响系统的正常运行。

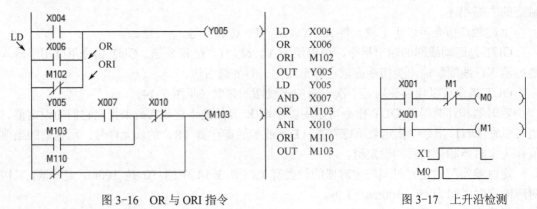

图3-16 OR与ORI指令　　　　　　　　　　图3-17 上升沿检测

3.3.2 电路块串/并联指令与堆栈指令

1. 电路块串/并联指令

ORB（电路块或，Or Block）：电路块的并联连接指令。

ANB（电路块与，And Block）：电路块的串联连接指令。

指令表中的 ORB 指令将它上面的两个触点电路块（一般是串联电路块）并联，它不带软元件号，相当于两个电路块右侧的一段垂直连线。要并联的电路块的起始触点使用 LD 或 LDI 指令，完成了电路块的内部连接后，用 ORB 指令将它与前面的电路并联（见图3-18）。

指令表中的 ANB 指令将它上面的两个触点电路块（一般是并联电路块）串联（见图3-19），它不带软元件号。ANB 指令相当于两个电路块之间的串联连线，该点也是它右边的电路块的起始点，称为 LD 点。在指令表中，要串联的电路块的起始触点使用 LD 或 LDI 指令，完成了两个电路块的内部连接后，用 ANB 指令将它与前面的电路串联。

2. 堆栈指令与多分支输出电路

MPS、MRD 和 MPP 指令分别是压入堆栈、读取堆栈和弹出堆栈指令，它们用于多重输出电路。

FX 系列有 11 个被称为堆栈的存储单元，用于存储逻辑运算的中间运算（见图3-20），堆栈采用先进后出的数据存取方式。MPS 指令用于储存电路中分支处的逻辑运算结果，以便以后处理有线圈或输出类指令的支路时可以调用该运算结果。使用一次 MPS 指令，当时的逻辑运算结果压入堆栈的第一层，堆栈中原来的数据依次向下一层推移。

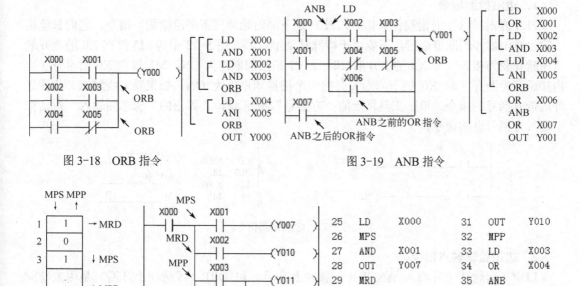

图 3-18　ORB 指令　　　　　　图 3-19　ANB 指令

图 3-20　堆栈存储区与多重输出指令

MRD 指令用于读取存储在堆栈最上层的电路中分支点处的运算结果，将下一个触点强制性地连接在该点。读取保存的数据后，堆栈内的数据不会上移或下移。

MPP 指令用于弹出（调用并去掉）存储在堆栈最上层的电路分支点的运算结果。首先将下一触点连接到该点，然后从堆栈中去掉该点的运算结果。使用 MPP 指令时，堆栈中各层的数据向上移动一层，最上层的数据在读出后从堆栈内消失。

图 3-20 和图 3-21 分别给出了使用一层栈和使用多层栈的例子。在编程软件中输入图 3-20 和图 3-21 中的梯形图程序后，不会显示图中的堆栈指令。如果用老的编程软件 GX Developer 将该梯形图转换为指令表程序，会自动加入 MPS、MRD 和 MPP 指令。直接写入指令表程序时，必须由用户来写入 MPS、MRD 和 MPP 指令。

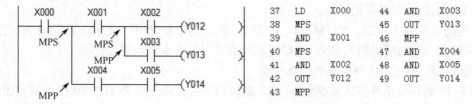

图 3-21　使用二层堆栈的多重分支电路

每一条 MPS 指令必须有一条对应的 MPP 指令，处理最后一条支路时必须使用 MPP 指令，而不是 MRD 指令。在一块独立电路中，用压入堆栈指令同时保存在堆栈中的运算结果不能超过 11 个。

3.3.3 边沿检测指令

1. 边沿检测指令

PLS 是脉冲（上升沿检测）指令，PLF 是下降沿脉冲（下降沿检测）指令。它们只能用于输出继电器和辅助继电器，不能用于特殊辅助继电器。图 3-22 中的 M5 仅在 X0 的常开触点由断开变为接通（即 X0 的上升沿）时的一个扫描周期内为 ON，M1 仅在 X0 的常开触点由接通变为断开（即 X0 的下降沿）时的一个扫描周期内为 ON。如果要生成触点、线圈之外的带方括号的指令，单击工具栏上的"方括号"按钮，在弹出的"梯形图输入"对话框中输入方括号里的指令。

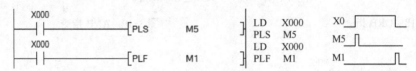

图 3-22　边沿检测指令

2. 边沿检测触点指令

LDP（取脉冲上升沿）、ANDP（与脉冲上升沿）和 ORP（或脉冲上升沿）是用来检测上升沿的触点指令，触点的中间有一个向上的箭头（见图 3-23），对应的触点仅在指定位软元件的上升沿（由 OFF 变为 ON）时接通一个扫描周期。

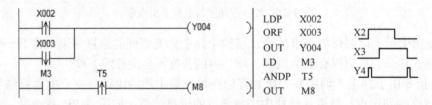

图 3-23　边沿检测触点指令

LDF（取脉冲下降沿）、ANDF（与脉冲下降沿）和 ORF（或脉冲下降沿）是用来检测下降沿的触点指令，触点的中间有一个向下的箭头，对应的触点仅在指定位软元件的下降沿（由 ON 变为 OFF）时接通一个扫描周期。

这 6 条指令与触点所在的位置有关，包含 LD、AND 和 OR 的指令分别表示电路的起始触点、串联的触点和并联的触点。

上述指令可以用于 X、Y、M、T、C 和 S 等。在图 3-23 中 X2 的上升沿或 X3 的下降沿，Y4 仅在一个扫描周期为 ON。边沿检测触点可以与普通触点混合使用。

【例 3-2】单按钮控制电路的仿真实验。

图 3-24 的左图是单按钮控制电路。X7 是按钮信号，用 Y15 控制电动机。电动机停机时按下按钮，因为 Y15 的常开触点断开，M2 的线圈断电，其常闭触点闭合。X7 的上升沿检测触点使 Y15 的线圈通电，电动机开始运行。

再次按下按钮，因为 Y15 的常开触点闭合，M2 的线圈通电。其常闭触点断开，使 Y15 的线圈断电，电动机停机。如果 X7 提供等周期的脉冲列信号，Y15 输出波形的频率是 X7

波形频率的一半，因此这个电路具有分频的功能。

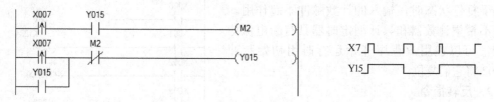

图 3-24　单按钮控制电路

3. 运算结果的边沿检测指令

MEP（运算结果的上升沿时为 ON）指令用水平电源线上向上的垂直箭头来表示（见图 3-25），仅在该指令左边触点电路的逻辑运算结果从 OFF→ON 的一个扫描周期，有能流流过它。MEF（运算结果的下降沿时为 ON）指令用水平电源线上向下的垂直箭头来表示，仅在该指令左边触点电路的逻辑运算结果从 ON→OFF 的一个扫描周期，有能流流过它。

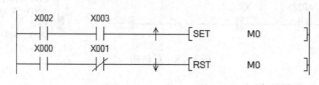

图 3-25　MEP 和 MEF 指令

3.3.4　其他指令

1. 置位指令与复位指令

置位指令 SET 用来将指定的软元件置位，图 3-26 中 X3 的常开触点接通时，M3 变为 ON 并保持该状态，即使 X3 的常开触点断开，M3 也仍然保持 ON 状态不变。

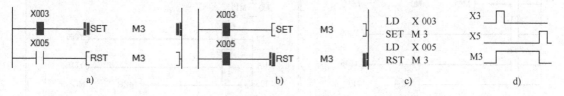

图 3-26　置位指令与复位指令

复位指令 RST 用来将指定的软元件复位，图 3-26 中 X5 的常开触点接通时，M3 变为 OFF（0 状态）并保持该状态，即使 X5 的常开触点断开，M3 也仍然保持 OFF 状态不变。

图 3-26 中的置位和复位电路与起动-保持-停止电路（见图 2-6）的功能相同。

SET 指令可以用于 Y、M 和 S 等，RST 指令可以用于复位 Y、M、T、C、S 等，或将字软元件 D、R、Z 和 V 的内容清零。对同一个软元件，可以多次使用 SET 和 RST 指令。

图 3-26a 中的指令"SET　M3"的方括号为深蓝色，表示该指令有效，M3 被置位为 ON。图 3-26b 中的指令"RST　M3"的方括号为深蓝色，表示该指令有效，M3 被复位为 OFF。图 3-26b 所示的对 M3 同时置位、复位的指令中，后执行的"RST　M3"有效。

图 3-27 中 X0 的常开触点接通时，累计型定时器 T246 被复位。X3 的常开触点接通时，计数器 C200 被复位，它们的当前值被清 0，常开触点断开，常闭触点闭合。

在任何情况下，RST 指令都优先执行。计数器处于复位状态时，输入的计数脉冲不起作用。如果不希望计数器和累计型定时器具有断电保持功能，可以在用户程序开始运行时用初始脉冲 M8002 将它们复位。

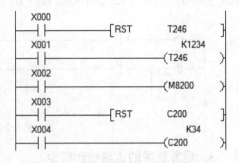

图 3-27　定时器与计数器的复位电路

2．反转指令

反转指令 INV（Inverse）在梯形图中用一条 45°的短斜线来表示。它是用工具栏上的 按钮生成的。INV 指令用来将执行该指令之前的逻辑运算结果反转，运算结果如果为 0 则将它变为 1，运算结果为 1 则将它变为 0。图 3-28 中的串联电路接通时，M4 的线圈断电；串联电路断开时，M4 的线圈通电。

图 3-28　反转指令

3．主控指令与主控复位指令

在编程时，经常会遇到许多线圈同时受一个或一组触点控制的情况，如果在每个线圈的控制电路中都串入同样的触点或电路，需要使用很多触点，主控指令可以解决这一问题。使用主控指令的触点称为主控触点（见图 3-29 中 M10 的触点），它在梯形图中与一般的触点垂直。主控触点是控制一组电路的总开关。

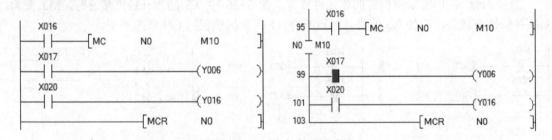

图 3-29　主控指令与主控复位指令

主控指令 MC（连接到公共触点指令）用于表示主控区的开始。MC 指令只能用于 Y 和 M（不包括特殊辅助继电器）。

MCR（解除到公共触点的连接）是主控复位指令，用来表示主控区的结束。

执行 MC 指令后，母线（LD 点）移到主控触点的下面去了，MCR 使左侧母线回到原来的位置。与主控触点下面的母线相连的触点（例如图 3-29 中 X17 和 X20 的触点）使用 LD 或 LDI 指令。

图 3-29 的左图是写入模式的主控电路，只有在读取模式和监视模式才能看到图 3-29 的右图中 M10 的主控触点。

图 3-29 中 X16 的常开触点接通时，执行 MC 和 MCR 之间的指令。X16 的常开触点断开时，不执行上述区间的指令，其中的累计型定时器、计数器、用复位/置位指令驱动的软

元件保持其状态不变；其余的软元件被复位，非累计型定时器和用 OUT 指令驱动的软元件变为 OFF（见图 3-29 右图中 Y6 的线圈的状态）。

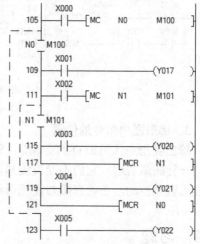

在 MC 指令区中使用 MC 指令称为嵌套（见图 3-30）。MC 和 MCR 指令中包含嵌套的层数 N0～N7，N0 为最高层，N7 为最低层。在没有嵌套结构时，通常用 N0 编程，N0 的使用次数没有限制。

在有嵌套时，MCR 指令将同时复位低的嵌套层，例如指令 "MCR N2" 将复位 2～7 层。

主控指令实际上用得不多，有的 PLC（例如西门子的 S7-200）没有主控指令。

4. 空操作指令与 END 指令

NOP 为空操作指令，使该步序进行空操作。

END 指令为程序结束指令，将强制结束当前的扫描执行过程。生成新的工程时，自动生成一条 END 指令。

图 3-30　多重嵌套主控指令

3.3.5　编程注意事项

1. 双线圈输出

如果在同一个程序中，同一个软元件的线圈使用了两次或多次，称为双线圈输出。在扫描周期结束时，图 3-31a 真正送到输出模块的是梯形图中最后一个 Y0 的线圈的状态。

图 3-31　双线圈输出的处理

图 3-31a 中两个 Y0 的线圈的通断状态除了对外部负载起作用外，通过它的触点，还可能对程序中别的软元件的状态产生影响。图 3-31a 中 Y0 两个线圈所在的电路将梯形图划分为 3 个区域。因为 PLC 是循环执行程序的，最上面和最下面的区域中 Y0 的状态相同。如果两个线圈的通断状态相反，不同区域中 Y0 的触点的状态也是相反的，可能会使程序运行异常。作者曾遇到因双线圈引起的输出继电器快速振荡的异常现象。所以一般应避免出现双线圈输出现象，例如可以将图 3-31a 改画为图 3-31b。

2. 程序的优化设计

在设计并联电路时，应将单个触点的支路放在下面；设计串联电路时，应将单个触点放在右边，否则指令表程序将多用一条指令（见图 3-32）。

建议在有线圈的并联电路中，将单个线圈放在上面，将图 3-32a 的电路改为图 3-32b 的电路，可以避免使用压入堆栈指令 MPS 和弹出堆栈指令 MPP。

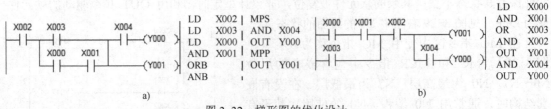

图 3-32 梯形图的优化设计

a) 不好的梯形图 b) 好的梯形图

3. 梯形图中指令的位置

输出类指令（例如 OUT、MC、SET、RST、PLS、PLF 和大多数应用指令）应放在梯形图同一行的最右边，它们不能直接与左侧母线相连。有的指令（例如 END 和 MCR 指令）不能用触点驱动，必须直接与左侧母线或临时母线相连。

3.4 习题

1. 填空

1）一般用途定时器的线圈_____时开始定时，定时时间到时其常开触点_____，常闭触点_____。

2）一般用途定时器的线圈_____时被复位，复位后其常开触点_____，常闭触点_____，当前值为_____。

3）计数器的复位输入电路_____、计数输入电路_____，计数当前值_____设定值时，计数器的当前值加 1。计数当前值等于设定值时，其常开触点_____，常闭触点_____。再来计数脉冲时当前值_____。复位输入电路_____时，计数器被复位，复位后其常开触点_____，常闭触点_____，当前值为_____。

4）OUT 指令不能用于_____继电器。

5）_____是初始脉冲，在 PLC 从_____模式进入_____模式时，它在一个扫描周期为 ON。当 PLC 处于 RUN 模式时，M8000 一直为_____。

6）与主控触点下端相连的常闭触点应使用_____指令。

7）软元件中只有_____和_____的软元件号采用八进制数。

2. 写出图 3-33 中的梯形图对应的指令表程序。

3. 写出图 3-34 中的梯形图对应的指令表程序。

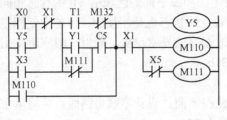

图 3-33 题 2 的图

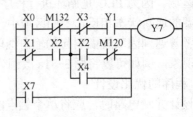

图 3-34 题 3 的图

4. 写出图 3-35 中的梯形图对应的指令表程序。

5. 画出图 3-36 中的指令表程序对应的梯形图。

6. 画出图 3-37 中的指令表程序对应的梯形图。

7. 画出图 3-38 中的指令表程序对应的梯形图。

8. 指出图 3-39 中的错误。

9. 用 PLS 指令设计出使 M0 在 X0 的下降沿一个扫描周期内为 ON 的梯形图。

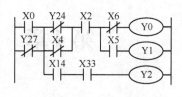

图 3-35 题 4 的图

10. 用接在 X0 输入端的光电开关检测传送带上通过的产品，有产品通过时 X0 为 ON，如果在 10s 内没有产品通过，由 Y0 发出报警信号，用 X1 输入端外接的开关解除报警信号，画出梯形图，并将它转换为指令表程序。

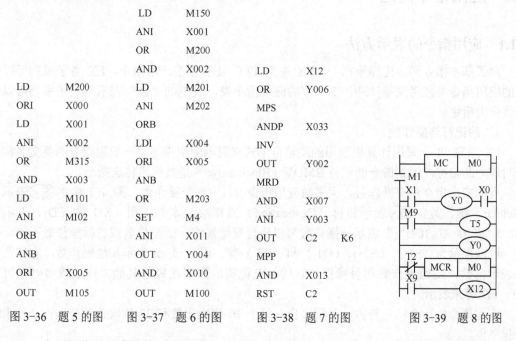

		LD	M150			
		ANI	X001			
		OR	M200			
		AND	X002	LD	X12	
LD	M200	LD	M201	OR	Y006	
ORI	X000	ANI	M202	MPS		
LD	X001	ORB		ANDP	X033	
ANI	X002	LDI	X004	INV		
OR	M315	ORI	X005	OUT	Y002	
AND	X003	ANB		MRD		
LD	M101	OR	M203	AND	X007	
ANI	MI02	SET	M4	ANI	Y003	
ORB		ANI	X011	OUT	C2	K6
ANB		OUT	Y004	MPP		
ORI	X005	AND	X010	AND	X013	
OUT	M105	OUT	M100	RST	C2	

图 3-36 题 5 的图　　图 3-37 题 6 的图　　图 3-38 题 7 的图　　图 3-39 题 8 的图

11. 分别用上升沿检测触点指令和 PLS 指令设计梯形图，在 X0 波形的上升沿或 X1 波形的下降沿，使 M0 在一个扫描周期内为 ON。

12. 用接在 X0～X11 输入端的 10 个键输入十进制数 0～9，将它们以二进制数的形式用 Y0～Y3 输出，用触点和线圈指令设计满足要求的编码电路。

第4章　FX系列PLC的应用指令

4.1　应用指令概述

4.1.1　应用指令的表示方法

除了基本指令和步进梯形指令，FX 系列 PLC 还有很多应用指令，FX 各子系列可以使用的应用指令见参考文献[13]中 3.3 节的应用指令表，表中的"○"表示某一子系列可以使用该应用指令。

1. 助记符与操作数

FX 系列 PLC 采用计算机通用的助记符形式来表示应用指令。一般用指令的英文名称或缩写作为助记符，例如指令助记符 BMOV（Block move）是数据块传送指令。

有的应用指令没有操作数，大多数应用指令有 1～4 个操作数，图 4-1 中的 $\textcircled{S}$ 表示源（Source）操作数，$\textcircled{D}$ 表示目标（Destination）操作数，本书中用 (S·) 和 (D·) 表示它们。S 和 D 右边的 "·" 表示该操作数可以进行变址修饰。源操作数或目标操作数不止一个时，可以表示为 (S1·)、(S2·)、(D1·) 和 (D2·) 等。用 n 或 m 表示其他操作数，它们常用来表示常数，或源操作数和目标操作数的补充说明。需要注释的其他操作数较多时，可用 m1、m2 等来表示。

应用指令的指令助记符占一个程序步，每个 16 位操作数和 32 位操作数分别占 2 个和 4 个程序步。

用编程软件输入图 4-1 中的应用指令 MEAN 时，单击工具栏上的按钮 $\overset{\}{\mathbf{18}}$，输入 "MEAN D0 D10 K3"，指令助记符和各操作数之间用空格分隔，K3 用来表示十进制常数 3。

当图 4-1 中 X0 的常开触点接通时，执行指令 MEAN，求 3 个（$n = 3$）数据寄存器 D0～D2 中的数据的平均值，运算结果用 D10 保存。图 4-1 中的应用指令是 FX 的编程手册中的画法。在编程软件中，应用指令用方括号来表示（见图 4-2）。

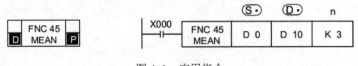

图 4-1　应用指令

每条应用指令都有一个功能（Function）编号，图 4-1 中的 MEAN 指令的功能号为 45，简写为 FNC 45。

2. 32 位指令

在 FX 的编程手册中，每条指令的说明都给出了如图 4-1 左图所示的图形。该图形左下角的"D"表示可以处理32位数据，相邻的两个数据寄存器组成32位的数据寄存器对。

以数据传送指令"DMOV D2 D4"为例（见图4-2），该指令将D2和D3组成的32位整数（D3，D2）中的数据传送给（D5，D4），D2为低16位数据，D3为高16位数据。指令前面没有"D"时表示处理16位数据。处理32位数据时，为了避免出现错误，建议使用首地址为偶数的操作数。

3. 脉冲执行指令

图4-1左图所示的图形右下角的"P"表示可以采用脉冲（Pulse）执行方式。仅仅在图4-2中的X0由OFF变为ON状态的上升沿时，执行一次INCP指令，将D6加1。在编程软件中，直接输入"INCP D6"，指令和操作数之间用空格分隔。

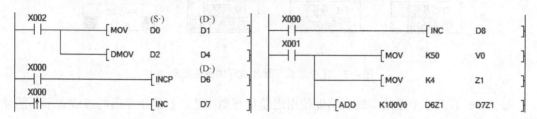

图4-2 应用指令

图4-2右边第一行的"INC D8"指令后面没有"P"，表示在X0为ON的每个扫描周期都要执行一次INC指令。

INC（加1）、DEC（减1）和XCH（数据交换）等指令一般应使用脉冲执行方式。如果不需要每个周期都执行指令，使用脉冲执行方式可以减少指令执行的时间。符号"P"和"D"可以同时使用，例如DMOVP，其中的MOV是传送指令的助记符。

4. 变址寄存器

V0~V7和Z0~Z7是变址寄存器。在传送指令和比较指令中，变址寄存器用来在程序执行过程中修改软元件的编号，循环程序一般需要使用变址寄存器。在程序中输入Z和V，将会自动地转换为Z0和V0。

图4-2中Z1的值为4，D6Z1相当于软元件D10（6 + 4）。变址寄存器还可以用于常数，V0的值为50时，K100V0相当于十进制常数K150（100 + 50）。用变址寄存器修改软元件的编号和常数的值，称为变址修饰。

图4-2中X1的常开触点接通时，常数50被送到V0，4被送到Z1，ADD（加法）指令完成运算（K100V0）+（D6Z1）→（D7Z1），即150 +（D10）→（D11）。

32位指令中V、Z自动组对使用，V为高16位，Z为低16位。例如32位变址指令中的Z0代表V0和Z0的组合。

设Z1的值为10，因为输入继电器采用八进制地址，在计算X10Z1的地址时，Z1的值K10首先被换算成八进制数12，再进行地址的加法运算。因此X10Z1被指定为X22（八进制数10+12 = 22），而不是X20。

5. 指令位数与脉冲执行的图形表示方法

在编程手册中，用图形来表示指令是否可以使用16位指令和32位指令，是否可以使用连续执行型指令和脉冲执行型指令（见图4-3）。

图4-3a左侧上下的虚线表示指令与16位、32位无关，例如FNC 07（WDT）。

图 4-3b 左侧上半段的实线和下半段的 D 分别表示可以使用 16 位和 32 位指令。

图 4-3c 左侧下半段的虚线表示不能使用 32 位指令,上半段的实线表示能使用 16 位指令。

图 4-3d 左侧上半段的虚线表示不能使用 16 位指令,下半段的 D 表示能使用 32 位指令。

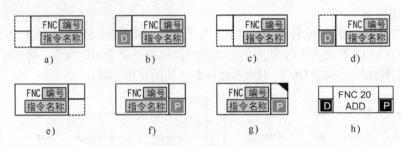

图 4-3   指令位数与脉冲执行的图形表示

图 4-3e 右侧上半段的实线表示能使用连续执行型指令,右侧下半段的虚线表示不能使用脉冲执行型指令。

图 4-3f 右侧上半段的实线表示可以使用连续执行型指令,下半段的 P 表示可以使用脉冲执行型指令。

图 4-3g 既能使用连续执行型指令,也能使用脉冲执行型指令。右侧上半段的三角形图形表示使用了连续执行型指令后,每个扫描周期目标操作数的内容都会变化。

图 4-3h 是手册中完整的表示方式,指令 ADD 既能使用连续执行型指令,也能使用脉冲执行型指令。既能使用 16 位指令,也能使用 32 位指令。

4.1.2 数制与软元件

1. 数制

(1)十进制数

十进制数用于辅助继电器 M、定时器 T、计数器 C、状态 S 等软元件的编号。K 用来表示十进制常数,例如 K200。十进制常数还用于定时器、计数器的设定值和应用指令的操作数中数值的指定。

(2)二进制数

在 FX 系列 PLC 内部,数据以二进制(Binary,简称为 BIN)补码的形式存储,所有四则运算和加 1、减 1 运算都使用二进制数。二进制补码的最高位(第 15 位)为符号位,正数的符号位为 0,负数的符号位为 1,最低位为第 0 位。第 n 位二进制正数为 1 时,该位对应的值为 2^n。以 16 位二进制数 0000 0100 1000 0110 为例,对应的十进制数为

$$2^{10} + 2^7 + 2^2 + 2^1 = 1158$$

最大的 16 位二进制正数为 0111 1111 1111 1111,对应的十进制数为 32767。

正数的补码就是它本身。将一个二进制整数的各位反转(作"非"运算)后加 1,得到绝对值与它相同的负数的补码。例如将 1158 对应的补码 0000 0100 1000 0110 逐位反转(0 变为 1,1 变为 0)后,得到 1111 1011 0111 1001,加 1 后得到-1158 的补码 1111 1011 0111 1010。

58

将负数的补码的各位反转后加 1，得到它的绝对值对应的正数的补码。例如将-1158 的补码 1111 1011 0111 1010 逐位反转后得 0000 0100 1000 0101，加 1 后得到 1158 的补码 0000 0100 1000 0110。

（3）十六进制数

多位二进制数读写起来很不方便，为了解决这个问题，可以用十六进制数来表示多位二进制数。十六进制数（Hexadecimal，简称为 HEX，见表 4-1）使用 16 个数字符号，即 0～9 和 A～F，A～F 分别对应于十进制数 10～15，十六进制数采用逢 16 进 1 的运算规则。

表 4-1 不同进制的数的表示方法

十进制数	八进制数	十六进制数	二进制数	BCD 码	十进制数	八进制数	十六进制数	二进制数	BCD 码
0	0	0	00000	0000 0000	9	11	9	01001	0000 1001
1	1	1	00001	0000 0001	10	12	A	01010	0001 0000
2	2	2	00010	0000 0010	11	13	B	01011	0001 0001
3	3	3	00011	0000 0011	12	14	C	01100	0001 0010
4	4	4	00100	0000 0100	13	15	D	01101	0001 0011
5	5	5	00101	0000 0101	14	16	E	01110	0001 0100
6	6	6	00110	0000 0110	15	17	F	01111	0001 0101
7	7	7	00111	0000 0111	16	20	10	10000	0001 0110
8	10	8	01000	0000 1000	17	21	11	10001	0001 0111

4 位二进制数可以转换为 1 位十六进制数，H 用来表示十六进制常数。例如 16 位二进制数 1010 1110 0111 0101 可以转换为 4 位十六进制常数 HAE75。

（4）八进制数

FX 系列 PLC 的输入继电器和输出继电器的软元件编号采用八进制数。八进制数只使用数字 0～7，不使用 8 和 9，八进制数按 0～7、10～17、…、70～77、100～107 升序排列。

（5）BCD 码

BCD（Binary Coded Decimal）码是各位按二进制编码的十进制数。每位十进制数用 4 位二进制数来表示，0～9 对应的二进制数为 0000～1001，各位 BCD 码之间的运算规则为逢十进 1。以 BCD 码 1001 0110 0111 0101 为例，对应的十进制数为 9675，最高的 4 位二进制数 1001 表示 9000。16 位 BCD 码对应于 4 位十进制数，允许的最大数字为 9999，最小的数字为 0000。

拨码开关（见图 4-4）每一位有一个圆盘，圆盘圆周面上有 0～9 这 10 个数字，用按钮来增、减各位要输入的数字。它用内部的硬件将 10 个数字转换为 4 位二进制数。PLC 用输入继电器读取的多位拨码开关的输出值就是 BCD 码，需要用数据转换指令 BIN 将它转换为 16 位或 32 位整数。

用 PLC 的 4 个输出点给译码驱动芯片 4547 提供输入信号（见图 4-5），可以用 LED 七段显示器显示一位十进制数。需要用数据转换指令 BCD 将 PLC 中的 16 位或 32 位整数转换为 BCD 码，然后分别送给各个译码驱动芯片。

（6）二进制浮点数

FX 系列的二进制浮点数用于浮点数运算，十进制浮点数用于监控。

二进制浮点数又称为实数（REAL），它由相邻的两个数据寄存器字（例如 D11 和 D10）组成，D10 中的数是低 16 位。浮点数可以表示为 $1.m \times 2^E$，$1.m$ 为尾数，尾数的小数部分 m 和指数 E 均为二进制数，E 可能是正数，也可能是负数。FX 采用的 32 位实数的格式

为 $1.m \times 2^e$，式中指数 $e = E + 127$（$1 \leqslant e \leqslant 254$），$e$ 为 8 位正整数。

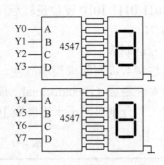

图 4-4　拨码开关　　　　　　　　　　图 4-5　LED 七段显示器电路

浮点数的格式如图 4-6 所示，共占用 32 位，需要使用编号连续的一对数据寄存器。最高位（第 31 位）为浮点数的符号位，最高位为 0 时为正数，为 1 时为负数；8 位指数占第 23～30 位；因为规定尾数的整数部分总是为 1，只保留了尾数的小数部分 m（第 0～22 位），第 22 位对应于 2^{-1}，第 0 位对应于 2^{-23}。浮点数的范围为 $\pm 1.175495 \times 10^{-38} \sim \pm 3.402823 \times 10^{38}$。浮点数与 7 位有效数字的十进制数的精度相当。

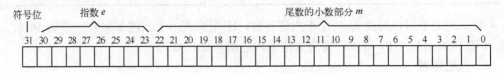

图 4-6　浮点数的结构

浮点数的优点是用很小的存储空间可以表示非常大和非常小的数。PLC 输入和输出的数值大多是整数，例如模拟量输入模块输出的转换值和送给模拟量输出模块的数值都是整数。用浮点数来处理这些数据需要进行整数和浮点数之间的相互转换，浮点数的运算速度比整数的运算速度慢一些。

实际上用户不会直接使用图 4-6 所示的浮点数的二进制格式，对它有一般性的了解就行了。编程软件 GX Wordk2 支持浮点数，用十进制小数显示和输入浮点数。

使用指令 FLT 和 INT 可以实现整数与二进制浮点数之间的相互转换。

E 是表示浮点数的符号，用于指定应用指令的操作数的数值。实数的指定范围为 $-1.0 \times 2^{128} \sim -1.0 \times 2^{-126}$、0 和 $1.0 \times 2^{-126} \sim 1.0 \times 2^{128}$。

图 4-7 中的 EADD 为浮点数加法指令，用实数的普通表示方式 E2645.52 来指定 2645.52，用实数的指数表示方式 E5.63922+3 来指定 5.63922×10^3。其中的"+3"表示 10^3。

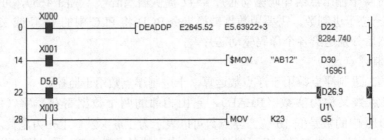

图 4-7　浮点数与数据的特殊表示方法

（7）十进制浮点数

在不支持浮点数显示的编程工具中，将二进制浮点数转换成十进制浮点数后再进行监控，但是内部的处理仍然采用二进制浮点数。

一个十进制浮点数占用相邻的两个数据寄存器字，例如 D0 和 D1，D0 中存放的是尾数，D1 中存放的是指数，数据格式为尾数×10^{指数}，其尾数是 4 位 BCD 整数，范围为 0、1000～9999 和 -1000～-9999，指数的范围为 -41～+35。例如小数 24.567 可以表示为 $2456×10^{-2}$。

在 PLC 内部，尾数和指数都按 2 的补码处理，它们的最高位为符号位。

使用应用指令 EBCD 和 EBIN，可以实现十进制浮点数与二进制浮点数之间的相互转换。

（8）字符串常数

英语的双引号框起来的半角字符（例如"AB12"）用来指定字符串常数。一个字符串最多有 32 个字符。每个字符占一个字节（二进制的 8 位）。

当图 4-7 中的 X1 为 ON 时，$MOV 指令将字符串"AB12"传送到 D30 开始的软元件中。

（9）字符串数据

从指定的软元件开始，以字节为单位到代码 NULL（00H）为止被视为一个字符串。可以用字软元件或位软元件来保存字符串数据。由于指令为 16 位长度，所以包含指示字符串数据结束的 NULL 代码的数据也需要 16 位。图 4-8 中的两个例子能检验出表示字符串结束的 00H。

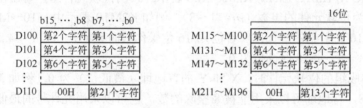

图 4-8　字符串

2．数据的特殊表示方法

（1）字软元件的位指定

通过指定字软元件（数据寄存器或特殊数据寄存器）的位，可以将它作为位数据来使用。例如图 4-7 中的 D5.B 表示 D5 的第 11 位，小数点后的位编号采用十六进制数 0～F。

（2）缓冲寄存器的直接指定

可以直接指定特殊功能模块和特殊功能单元的缓冲存储器（BFM）。BFM 为 16 位或 32 位的字数据，主要用于应用指令的操作数。例如 U1\G5（见图 4-7）表示模块号为 1 的特殊功能模块或特殊功能单元的 5 号缓冲存储器字。

单元号 U 的范围为 0～7，BFM 编号的范围为 0～32767。

3．应用指令可以选用的软元件

图 4-9 是编程手册中 MOV 指令的源操作数和目标操作数可以使用的软元件，黑色圆点表示可以使用，黑色三角形表示可以有条件地使用。

（1）软元件的缩写

位软元件输入继电器、输出继电器、辅助继电器和状态的缩写分别为 X、Y、M 和 S。

T、C、D 和 R 分别是定时器、计数器、数据寄存器和扩展寄存器的缩写，V、Z 是变址寄存器的缩写。U□\G□ 表示某个特殊功能模块或特殊功能单元的某个缓冲存储器字。

K、H 和 E 分别用来表示十进制整数常数、十六进制整数常数和浮点数常数，例如 K10、H3A 和 E2644.52。P 表示指针。

（2）位软元件

位（bit）软元件用来表示开关量的状态，例如常开触点的通、断，线圈的通电和断电，这两种状态分别用二进制数 1 和 0 来表示，或称该位软元件为 ON 或 OFF。位软元件包括 X、Y、M、T、C、S 和 D□.b（见图 4-9）。其中的 T、C 对应于定时器、计数器的触点，D□.b 是某数据寄存器中的第 b 位（b = 0～F），其中的"□"是数据寄存器的软元件号。

操作数种类	位软元件							字软元件										其他				
	系统·用户							位数指定				系统·用户				特殊模块	变址			常数	实数	字符串	指针
	X	Y	M	T	C	S	D□.b	KnX	KnY	KnM	KnS	T	C	D	R	U□\G□	V	Z	修饰	K H	E	"□"	P
(S·)								●	●	●	●	●	●	●	▲1	▲2	●	●	●	● ●	●	●	
(D·)								●	●	●	●	●	●	●	▲1	▲2	●	●	●				

▲1: 仅FX$_{3G}$、FX$_{3GC}$、FX$_{3U}$ 和 FX$_{3UC}$可编程控制器支持。

▲2: 仅FX$_{3U}$ 和 FX$_{3UC}$可编程控制器支持。

图 4-9 应用指令的操作数可以使用的软元件

（3）位软元件的组合

FX 系列 PLC 用 KnX、KnY、KnM、KnS 表示连续的位软元件组，每组由 4 个连续的位软元件组成，n 为位软元件的组数（n = 1～8）。例如 K2M10 表示由 M10～M17 组成的两个位软元件组，M10 为数据的最低位（首位）。16 位操作数时 n = 1～4，n < 4 时高位为 0；32 位操作数时 n = 1～8，n < 8 时高位为 0。

建议在使用成组的位软元件时，X 和 Y 的首地址（最低位）为 0，例如 X0、X10、Y20 等。对于 M 和 S，首地址可以采用能被 8 整除的数，也可以采用元件号的最低位为 0 的地址作首地址，例如 M32 和 S50 等。

（4）字软元件

字软元件的一个字由 16 个二进制位组成，定时器 T 和计数器 C 的当前值寄存器、数据寄存器 D、扩展寄存器 R、U□\G□ 和 V、Z 都是字软元件，位软元件 X、Y、M、S 也可以组成字软元件来进行数据处理。图 4-9 的"变址"中的"修饰"是指用变址寄存器改变字软元件的地址。

4.1.3 怎样学习应用指令

第 3 章介绍的用于开关量控制的指令是基本指令，应用指令是指基本指令和第 5 章介绍的步进梯形指令之外的指令。

1. 应用指令的分类

应用指令可以分为下面几种类型：

（1）与数据的基本操作有关的指令

例如数据的传送、比较、转换、移位、循环移位，数学运算和字逻辑运算指令。不同的 PLC 产品和其他计算机语言都有这些指令，它们的功能相同，但是表示方式可能有较大的差异。学习了一种 PLC 的应用指令，再学其他 PLC 的应用指令就很容易了。

（2）比较常用的指令

例如跳转、子程序调用和与中断有关的指令。

（3）与 PLC 的高级应用有关的指令

例如与高速计数、位置控制、闭环控制和通信有关的指令，有的涉及一些专门知识，需要阅读有关的手册才能正确地理解和使用它们。

（4）FX 的方便指令与外部 I/O 设备指令

它们与 PLC 的硬件和通信等有关，有的指令用于很特殊的场合，例如旋转工作台指令，绝大多数用户几乎都不会用到它们。

（5）用于实现人机对话的指令

它们用于数字的输入和显示，使用这类指令时往往需要用户自制硬件电路板，不但费事，也很难保证可靠性，功能也很有限。现在文本显示器和小型触摸屏的价格已经相当便宜，这类指令已很少使用。

本书主要介绍与数据的基本操作有关的指令和较常用的指令。

2．应用指令的学习方法

在实际工作中，会遇到不同的生产厂商和不同型号的 PLC，它们都有大量的应用指令。

应用指令的使用涉及很多细节问题，例如指令中的每个操作数可以使用的软元件类型、是否可以使用 32 位操作数和脉冲执行方式、适用的 PLC 型号、指令执行对标志位的影响、是否有变址功能等。

PLC 的初学者没有必要花大量的时间去深入了解应用指令使用中的细节，更没有必要死记硬背它们。初学者或初次使用某一型号的 PLC 时，可以浏览一下应用指令的分类、名称和基本功能，知道有哪些应用指令可供使用。在使用它们时，可以通过编程手册或编程软件中指令的帮助信息了解它们的详细使用方法。

学习应用指令时应重点了解指令的基本功能和有关的基本概念，最好带着问题和编程任务学习应用指令。与其他计算机编程语言一样，应通过读例程、编程序，用 PLC 或仿真软件调试程序，逐渐加深对应用指令的理解，在实践中提高阅读程序和编写程序的能力。仅仅阅读编程手册中或教材中应用指令有关的信息，是永远掌握不了指令的使用方法的。

4.1.4　应用指令的仿真

1．16 位指令与 32 位指令的仿真实验

图 4-2 中的程序在例程"应用指令"中。打开该例程，双击工具栏上的"模拟开始/停止"按钮，打开仿真软件 GX Simulator2，用户程序被自动写入仿真 PLC 中。单击工具栏上的"软元件/缓冲存储器批量监视"按钮，生成和打开"软元件/缓冲存储器批量监视-1"视图（见图 4-10）。在"软元件名"选择框输入 D0，采用默认的显示格式，工具栏上的 16 位整数按钮和十进制按钮的背景色为绿色，表示这些显示格式有效。单击工具栏上的按钮，采用"多点字"显示方式。双击"+0"列中 D0 对应的小方框，打开"当前值更改"对话框，"软元件/标签"选择框出现选中的 D0。在"值"输入框写入十进制数32000，单击"设置"按钮确认，32000 被写入 D0。单击"执行结果"按钮，可以打开或关闭该按钮下面的"执行结果"列表。

单击"软元件/缓冲存储器批量监视-1"视图工具栏上的 32 位整数按钮和十六进制

按钮 （见图 4-10），改变视图的显示方式。单击双字 D2 对应的小方框，"当前值更改"对话框中的"软元件/标签"选择框出现选中的 D2，数据类型变为 Double Word（双字）。用单选框设置数制为十六进制，在"值"输入框写入十六进制数 7D008910，单击"设置"按钮确认。

在"当前值更改"对话框的"软元件/标签"选择框输入 X2，按计算机的〈Enter〉键确认后，单击"ON"按钮（见图 2-30），X2 变为 ON。其常开触点闭合，图 4-2 中的 MOV 指令和 DMOV 指令被执行。在"软元件/缓冲存储器批量监视-1"视图中可以看到，D0 中的数据被传送给 D1。切换到 32 位整数显示方式，可以看到（D3，D2）（D3 和 D2 组成的 32 位整数）中的数据被传送给（D5，D4）。也可以用梯形图监视模式观察程序执行的结果。

图 4-10 "软元件/缓冲存储器批量监视-1"视图

2．指令的脉冲执行的仿真实验

单击图 4-10 工具栏上的"详细"按钮，打开"显示格式"对话框。设置显示格式为每行 10 点、多点字，16 位十进制整数。单击工具栏上的"当前值更改"按钮，打开"当前值更改"对话框。

在"软元件/标签"选择框输入 X0，按计算机的回车键确认后，单击"ON"按钮，X0 变为 ON。其常开触点闭合，图 4-2 中的 INC 指令和 INCP 指令被执行。在"软元件/缓冲存储器批量监视-1"视图中可以看到，脉冲执行的指令的目标软元件 D6 和 D7 的值被加 1，连续执行的"INC D8"指令的目标软元件 D8 的值快速增大。

单击"当前值更改"对话框中的"OFF"按钮，X0 变为 OFF。其常开触点断开，停止执行图 4-2 中的 3 条 INC 指令，D8 的值保持不变。

3．变址寄存器的仿真实验

图 4-2 中 X1 的常开触点接通时，将执行加法指令 ADD，根据前面的分析，常数 150 与

D10 的值相加，运算结果送给 D11。

打开"软元件/缓冲存储器批量监视-1"视图，将显示格式改为 16 位十进制数。双击 D10 对应的小方框，在"当前值更改"对话框中设置 D10 的值为十进制数 300。在"软元件/标签"选择框输入 X1，按计算机的回车键确认后，单击"ON"按钮，X1 变为 ON，其常开触点闭合，图 4-2 中的加法指令被执行。在"软元件/缓冲存储器批量监视-1"视图中可以看到，执行加法指令后，D11 的值为 450（150＋300）。由此验证了程序中的 K100V0 的值为 150，D6Z1 和 D7Z1 的软元件号分别为 D10 和 D11。

视频"应用指令基础"可通过扫描二维码 4-1 播放。

二维码 4-1

4.2 数据处理指令

4.2.1 比较指令

1．触点比较指令

触点比较指令（FNC 224～246）相当于一个触点，执行时比较源操作数（S1·）和（S2·），满足比较条件则等效触点闭合，源操作数可以取所有的数据类型。指令表中以 LD 开始的触点比较指令接在左侧母线上，以 AND 开始的触点比较指令与别的触点或电路串联，以 OR 开始的触点比较指令与别的触点或电路并联。

各种触点比较指令的助记符和意义如表 4-2 所示，梯形图中触点比较指令的助记符没有 LD、AND 和 OR，只有比较符号。

表 4-2　触点比较指令的助记符

功能号	助记符	命 令 名 称	功能号	助记符	命 令 名 称
224	LD=	(S1) = (S2) 时运算开始的触点接通	236	AND<>	(S1) ≠ (S2) 时串联触点接通
225	LD>	(S1) > (S2) 时运算开始的触点接通	237	AND≤	(S1) ≤ (S2) 时串联触点接通
226	LD<	(S1) < (S2) 时运算开始的触点接通	238	AND≥	(S1) ≥ (S2) 时串联触点接通
228	LD<>	(S1) ≠ (S2) 时运算开始的触点接通	240	OR=	(S1) = (S2) 时并联触点接通
229	LD≤	(S1) ≤ (S2) 时运算开始的触点接通	241	OR>	(S1) > (S2) 时并联触点接通
230	LD≥	(S1) ≥ (S2) 时运算开始的触点接通	242	OR<	(S1) < (S2) 时并联触点接通
232	AND=	(S1) = (S2) 时串联触点接通	244	OR<>	(S1) ≠ (S2) 时并联触点接通
233	AND>	(S1) > (S2) 时串联触点接通	245	OR≤	(S1) ≤ (S2) 时并联触点接通
234	AND<	(S1) < (S2) 时串联触点接通	246	OR≥	(S1) ≥ (S2) 时并联触点接通

图 4-11（见例程"应用指令"）中 D12 的值等于 25 与 D14 的值小于等于 D15 的值时，或者 D13 的值不等于 33 与 D14 的值小于等于 D15 的值时，Y5 的线圈通电。

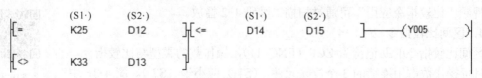

图 4-11　触点比较指令

2．比较指令

比较指令 CMP（FNC 10，见图 4-12）比较源操作数（S1·）和（S2·），比较的结果送给目标操作数（D·），比较结果用目标软元件的状态来表示。待比较的源操作数（S1·）和（S2·）可以是任意的字软元件和整数常数，目标操作数（D·）可以取 Y、M 和 S 等，占用连续的 3 个位软元件。

X1 为 ON 时，图 4-12 中的比较指令将十进制常数 100 与计数器 C10 的当前值比较，比较结果送到 M0～M2。比较结果对目标操作数 M0～M2 的影响如图 4-12 所示。X1 为 OFF 时不进行比较，M0～M2 的状态保持不变。

3．基于比较指令的方波发生器

图 4-13 中 X3 的常开触点接通时（见例程"应用指令"），T0 开始定时，其当前值从 0 开始不断增大。当前值等于设定值 30 时，T0 的常闭触点断开，使它的线圈断电，T0 被复位，其当前值被清零。在下一个扫描周期，T0 的常闭触点闭合，其当前值又从 0 开始不断增大。图中第一行的电路相当于一个锯齿波发生器（见图 4-14）。

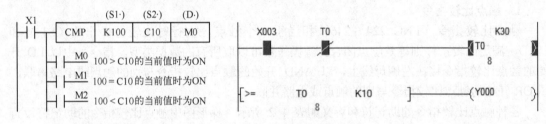

图 4-12　整数比较指令　　　　　　　　　图 4-13　触点比较指令应用程序

T0 的当前值小于 10 时，指令"＞＝　T0　K10"的比较条件不满足，等效的触点断开，Y0 的线圈断电。当前值大于等于 10 时，触点比较指令"＞＝　T0　K10"的比较条件满足，等效的触点接通，Y0 的线圈通电。

图 4-15 的功能与图 4-13 的相同，但是使用的是比较指令 CMP。该指令的目标操作数是 M0，实际上占用了 M0～M2（见图 4-12）。在 T1 的当前值大于 10 时，M0 的常开触点接通，使 Y1 的线圈通电。

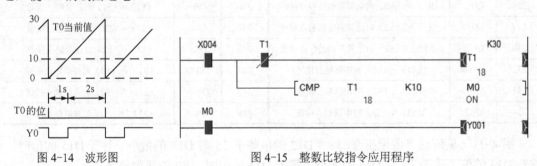

图 4-14　波形图　　　　　　　　　　　图 4-15　整数比较指令应用程序

视频"比较指令应用"可通过扫描二维码 4-2 播放。

4．区间比较指令

区间比较指令的助记符为 ZCP（FNC 11），操作数的类型与比较指令一样，目标操作数占用连续的 3 个位软元件，（S1·）应小于（S2·）。图 4-16 中的 X2 为 ON 时，执行 ZCP 指令，将 T3 的当前值与常数 100 和 150 相比

二维码 4-2

较，比较结果对目标操作数 M3～M5 的影响见图 4-16。

图 4-17 的 D9 中是以 kPa 为单位的压力值，压力的下限值和上限值分别为 2000kPa 和 2500kPa。M8013 是周期为 1s 的时钟脉冲。检测到的压力低于下限值时，M3 为 ON，"压力过低"指示灯 Y2 闪烁。压力大于上限值时，M5 为 ON，"压力过高"指示灯 Y4 闪烁，压力在 2000～2500kPa 时，M4 为 ON，"压力正常"指示灯 Y3 点亮。

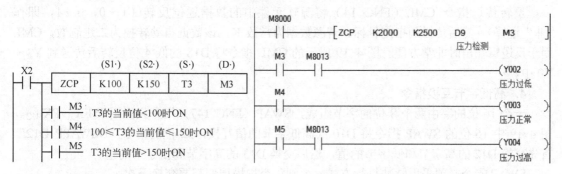

图 4-16　区间比较指令　　　　　　　图 4-17　区间比较指令应用程序

5. 二进制浮点数比较指令与区间比较指令

二进制浮点数比较指令 ECMP（FNC 110，见图 4-18）和二进制浮点数区间比较指令 EZCP（FNC 111）的使用方法与比较指令 CMP 和区间比较指令 ZCP 基本相同。

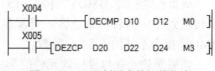

图 4-18　二进制浮点数比较指令

参与比较的常数被自动转换为浮点数。因为浮点数是 32 位的，浮点数指令的前面加 D。

4.2.2　传送指令

1. 传送指令

传送指令 MOV（move，FNC 12）将源数据传送到指定的目标软元件，图 4-19 中的 X0 为 ON 时（见例程"数据传送指令"），将 K2X20（X20～X27）的值传送到 K2Y20（Y20～Y27）。

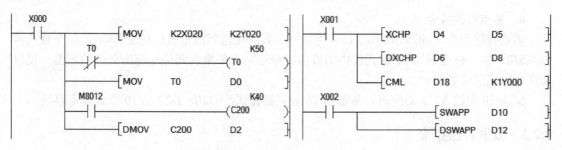

图 4-19　传送与交换指令

图 4-19 中 X0 为 ON 时，T0 的当前值按锯齿波形变化，32 位计数器 C200 对 M8012 提供 100ms 的脉冲计数。仿真时可以看到 MOV 指令和 DMOV 指令将 T0 和 C200 的当前值分别动态地传送给 D0 和（D3，D2）。

2. 交换指令

执行交换指令 XCH（FNC 17）时，数据在指定的目标软元件之间交换。交换指令只能用于 FX₃ᵤ/FX₃ᵤᴄ，应采用脉冲执行方式（见图 4-19），否则在每一个扫描周期都要交换一次。

3. 反转传送指令

反转传送指令 CML（FNC 14）将源软元件中的数据逐位反转（1→0，0→1，即作"非"运算），然后传送到指定目标。若源数据为常数 K，该数据自动转换为二进制数，CML 用于反逻辑输出时非常方便。图 4-19 所示的 CML 指令将 D18 的低 4 位反转后传送到 Y3～Y0 中。

4. 高低字节互换指令

一个 16 位的字由两个 8 位的字节组成，SWAP（FNC 147）指令只能用于 FX₃ᵤ/FX₃ᵤᴄ。图 4-19 中 16 位的 SWAP 指令将 D10 的高低字节的值互换，32 位的指令"DSWAPP D12"首先交换 D12 的高字节和低字节的值，然后交换 D13 的高字节和低字节的值。

SWAP 指令必须采用脉冲执行方式，否则每个扫描周期都要交换一次。

5. 成批传送指令

成批传送指令 BMOV（FNC 15）将源操作数指定的软元件开始的 n 个数据组成的数据块传送到指定的目标地址区。如果软元件号超出允许的范围，数据仅传送到允许的范围。BMOV 指令不能用于 32 位整数。

如果源软元件与目标软元件的类型相同，传送顺序是自动决定的（见图 4-20 的右图），以防止源数据区与目标数据区重叠时源数据在传送过程中被改写。

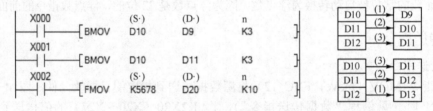

图 4-20　成批传送指令与多点传送指令

6. 多点传送指令

多点传送指令 FMOV（FNC 16）将同一个数据传送到指定目标地址开始的 n 个软元件（$n \leqslant 512$）中，传送后 n 个软元件中的数据完全相同。如果软元件号超出允许的范围，仅仅传送允许范围的数据。

图 4-20 中的 X2 为 ON 时，常数 5678 分别被传送给 D20～D29 这 10 个数据寄存器。

4.2.3　数据转换指令

1. BCD 转换指令

BCD 转换指令（FNC 18）将源软元件中的二进制数转换为 BCD 码后，送到目标软元件。如果 16 位运算的执行结果超过 0～9999，或 32 位运算的执行结果超过 0～99999999，将会出错。

PLC 采用二进制数进行内部的算术运算，图 4-21 中的 BCD 转换指令将 D0 中的数据转换为 BCD 码，然后通过 Y20～Y37（K4Y20）控制 4 个七段显示器的数字显示（见图 4-5）。

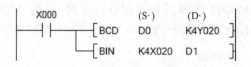

图 4-21 二进制数/BCD 码转换指令

2. BIN 转换指令

BIN 转换指令（FNC 19）将源软元件中的 BCD 码转换为二进制数（BIN）后送到目标软元件。图 4-21 中的 BIN 转换指令将 X20～X37（K4X20）中来自拨码开关的 4 位 BCD 码设定值转换为二进制数后，保存到 D1 中。如果源软元件中的数据不是 BCD 码，将会出错。

【例 4-1】 用一组七段显示器和"翻页"的方式显示计数器 C0～C9 的当前值。每按一次 X11 外接的按钮，BCD 转换指令将 Z0 指定的计数器的当前值转换为 BCD 码后，送给 Y0～Y17 控制的 4 位七段显示器。然后变址寄存器 Z0 的值被加 1（见图 4-22），准备显示下一个计数器的值。X10 为 ON 或 Z0 的值为 10 时，将 Z0 复位为 0，重新显示 C0 的值。

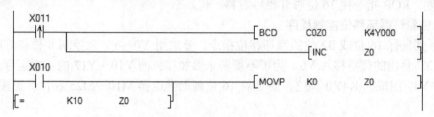

图 4-22 用"翻页"的方式显示计数器当前值的程序

与浮点数有关的转换指令将在 4.4.1 节介绍。

4.2.4 循环移位指令与移位指令

1. 循环移位指令

循环右移指令 ROR（FNC 30）和循环左移指令 ROL（FNC 31）只有目标操作数。

执行这两条指令时，目标操作数各位的数据向右或向左循环移动 n 位（n 为常数），移出来的位又送回到另一端空出来的位，每次移出来的那一位同时存入进位标志 M8022（见图 4-23 和图 4-24）。16 位指令和 32 位指令的 n 应分别小于等于 16 和 32。若在目标软元件中指定位软元件组的组数，只有 K4（16 位指令）和 K8（32 位指令）有效，例如 K4Y10 和 K8M0。

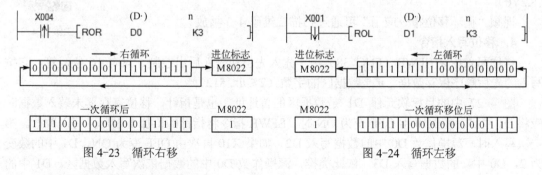

图 4-23 循环右移   图 4-24 循环左移

2. 16 位彩灯循环移位控制程序

图 4-25 的左图是 16 位彩灯循环移位控制程序（见例程"移位指令"），首次扫描时

M8002 的常开触点闭合，用第 2 条 MOV 指令将十六进制初始值 HF0 送给控制彩灯的 K4Y20（Y20～Y37），点亮 Y24～Y37 对应的彩灯。

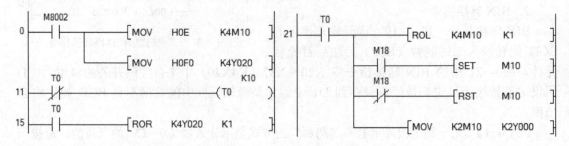

图 4-25　彩灯循环移位程序

T0 的常闭触点和它的线圈组成周期为 1s 的脉冲发生器，T0 的常开触点每隔一秒接通一个扫描周期，ROR 指令使 16 位彩灯每秒右移一位。

3. 8 位彩灯循环移位控制程序

FX 系列只有 16 位或 32 位的循环移位指令，要求用 Y0～Y7 来控制 8 位彩灯的循环左移，即从 Y7 移出的位要移入 Y0。为了不影响未参加移位的 Y10～Y17 的正常运行，不能直接对 Y0～Y17 组成的 K4Y0 移位，而是对 16 位辅助继电器 M10～M25 移位（见图 4-25 的右图）。

实现 8 位辅助继电器 M10～M17 循环左移的关键是将从 M17 移到 M18 的二进制数传送到最低位 M10（见图 4-26）。

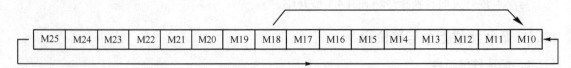

图 4-26　8 位循环左移

首次扫描时 M8002 的常开触点闭合，用图 4-25 左边的第一条 MOV 指令使 M11～M13 变为 ON，点亮连续的 3 个灯。ROL 指令每秒将 M10～M25 组成的字左循环移动一位，用 SET 和 RST 指令将 M18 中的二进制数传送到最低位 M10，实现了 8 位循环移位。最后用 MOV 指令将 M10～M17（K2M10）的值传送给 Y0～Y7（K2Y0）。

视频"循环移位指令应用"可通过扫描二维码 4-3 播放。

二维码 4-3

4. 移位写入指令

移位写入指令 SFWR（FNC 38）用于先入先出和先入后出控制，只有 16 位运算，它按写入的先后顺序保存数据。n 是数据区的字数（$2 \leqslant n \leqslant 512$）。

图 4-27 中的目标软元件 D1 是数据区的首地址，也是指针，移位寄存器未装入数据时应将 D1 清零。在 X10 由 OFF 变为 ON 时，SFWR 指令将指针的值加 1 以后，写入数据。第一次写入时，源操作数 D0 中的数据写入 D2。如果 X10 再次由 OFF 变为 ON，D1 中的数变为 2，D0 中新的数据写入 D3。依此类推，源操作数 D0 中的数据依次写入数据区。D1 中的数等于 $n-1$ 时，数据区写满，不再执行写入操作，且进位标志 M8022 变为 ON。

5. 移位读出指令

移位读出指令 SFRD（FNC 39）只有 16 位运算，它按先入先出的原则读出数据。n 是数据区的字数（2≤n≤512）。

图 4-28 中的 X11 由 OFF 变为 ON 时，SFRD 指令将 D2 中的数据送到目标操作数 D20，同时指针 D1 的值减 1，D3～D9 中的数据向右移一个字。数据总是从 D2 读出，指针 D1 为 0 时，FIFO 堆栈被读空，不再执行上述处理，零标志 M8020 为 ON。

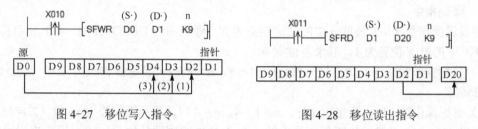

图 4-27 移位写入指令   图 4-28 移位读出指令

【例 4-2】 用移位寄存器写入、读出指令实现先入库的产品先出库。

程序见图 4-29 和例程"移位指令"，在入库按钮 X14 的上升沿，将来自 X20～X37 的 4 位 BCD 码产品编号送到 D256。D257 作为指针，用 D258～D356 存放 99 件产品的编号。在出库按钮 X15 的上升沿，将当前最先进入的产品的编号送入 D400，取出的 4 位 BCD 码产品编号送至 Y0～Y17 显示。

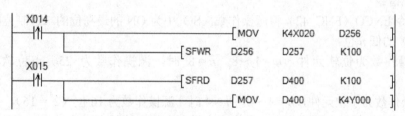

图 4-29 用移位寄存器实现先入先出

6. 读取后入的数据（先入后出控制用）指令

读取后入的数据（先入后出控制用）指令 POP（FNC 212）用于读取用移位写入指令 SFWR（FNC 38）最后写入的数据。

4.2.5 其他数据处理指令

1. 成批复位指令

单个位软元件和字软元件可以用 RST 指令复位。成批复位指令 ZRST（FNC 40）将 （D1·）和（D2·）指定的软元件号范围内的同类软元件批量复位（见图 4-30），目标操作数 （D1·）和（D2·）可以取字软元件 T、C 和 D 等或位软元件 Y、M 和 S。本节的程序见例程 "数据处理指令"。

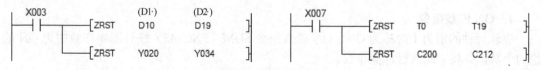

图 4-30 成批复位指令

定时器和计数器被复位时，其当前值变为 0，常开触点断开，常闭触点闭合。

使用 ZRST 指令时应注意下列问题：

1）（D1·）和（D2·）指定的应为同一类软元件。

2）（D1·）中的软元件号应小于等于（D2·）中的软元件号。如果没有满足这一条件，则只有（D1·）指定的软元件被复位。

3）虽然 ZRST 指令是 16 位处理指令，（D1·）和（D2·）也可以指定 32 位计数器。

2．译码指令

假设源操作数（S·）最低 n 位的二进制数为 N，译码指令 DECO（FNC 41）将目标操作数（D·）中的第 N 位置为 1，其余各位置 0。

1）目标操作数（D·）为位软元件，$n = 1 \sim 8$。$n = 8$ 时，目标操作数为 256 点位软元件（$2^8 = 256$）。

2）目标操作数（D·）为字软元件，$n = 1 \sim 4$。$n = 4$ 时，目标操作数为 16 位（$2^4 = 16$）。

假设 X0～X2 是错误诊断程序给出的一个 3 位二进制数的错误代码，用来表示 8 个不会同时出现的错误，通过 M0～M7（K2M0），用触摸屏上的 8 个指示灯来显示这些错误。

图 4-31 中的 X2～X0 组成的 3 位（$n = 3$）二进制数为 011，相当于十进制数 3（$2^1 + 2^0 = 3$），译码指令"DECO X0 M0 K3"将 K2M0 组成的 8 位二进制数中的第 3 位（M0 为第 0 位）M3 置为 ON，其余各位为 OFF。触摸屏上仅 M3 对应的指示灯被点亮。

3．编码指令

编码指令 ENCO（FNC 42）将源操作数（S·）中为 ON 的最高位的二进制位数存入目标软元件（D·）的低 n 位。

1）源操作数为位软元件，$n = 1 \sim 8$。$n = 8$ 时，源操作数为 256 点位软元件（$2^8 = 256$）。

2）源操作数为字软元件，$n = 1 \sim 4$。$n = 4$ 时，源操作数为 16 位（$2^4 = 16$）。

假设 8 层电梯的每个楼层都有一个指示电梯所在楼层的限位开关（X10～X17），执行编码指令"ENCO X10 D10 K3"后，D10 中是轿厢所在的楼层数。

图 4-32 的 X10～X17 中仅有 X13 为 ON，X13 在 K2X10 中的位数为 3，指令执行完后写入 D10 中的数为 3。

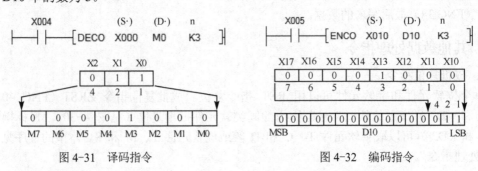

图 4-31　译码指令　　　　　　　　　图 4-32　编码指令

4．ON 位数指令

位软元件的值为 1 时称为 ON，ON 位数指令 SUM（FNC 43）统计源操作数中为 ON 的位的个数，并将它送入目标操作数。

假设 X10～X27 对应于 16 台设备，其中的某一位为 ON 表示对应的设备正在运行。可

以用图 4-33 中的 SUM 指令来统计 16 台
设备中有多少台正在运行。

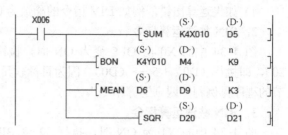

图 4-33　数据处理指令

5. ON 位判定指令

ON 位判定指令 BON（FNC 44）用来
检测源操作数（S·）中的第 n 位是否为 ON
（见图 4-33）。若为 ON，则位目标操作数
（D·）变为 ON，目标软元件是源操作数中
指定位的状态的镜像。X6 为 ON 时，BON
指令的目标操作数 M4 的状态取决于字 K4Y10 中第 9 位（$n=9$）Y21 的状态。该指令的源
操作数可以取几乎所有的数据类型，目标操作数可以取 Y、M 和 S。16 位运算时 $n=0\sim$
15，32 位运算时 $n=0\sim31$。

6. 平均值指令

平均值指令 MEAN（FNC 45）用来求 1～64 个源操作数的代数和被 n 除的商，余数略
去。（S·）是源操作数的起始软元件号，目标操作数（D·）用来存放运算结果。图 4-33 中的
MEAN 指令求 D6～D8 中数据的平均值。若软元件个数超出允许的范围，n 的值会自动缩
小，只求允许范围内软元件的平均值。

7. BIN 开方运算指令

BIN（二进制）开方运算指令 SQR（FNC 48）的源操作数（S·）应大于零，可以取常数
D 和 R，目标操作数为 D 和 R 等。舍去运算结果中的小数，只取整数。如果源操作数为负
数，运算错误标志 M8067 将会为 ON。图 4-33 中的 X6 为 ON 时，SQR 指令将存放在 D20
中的整数开方，运算结果中的整数存放在 D21 中。

4.3　四则运算指令与逻辑运算指令

4.3.1　四则运算指令

四则运算指令包括 ADD、SUB、MUL 和 DIV（二进制加、减、乘、除）指令和 INC、
DEC（二进制加 1、减 1）指令。源操作数可以取几乎所有的字软元件和整数常数，目标操
作数可以取 KnY、KnM、KnS、T、C、D、R、V 和 Z 等。每个数据的最高位为符号位，正
数的符号位为 0，负数的符号位为 1，所有的运算均为代数运算。

在 32 位运算中被指定的字软元件为低位字，下一个字软元件为高位字。为了避免错
误，建议指定字软元件时采用偶数软元件号。

如果目标软元件与源软元件相同，为了避免每个扫描周期都执行一次指令，应采用脉冲
执行方式。源操作数为十进制常数（K）时，首先被自动转换为二进制数，然后进行运算。

1. 四则运算指令对标志位的影响

1）如果运算结果为 0，零标志 M8020 变为 ON。

2）16 位运算的运算结果超过 32767，或 32 位运算的运算结果超过 2147483647 时，进
位标志 M8022 变为 ON。

3）16 位运算的运算结果小于-32768，或 32 位运算的运算结果小于-2147483648 时，借
位标志 M8021 变为 ON。

4）如果运算出错，例如 DIV 指令的除数为 0，"错误发生"标志 M8004 变为 ON。

2．BIN 加法运算指令

图 4-34 中的 X0 由 OFF 变为 ON 时，执行 BIN（二进制）加法运算指令 ADD（FNC 20），即执行（D0）+ 5 →（D0）。因为目标软元件与源软元件相同，采用脉冲执行方式。本节的程序见例程"四则运算指令"。

3．BIN 减法运算指令

图 4-34 中的 X1 为 ON 时，执行 32 位 BIN 减法运算指令 DSUB（FNC 21），即执行 (D3，D2) − (D5，D4) →（D7，D6）。

4．BIN 乘法运算指令

图 4-34 中的 X2 为 ON 时，执行 BIN 乘法运算指令 MUL（FNC 22），即执行（D8）× (D9) →（D11，D10），将乘积的低位字送到 D10，高位字送到 D11。32 位乘法的结果为 64 位。

5．BIN 除法运算指令

图 4-34 中的 X3 为 ON 时，执行 16 位 BIN 除法运算指令 DIV（FNC 23），即执行 (D12) /（D13），商送到 D14，余数送到 D15。(D·) 为位软元件时，得不到余数。

商和余数的最高位为符号位。若除数为 0 则出错，不执行该指令。

6．BIN 加 1 指令和 BIN 减 1 指令

BIN 加 1 指令 INC（FNC 24）和 BIN 减 1 指令 DEC（FNC 25）用于对操作数加 1 和减 1。它们不影响零标志、借位标志和进位标志。

图 4-35 中的 X4 每次由 OFF 变为 ON 时，D16 的值加 1，D17 的值减 1。X4 为 ON 时，每一个扫描周期 D15 的值都要加 1。

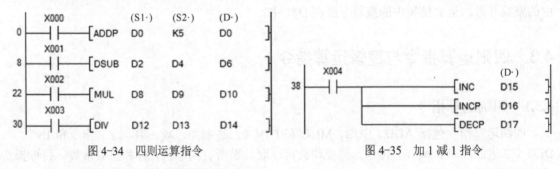

图 4-34 四则运算指令　　　　　图 4-35 加 1 减 1 指令

7．ADD 指令与 INC 指令的区别

下面将脉冲执行的"ADDP　D0　K1　D0"指令简称为 ADDP 指令，它也有加 1 的功能。

16 位运算时，INCP 指令将 32767 加 1，结果为-32768；32 位运算时，DINCP 指令将 2147483647 加 1，结果为-2147483648。上述情况标志位不会动作。

脉冲执行方式下 16 位的 ADDP 指令将 32767 加 1，结果为 0；32 位的 DADDP 指令将 2147483647 加 1，结果为 0。DEC 指令和 SUB 指令也采用类似于 INC 和 ADD 指令的处理方法。

4.3.2　四则运算指令应用举例

1．用内置的电位器设置定时器的设定值

FX₃ₛ、FX₃ₛₐ 和 FX₃ₘ 系列有两个内置的设置参数用的模拟电位器，"模拟电位器值保存"寄存器 D8030 和 D8031 的值（0～255）与模拟电位器的位置相对应。

要求在 X5 提供的输入信号的上升沿，用 D8030 对应的电位器来设置定时器 T0 的设定值，设定的时间范围为 10～15s，即从电位器读出的数字 0～255 对应于 10～15s。设读出的数字为 N，定时器的设定值为

$$(150-100)\times N/255+100 = 50\times N/255+100$$

式中的 150 是 100ms 定时器 T0 定时 15s 的设定值。为了保证运算的精度，应先乘后除。N 的最大值为 255，乘法运算的结果小于一个字能表示的最大正数 32767，因此可以使用 16 位除法指令 DIV。除法运算的结果占用 D20（商）和 D21（余数），D21 不能再作它用。图 4-36 是实现上述要求的程序（见例程"四则运算指令"）。

2．模拟量计算

压力变送器的量程为 0～180kPa，输出信号为 4～20mA，模拟量输入模块的量程为 4～20mA，转换后的数字量为 0～4000，设转换后的数字为 N，如果运算结果以 kPa 为单位，转换公式为

$$P=(180\times N)/4000 \qquad (kPa)$$

计算出的整数压力值为 0～180kPa，与模拟量模块输出的 0～4000 相比，分辨率丢失了很多。显然 kPa 这个单位太大，因此将压力的单位改为 0.1kPa，压力的计算公式为

$$P=(1800\times N)/4000 \qquad (0.1kPa) \tag{4-1}$$

图 4-37 是压力计算的程序，模拟量输入模块输出的转换值用 D22 保存。因为乘法运算的结果为 32 位，采用 32 位的除法指令。仿真调试时用"当前值更改"对话框设置 D22 中模拟量输入模块的转换值，用梯形图监视 D26 中的运算结果，单位为 0.1kPa。

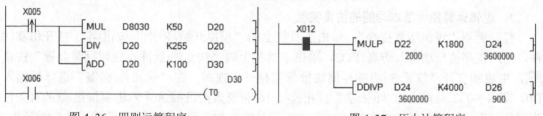

图 4-36　四则运算程序　　　　　　　图 4-37　压力计算程序

由式（4-1）可知最终的运算结果不会超过一个字，在 32 位除法指令中，运算结果用 D26 和 D27 组成的 32 位整数保存。实际上运算结果的有效部分在低位字 D26 中，高位字 D27 的值为 0。

视频"四则运算指令应用"可通过扫描二维码 4-4 播放。

4.3.3　逻辑运算指令

1．逻辑运算指令

逻辑运算指令包括逻辑与指令 WAND（FNC 26，见图 4-38）、逻辑或指令 WOR（FNC 27）和逻辑异或指令 WXOR（FNC 28）。这些指令以位为单位做相应的运算。

逻辑运算指令将源操作数（S1·）和（S2·）的对应位做与、或、异或位逻辑运算。与、或位逻辑运算的输入/输出关系见表 1-4。

"与"运算时如果两个源操作数的同一位

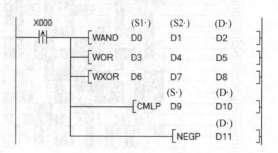

二维码 4-4

图 4-38　逻辑运算指令

均为 1，目标操作数的对应位为 1，否则为 0。

"或"运算时如果两个源操作数的同一位均为 0，目标操作数的对应位为 0，否则为 1。

"异或"运算时如果两个源操作数的同一位不相同，目标操作数的对应位为 1，否则为 0。

源操作数（S1·）和（S2·）为常数 K 时，指令自动地将它转换为二进制数，然后进行逻辑运算。

2．补码指令

补码指令 NEG（FNC 29）只有目标操作数，必须采用脉冲执行方式。它将（D·）指定的数的每一位反转后再加 1，结果存于同一软元件，补码指令实际上是绝对值不变的改变符号的操作。

FX 系列 PLC 的有符号数用 2 的补码的形式来表示，最高位为符号位，正数时该位为 0，负数时该位为 1，求负数的补码后得到它的绝对值。

【例 4-3】 D20 中的数如果是负数，求它的绝对值。

程序见图 4-39 和例程"逻辑运算指令"。ON 位判定指令 BON 检测到 D20 的符号位（第 15 位）为 1 时将 M0 置为 ON。在 M0 的上升沿，用补码指令得到 D20 的绝对值。

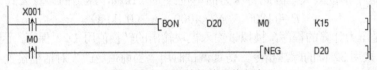

图 4-39　求负数的绝对值程序

3．逻辑运算指令基本功能的仿真实验

打开例程"逻辑运算指令"，单击工具栏上的"模拟开始/停止"按钮，打开仿真软件，用户程序被自动写入仿真 PLC。单击工具栏上的"软元件/缓冲存储器批量监视"按钮，生成和打开"软元件/缓冲存储器批量监视-1"视图。在"软元件/标签"选择框输入 D0，图 4-40 工具栏上的"位&字"按钮、16 位整数按钮和十六进制按钮的背景色为绿色，表示这些显示格式有效。双击 D0 行最右边的单元，打开"当前值更改"对话框，"软元件/标签"选择框出现选中的 D0。在"值"输入框写入十六进制数 E873，单击"设置"按钮确认。将"软元件/标签"选择框中的软元件号改为 D1，输入它的值。用同样的方法给图 4-38 中各指令的源操作数输入任意的 4 位十六进制的整数。

图 4-40　逻辑运算的"软元件/缓冲存储器批量监视-1"视图

将"当前值更改"对话框中的软元件号改为 X0，将它设置为 ON，执行图 4-38 中的逻辑运算指令，图 4-40 给出了指令执行的结果。

逻辑"与"指令 WAND 的源操作数 D0 和 D1 的最低两位均为 1，所以目标软元件 D2 的最低两位为 1。D0 和 D1 的第 2 位和第 3 位中至少有一个为 0，所以 D2 的对应位为 0。

逻辑"或"指令 WOR 的源操作数 D3 和 D4 的第 2、第 A、第 D 和第 F 位均为 0，所以"或"运算的目标软元件 D5 的这几位均为 0。D3 和 D4 其他每一位中，至少有一个为 1，所以 D5 的这些位为 1。

逻辑"异或"指令 WXOR 的源操作数 D6 和 D7 的第 0 位、第 3 位和第 C 位均为 0，第 4 位和第 6 位均为 1，所以"异或"运算的目标软元件 D8 的这 5 位均为 0。D6 和 D7 其他各位同一位均不相同，所以 D8 的这些位为 1。

反转传送指令 CML（FNC 14）的目标软元件 D10 的各位是将源软元件 D9 的各位分别反转（1 变为 0，0 变为 1）后得到的。

视频"逻辑运算指令应用"可通过扫描二维码 4-5 播放。

D11 求补码得到的二进制数是将它原来各位的 0、1 值反转，在最低位加 1 后得到的。将软元件/缓冲存储器批量监视视图的数值格式改为十进制，在"当前值更改"对话框中改变 X0 的状态。在它的上升沿，可以看到求补码指令的操作数 D11 的绝对值 10557 不变，仅符号改变。

二维码 4-5

4. 用 WAND 指令将指定位清零

使用逻辑"与"指令 WAND，可以将某个 16 位整数或 32 位整数的指定位清零，其他位保持不变。

图 4-41 的 WAND 指令中的十六进制常数 H3FFC 的最高 2 位和最低 2 位二进制数为 0，其余各位为 1。与 D12 中的数做与运算后，目标软元件 D13 的最高 2 位和最低 2 位二进制数均为 0，其余各位与 D12 的相同。

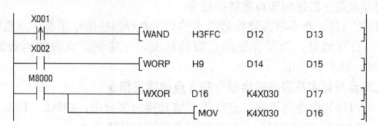

图 4-41　逻辑运算指令应用程序

5. 用 WOR 指令将指定位置位

使用逻辑"或"指令 WOR，可以将某个字或双字的指定位置为 1，其他位保持不变。

图 4-41 的 WORP 指令中的十六进制常数 H9 的第 0 位和第 3 位为 1，其余各位为 0。不管 D14 的第 0 位和第 3 位为 0 或 1，逻辑"或"运算后目标软元件 D15 的第 0 位和第 3 位总是为 1，其他位与 D14 的相同。

6. 用字异或指令判断有哪些位发生了变化

两个相同的字做异或运算后，运算结果的各位均为 0。图 4-41 中的 WXOR 指令对本扫描周期的 K4X30（X30～X47）的值，和保存在 D16 中的上一个扫描周期的 K4X30 的值做字异或运算。如果这两个扫描周期 K4X30 中的某个输入继电器的状态未变，目标操作数

D17 对应位的值为 0，反之则为 1。执行完 WXOR 指令后，将本扫描周期 K4X30 的值保存到 D16，供下一个扫描周期的异或运算使用。

可以用 ON 位数指令 SUM（FNC 43）求 D17 中同时为 1 的位数，即状态同时变化的位的个数。用编码指令 ENCO （FNC 42）求 D17 中为 1（即状态变化的位）的最高位在字中的位置。

4.4 浮点数转换与运算指令

4.4.1 浮点数转换指令

1．BIN 整数→二进制浮点数转换指令

FLT（FNC 49，见图 4-42）指令将存放在源操作数中的 16 位或 32 位的二进制（BIN）整数转换为二进制浮点数，并将结果存放在目标寄存器中，指令之前的 "D" 表示双字指令。

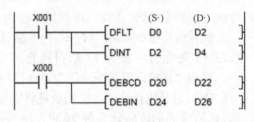

图 4-42　浮点数转换指令

2．二进制浮点数→BIN 整数转换指令

INT（FNC 129）指令将源操作数（S·）指定的二进制浮点数舍去小数部分后，转换为二进制（BIN）整数，并存入目标地址（D·）。该指令是 FLT 指令（FNC 49）的逆运算。

3．二进制浮点数→十进制浮点数转换指令

图 4-42 中的 DEBCD（FNC 118）指令将（D21，D20）中的二进制浮点数转换为十进制浮点数后，存入 D22（尾数）和 D23（指数）。尾数的绝对值在 1000～9999 之间，或等于 0。例如在源操作数为 3.4567×10^{-5} 时，转换后 D22 = 3456，D23 = −8。

4．十进制浮点数→二进制浮点数转换指令

DEBIN（FNC 119）指令将源操作数指定的数据寄存器中的十进制浮点数转换为二进制浮点数，并存入目标地址。为了保证浮点数的精度，十进制浮点数的尾数的绝对值应在 1000～9999 之间，或者等于 0。

5．二进制浮点数与字符串的转换指令和浮点数传送指令

ESTR（FNC 116）指令用于将二进制浮点数转换为字符串，EVAL（FNC 117）指令用于反向的转换。EMOV（FNC 112）是二进制浮点数数据传送指令。

6．整数与浮点数相互转换的仿真实验

图 4-42 中的 DFLT 指令将（D1，D0）中的 32 位整数转换为浮点数，用（D3，D2）保存。DINT 指令将（D3，D2）中的浮点数转换为 32 位整数，用（D5，D4）保存。

打开例程 "浮点数转换" 后，打开仿真软件。单击工具栏上的 按钮，打开 "软元件/缓冲存储器批量监视-1" 视图。在 "软元件名" 选择框输入 D0，显示格式为 32 位 10 进制整数、多点字。双击其中的（D1，D0），用出现的 "当前值更改" 对话框设置（D1，D0）的值为 35765384（见图 4-43），其中的浮点数（D3，D2）用整数方式显示没有什么意义。

在 "当前值更改" 对话框中输入 X1，用 ON 按钮将它设置为 ON。它的常开触点接通，执行 DFLT 指令后，双字（D3，D2）中是转换后得到的浮点数。

单击 "软元件/缓冲存储器批量监视-1" 视图工具栏上的 按钮，显示格式改为 "32 位实数"，（D3，D2）中的浮点数为 3.576538E+007（见图 4-44），它实际上是二进制浮点数的值。图中的 32 位整数（D1，D0）和（D5，D4）的值用浮点数方式显示没有什么意义。图 4-43 的（D5，D4）中是（D3，D2）中的浮点数被 DINT 指令转换后得到的整数。

在梯形图状态监控中显示的十进制格式的浮点数为 3.577e+007（即 3.577×10^{7}）。

软元件	+0	+2	+4
D0	35765384	1275621154	35765384

图 4-43　32 位整数格式的软元件批量监视

软元件	+0	+2	+4
D0	1.188252E-037	3.576538E+007	1.188252E-037

图 4-44　浮点数格式的软元件批量监视

梯形图监控用十进制浮点数格式显示浮点数，有效数字只有十进制的 4 位。PLC 中和软元件批量监视中使用的是二进制浮点数，其精度相当于 7 位有效数字的十进制数。

4.4.2　浮点数运算指令

浮点数运算指令包括浮点数的四则运算、开平方和三角函数等指令。

浮点数为 32 位数，浮点数指令均为 32 位指令，所以浮点数运算指令的指令助记符的前面均应加表示 32 位指令的字母 D。

浮点数运算指令的源操作数和目标操作数均为浮点数，源数据如果是常数 K、H，将会自动转换为浮点数。

运算结果为 0 时 M8020（零位标志）为 ON，超过浮点数的上、下限时，M8022（进位标志）和 M8021（借位标志）分别为 ON，运算结果分别被置为最大值和最小值。

源操作数和目标操作数如果是同一个数据寄存器，应采用脉冲执行方式。

1．二进制浮点数加法减法运算指令

二进制浮点数加法运算指令 EADD（FNC 120，见图 4-45）将两个源操作数内的浮点数相加，运算结果存入目标操作数。本节的程序见例程"浮点数运算"。

二进制浮点数减法运算指令 ESUB（FNC 121）将（S1·）指定的浮点数减去（S2·）指定的浮点数，运算结果存入目标操作数（D·）。

2．二进制浮点数乘法除法运算指令

二进制浮点数乘法运算指令 EMUL（FNC 122）将两个源操作数内的浮点数相乘，运算结果存入目标操作数（D·）。

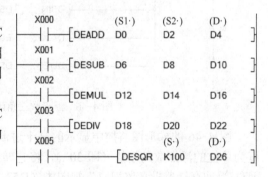

图 4-45　浮点数运算指令

二进制浮点数除法运算指令 EDIV（FNC 123）将（S1·）指定的浮点数除以（S2·）指定的浮点数，运算结果存入目标操作数（D·）。除数为零时出现运算错误，不执行指令。

3．二进制浮点数函数指令

二进制浮点数开方运算指令 ESQR（FNC 127）将源操作数（S·）指定的浮点数开方，结果存入目标操作数（D·）。源操作数应为正数，若为负数则出错，运算错误标志 M8067 为 ON，不执行指令。

EXP（FNC 124）和 LOGE（FNC 125）分别是以 e（2.71828）为底的指数运算和自然对数运算指令，LOG10（FNC 126）是常用对数运算指令。ENEG（FNC 128）是二进制浮点数符号翻转指令。

4．浮点数三角函数与反三角函数运算指令

浮点数三角函数运算指令包括二进制浮点数 SIN（正弦）运算、COS（余弦）运算和 TAN（正切）运算指令，应用指令编号分别为 FNC 130～132，均为 32 位指令。

这些指令用来求出源操作数指定的浮点数的三角函数，角度单位为弧度，运算结果也是浮点数，并存入目标操作数指定的单元。弧度值 ＝π× 角度值/180°。

ASIN（FNC 133）、ACOS（FNC 134）和 ATAN（FNC 135）分别是二进制浮点数反正弦、反余弦、反正切运算指令。RAD（FNC 136）和 DEG（FNC 137）分别是二进制浮点数角度→弧度，和二进制浮点数弧度→角度转换指令。只有 FX₃ᵤ/FX₃ᵤc 和 FX₂ɴ/FX₂ɴc 能使用 FNC 130～FNC 137，还有多条浮点数指令也有类型的限制。在使用时可查阅参考文献[13]的 3.3 节的应用指令一览表。输入应用指令时如果出现空白的指令帮助对话框，单击其中的"前方一致"或"部分一致"按钮，出现信息"相应指令不存在"，说明所选的 PLC 子系列不支持该指令。

5．三角函数运算举例

浮点数三角函数运算指令的角度是以弧度为单位的浮点数。图 4-46 中的程序首先将 D50 中的二进制浮点数角度值乘以 3.14159，然后除以 180.0，转换为弧度值后，再用 DSIN 指令求出正弦值。程序右边的注释是作者添加的。图 4-46 中的浮点数乘、除法指令也可以用一条"DRAD D50 D52"指令来代替。

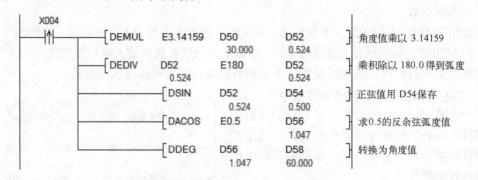

图 4-46　浮点数三角函数和反三角函数运算程序

图 4-46 的梯形图监控中显示的是十进制浮点数，有效位数为 4 位。D50 中的 30.0 是以度为单位的浮点数角度值（即 30°），将它转换为 0.524 弧度，D54 中的正弦值为 0.500。"软元件/缓冲存储器批量监视-1"视图中（D53，D52）的弧度值为 0.5235984，（D55，D54）中求出的 sin30°的值为 0.4999996。

视频"浮点数运算指令应用"可通过扫描二维码 4-6 播放。

浮点数常数 E0.5 对应的反余弦值为 1.047 弧度，用 DEG 指令转换后得到的角度值为 60°。

4.5　程序流程控制指令

4.5.1　条件跳转指令

1．跳转指令的基本功能

指针 P（Pointer）用于跳转指令和子程序调用。指针的编号称为标记，例如 P2。在梯形图中，标记放在左侧垂直母线的左边。FX₃ₛ/FX₃ₛₐ、FX₃G 和 FX₃U/FX₃UC 可以使用的指针 P 的点数分别为 256 点（P0～P255）、2048 点和 4096 点指针。

条件跳转指令 CJ（FNC 00）用于跳过顺序程序中的某一部分，以控制程序的流程。使用跳转指令可以缩短扫描周期。

图 4-47 中的程序见例程"跳转指令"。X0 为 ON 时，跳转条件满足。执行 CJ 指令后，跳转到标记 P1 处，不执行被跳过的那部分指令。如果 X0 为 OFF，跳转条件不满足，不会跳转。执行完 CJ 指令后，顺序执行它下面第 4 步的指令。

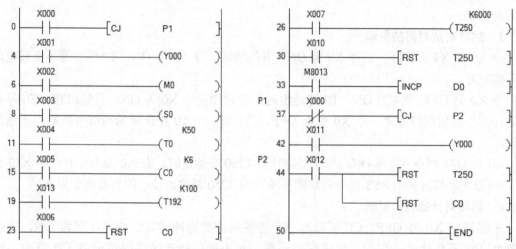

图 4-47　跳转指令的应用程序

如果用特殊辅助继电器 M8000 的常开触点驱动 CJ 指令，相当于无条件跳转，因为运行时 M8000 总是为 ON。

标记可以放置在对应的跳转指令之前（即往回跳），但是如果反复跳转的时间超过看门狗定时器的设定时间（默认值为 200ms），会引起看门狗定时器出错。

多条跳转指令可以跳到同一个标记处。一个标记只能出现一次，如果出现两次或两次以上，则会出错。CALL 指令（子程序调用）和 CJ 指令不能共用同一个标记。程序之间不能相互跳转。

为了生成图 4-47 中的标记 P1，双击步 37 所在行左侧垂直母线的左边，在出现的"梯形图输入"对话框中输入 P1。单击"确定"按钮，可以看到生成的标记 P1。

图 4-48 中的流程图表示 D5 的值小于 100 时，将 500 送入 D6，然后跳转到 END 指令处。如果 D5 的值大于等于 100，将 200 送入 D6。

如果需要跳转到 END 指令所在的步序号，应使用指针 P63（见图 4-49 和例程"跳转指令"）。在程序中不需要设置标记 P63，如果生成了标记 P63，反而会出错。

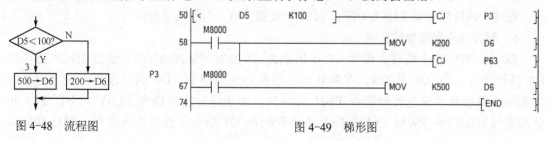

图 4-48　流程图　　　　　　　　　　图 4-49　梯形图

2．跳转对位软元件的影响

打开例程"跳转指令"后，打开仿真软件，单击工具栏上的 按钮，打开"当前值更改"对话框。用梯形图监视程序的运行。

在 X0 为 OFF 时，图 4-47 中的指令"CJ　P1"的跳转条件不满足。用"当前值更改"对话框改变 X1～X3 的状态，能分别控制 Y0、M0 和 S0。令 X0 为 ON，Y0、M0 和 S0 的线圈所在的程序区被跳过。Y0、M0 和 S0 保持跳转之前最后一个扫描周期的状态不变。此时不能用 X1～X3 分别控制 Y0、M0 和 S0，因为在跳转时根本没有执行这几行指令。

3．跳转对定时器的影响

令 X0 和 X4 为 OFF，再令 X0 为 ON，开始跳转。令 X4 为 ON，T0 的线圈不会通电，它不能定时。

令 X0 为 OFF，X4 为 ON，T0 开始定时。定时期间令 X0 为 ON，开始跳转，T0 停止定时，其当前值保持不变。令 X0 变为 OFF，停止跳转，T0 在保持的当前值的基础上继续定时。

X0 为 OFF 时令 X7 为 ON，累积型定时器 T250 开始定时。在 X0 为 ON 时，令 X12 为 ON，可以用跳转区外的 RST 指令将线圈被跳过的 T250 复位，使它的当前值变为 0。

4．跳转对计数器的影响

未跳转时 X0 为 OFF，C0 可以对 X5 提供的计数脉冲计数。令 X0 变为 ON，在跳转期间 C0 不会计数，它的当前值保持不变，也不能用跳转区内的 X6 将 C0 复位。令 X0 为 OFF，停止跳转，C0 可以在保持的当前值的基础上继续计数，也可以用 X6 将它复位。令 X12 为 ON，可以用跳转区外的 RST 指令将线圈被跳过的 C0 复位，使它的当前值变为 0。

高速计数器的处理独立于主程序，其工作不受跳转的影响。C235～C255 如果在线圈驱动后跳转，将会继续工作，条件满足时它们的输出触点也会动作。

5．跳转对 T192～199 的影响

普通的定时器只是在执行线圈指令时进行定时，因此，将它们用于跳转区、子程序和中断程序内时，不能进行正常的定时。

在跳转区、子程序和中断程序内，应使用子程序和中断程序专用的 100ms 定时器 T192～T199，它们被启动定时后，在执行它们的线圈指令时或执行 END 指令时进行定时。T192～T199 的功能不能仿真。

假设跳转开始时图 4-47 中的 T192 正在定时，跳转后即使控制 T192 线圈的 X13 变为 OFF，T192 仍然继续定时。定时时间到时，T192 的触点也会动作，当前值保持为设定值不变。在停止跳转时如果 X13 为 OFF，T192 的线圈断电，当前值变为 0。

6．跳转对应用指令的影响

X0 为 OFF 时未跳转，图 4-47 中周期为 1s 的时钟脉冲 M8013 通过 INCP 指令使 D0 每秒加 1。令 X0 为 ON，在跳转期间不执行应用指令，D0 的值保持不变。但是跳转期间会继续执行高速处理指令 FNC 52～58。如果脉冲输出指令 PLSY（FNC 57）和脉冲宽度调制指令 PWM（FNC 58）在刚开始被 CJ 指令跳过时正在执行，跳转期间将继续工作。

7. 跳转对主控指令的影响

如果从主控（MC）区的外部跳入其内部，不管它的主控触点是否接通，都把它当成接通来执行主控区内的程序。如果跳转指令和它的标记都在同一个主控区内，主控触点没有接通时不执行跳转。

8. 跳转指令与双线圈

同一个位软元件的线圈一般只允许出现一次，如果出现两次或多次，称为双线圈。同一个位软元件的线圈可以在跳转条件相反的两个跳转区内分别出现一次。图 4-47 用 X0 的常开触点和常闭触点分别控制标记 P1 和 P2 对应的跳转。X0 为 ON 时，指令 "CJ P2" 的跳转条件不满足，可以用 X11 控制 Y0；X0 为 OFF 时，指令 "CJ P1" 的跳转条件不满足，可以用 X1 控制 Y0。

4.5.2 子程序指令与子程序应用例程

1. 什么时候需要使用子程序

当系统规模较大、控制要求复杂时，如果将全部控制任务放在主程序内，主程序将会非常复杂，既难以调试，也难以阅读。使用子程序可以将程序分成容易管理的小块，使程序结构简单清晰，易于查错和维护。

子程序也用于需要多次反复执行相同任务的地方，只需要编写一次子程序，别的程序在需要的时候调用它，而不需要重写该程序。

每个扫描周期都要执行一次主程序。子程序的调用可以是有条件的，子程序没有被调用时，不会执行其中的指令。

2. 与子程序有关的指令

子程序调用指令 CALL（FNC 01）的指针点数见表 1-1（不包括 P63），子程序返回指令 SRET（FNC 02）无操作数。

主程序结束指令 FEND（FNC 06）无操作数，表示主程序结束。执行到 FEND 指令时 PLC 进行输入/输出处理、看门狗定时器刷新，完成后返回第 0 步。主程序是从第 0 步开始到 FEND 指令的程序，子程序是从 CALL 指令指定的标记 Pn 到 SRET 指令的程序。

子程序和中断程序应放在 FEND 指令之后。如果有多条 FEND 指令，子程序和中断程序应放在最后的 FEND 指令和 END 指令之间。CALL 指令调用的子程序必须用子程序返回指令 SRET 结束。

FEND 指令如果出现在 FOR-NEXT 循环中，则程序出错。

3. 子程序的调用

图 4-50 中的程序见例程 "子程序调用"。X0 为 ON 时，"CALL P1" 指令使程序跳到标记 P1 所在的第 13 步，P1 开始的子程序被执行，执行完第 46 步的 SRET 指令后返回到 "CALL P1" 指令下面第 8 步的指令。子程序放在 FEND（主程序结束）指令之后。

同一个标记只能出现一次，同一个标记开始的子程序可以被不同的 CALL 指令多次调用。CJ 指令用过的标记不能再用于 CALL 指令。

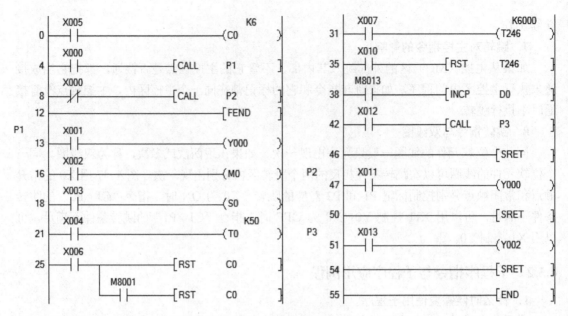

图 4-50　子程序调用例程

4. 子程序调用对位软元件的影响

停止调用子程序后，不再执行子程序中的指令，子程序中线圈对应的位软元件保持子程序被执行的最后一个扫描周期结束时的状态不变。

打开例程"子程序调用"后，打开仿真软件，程序被下载到仿真 PLC 后，进入梯形图监视模式。单击工具栏上的 按钮，打开"当前值更改"对话框。

用"当前值更改"对话框令 X0 为 ON，调用 P1 开始的子程序，可以用 X1～X3 分别控制 Y0、M0 和 S0。

令 X0 为 OFF，停止调用 P1 开始的子程序。Y0、M0 和 S0 保持 X0 的下降沿前一扫描周期的状态不变，不能用 X1～X3 分别控制 Y0、M0 和 S0，因为这时根本就没有执行该子程序中的指令。

5. 子程序与定时器和计数器

仿真时令 X0 为 OFF，未调用 P1 开始的子程序，不能用 X4 启动 T0 的定时。令 X0 为 ON，调用 P1 开始的子程序。令 X4 为 ON，T0 开始定时。在定时过程中令 X0 为 OFF，停止调用 P1 开始的子程序，T0 的当前值保持不变。重新调用该子程序，T0 在保持的当前值的基础上继续定时。

在子程序中应使用子程序和中断程序专用的 100ms 累计型定时器 T192～T199。

子程序中的 T192 正在定时的时候停止调用子程序，T192 仍继续定时，定时时间到时，T192 的触点也会接通。在调用子程序时如果 T192 的线圈断电，它被复位，当前值变为 0。

在子程序和中断程序中，如果使用了 1ms 累计型定时器，当它达到设定值之后，在最初执行的线圈指令处输出触点会动作。

在子程序中对累计型定时器或计数器执行 RST 指令以后，它的复位状态也被保持。以图 4-50 中的 C0 为例，它的线圈指令在子程序之外，复位指令在子程序内。令 X0 为 ON，调用标记 P1 开始的子程序。令 X6 为 ON，C0 被 RST 指令复位。如果没有第二条"RST

C0"指令，在 X6 为 ON 时（C0 被复位）令 X0 为 OFF，停止调用子程序。此时 C0 仍然保持复位状态，在子程序之外用 X5 发出计数脉冲，C0 不能计数。

增加了用一直为 OFF 的 M8001 的常开触点控制复位 C0 的指令后，第一条"RST C0"指令将 C0 复位，第二条"RST　C0"指令的执行条件不满足，解除了对 C0 复位的保持状态，停止调用子程序后不会影响对 C0 的计数操作。

6．子程序中的应用指令

令 X0 为 ON，调用 P1 开始的子程序。周期为 1s 的时钟脉冲 M8013 通过 INCP 指令使 D0 每秒加 1。令 X0 为 OFF，因为未调用该子程序，没有执行 INCP 指令，D0 的值保持不变。

7．子程序中的双线圈

同一个位软元件的线圈可以在调用条件相反的两个子程序中分别出现一次。图 4-50 中的程序分别用 X0 的常开触点和常闭触点调用标记 P1 和 P2 开始的子程序，两个子程序中都有 Y0 的线圈。X0 为 ON 时，调用 P1 开始的子程序，可以用 X1 控制 Y0；X0 为 OFF 时，调用 P2 开始的子程序，可以用 X11 控制 Y0。

8．子程序的嵌套调用

子程序可以多级嵌套调用，即子程序可以调用别的子程序。嵌套调用的层数是有限制的，最多嵌套 5 层。

在调用图 4-50 中 P1 开始的子程序时，令 X12 为 ON，执行指令"CALL　P3"，嵌套调用 P3 开始的子程序。此时才能用 X13 来控制 Y2。执行完 P3 开始的子程序后，从第 54 步返回"CALL　P3"下面第 46 步的指令。执行完 P1 开始的子程序后，从第 46 步返回主程序中指令"CALL　P1"下面第 8 步的指令。

9．多条 FEND 指令的使用

如果主程序中有因为跳转产生的分支，每条分支结束时都需要用一条 FEND 指令来结束该分支程序。图 4-51 给出了一个使用多条 FEND 指令的例子（见例程"多条 FEND 指令"）。X0 为 ON 时跳转条件满足，跳转到标号 P0 对应的第 11 步。执行第 20 步的 FEND 指令时，跳转到 END 指令处，结束本次扫描周期的程序执行。X0 为 OFF 时，跳转条件不满足，从第 8 步开始顺序执行指令。执行到第 10 步的 FEND 指令时，跳转到 END 指令处。

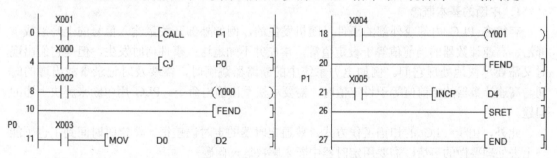

图 4-51　多条 FEND 指令应用例程

10．子程序应用例程

5.2.2 节的两条运输带控制程序实际上是自动程序。除了自动程序，一般还需要设置手动程序，此外可能还需要公用程序。公用程序用来完成自动和手动都需要的操作，还用来处理自动和手动这两种运行模式的相互切换。

图 4-52 是使用子程序调用的运输带控制程序（见例程"运输带子程序"）。X2 是自动/手动切换开关，X2 的常开触点闭合时，调用 P1 开始的自动程序。X2 的常闭触点闭合时，调用 P2 开始的手动程序，可以用 X3 和 X4，通过 Y0 和 Y1 手动控制两条运输带。

视频"子程序的编写与调用"可通过扫描二维码 4-7 播放。

用一直闭合的 M8000 的常开触点无条件地调用 P0 开始的公用程序。由自动运行切换到手动运行时，公用程序将 Y0、Y1 和 M2 复位为 OFF，同时将可能正在定时的 T0 和 T1 复位。如果在切换时未将它们复位，从手动模式返回自动模式时，运输带可能会出现异常的动作。

二维码 4-7

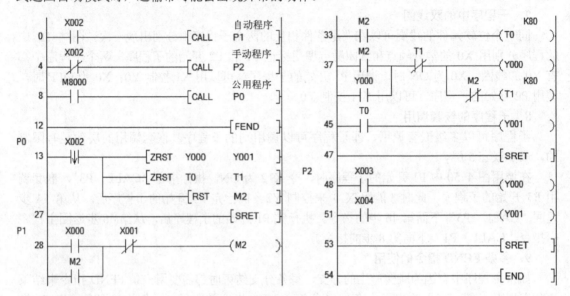

图 4-52 使用子程序的运输带控制例程

4.5.3 中断的基本概念与中断指令

1. 中断的基本概念

有很多 PLC 内部或外部的事件是随机发生的，例如外部开关量输入信号的上升沿或下降沿、高速计数器的当前值等于设定值等，事先并不知道这些事件何时发生，但是它们出现时又需要尽快地处理它们。例如电力系统中的断路器跳闸时，需要及时记录事故出现的时间。高速计数器的当前值等于设定值时，需要尽快发出输出命令。PLC 用中断来解决上述的问题。

此外，由于 PLC 的扫描工作方式，普通定时器的定时误差很大，定时时间到了也不能马上去处理要做的事情，需要用定时器中断来解决这一问题。

FX 系列 PLC 的中断事件包括输入中断、定时器中断和高速计数器中断。中断事件出现时，在当前指令执行完后，当前正在执行的程序被停止执行（被中断），操作系统将会立即调用一个用户编写的分配给该事件的中断程序。中断程序被执行完后，被暂停执行的程序将从被打断的地方开始继续执行。这一过程不受 PLC 扫描工作方式的影响，因此使 PLC 能迅速地响应中断事件。换句话说，中断程序不是在每次扫描循环中处理，而是在需要时才被及

86

时地处理。

应优化中断程序，使中断程序尽量短小，以减少中断程序的执行时间，减少对其他处理的延迟，否则可能引起主程序控制的设备操作异常。在中断程序中应使用子程序和中断程序专用的 100ms 累计型定时器 T192～T199。

2．中断的指针

中断的指针（见图 4-53）用来指明某一中断源的中断程序入口，执行到中断返回指令 IRET 时，返回到中断事件出现时正在执行的程序。中断程序应放在 FEND 指令之后。

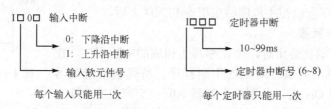

图 4-53　中断指针

（1）输入中断

输入中断用于快速响应 X0～X5 的输入信号，对应的输入中断指针为 I□0□（见图 4-53），最高位的"□"是产生中断的输入继电器的软元件号（1～5），最低位的"□"为 0 和 1，分别表示下降沿中断和上升沿中断。例如中断指针 I001 开始的中断程序在输入信号 X0 的上升沿时执行。同一个输入中断源只能使用上升沿中断或下降沿中断，例如不能同时使用中断指针 I200 和 I201。用于中断的输入点不能同时用作高速计数器和脉冲密度等应用指令的输入点。

（2）定时器中断

定时器中断的中断指针为 I6□□、I7□□和 I8□□，低两位的"□□"是以 ms 为单位的中断周期（10ms～99ms）。I6、I7、I8 开始的定时器中断指针分别只能使用一次。定时器中断使 PLC 以指定的中断循环时间周期性地执行中断程序，循环处理某些任务，处理时间不受 PLC 扫描周期的影响。

如果中断程序的处理时间比较长，或者主程序中使用了处理时间较长的指令，且定时器中断的设定值小于 9ms，可能不能按正确的周期处理定时器中断。所以建议中断周期不小于 10ms。

（3）计数器中断

FX2N/FX2NC 和 FX3U/FX3UC 系列有 6 点计数器中断，中断指针编号为 I0□0，"□"为 1～6。计数器中断与高速计数器比较置位指令 HSCS 配合使用，根据高速计数器的计数当前值与计数设定值的关系来确定是否执行相应的中断服务程序。

3．与中断有关的指令

中断返回指令 IRET、允许中断指令 EI 和禁止中断指令 DI 的应用指令编号分别为 FNC 03～FNC 05，均无操作数，分别占用一个程序步。

不是所有的用户都需要 PLC 的中断功能，用户一般也不需要处理所有的中断事件，可以用指令或专用的软元件来控制是否需要中断和需要哪些中断。

允许中断指令 EI 允许处理中断事件。禁止中断指令 DI 禁止处理所有的中断事件，允许中断排队等候，但是不允许执行中断程序，直到用中断允许指令重新允许中断。中断返回指令 IRET 用来表示中断程序的结束。

PLC 通常处于禁止中断的状态，指令 EI 和 DI 之间的程序段为允许中断的区间（见图 4-54），当程序执行到该区间时，如果中断源产生中断，CPU 将停止执行当前的程序，转去执行相应的中断程序，执行到中断程序中的 IRET 指令时，返回原断点，继续执行原来的程序。

中断程序从它对应的唯一的中断指针开始，到第一条 IRET 指令结束。中断程序应放在主程序结束指令 FEND 之后。

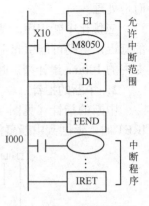

图 4-54　中断程序示意图

4．禁止部分中断源

当某一个中断源被禁止时，即使编写了相应的中断程序，在中断事件出现时也不会执行对应的中断程序。特殊辅助继电器 M8050～M8055 为 ON 时，分别禁止处理 X0～X5 产生的中断。 M8056～M8058 为 ON 时，分别禁止处理中断指针为 I6□□、I7□□和 I8□□的定时器中断。 M8059 为 ON 时，禁止处理所有的计数器中断。

PLC 上电时 M8050～M8059 均为 OFF 状态，没有中断源被禁止。执行允许中断指令 EI 后，CPU 将处理编写了中断程序的中断事件。

5．中断的优先级和中断嵌套

如果有多个中断信号依次出现，则优先级按出现的先后排序，出现越早的优先级越高。若同时出现多个中断信号，则中断指针号小的优先。

执行一个中断程序时，其他中断被禁止。在 FX2N、FX2NC、FX3U 和 FX3UC 的中断程序中编入 EI 和 DI，可以实现双重中断，只允许两级中断嵌套。如果中断信号在禁止中断区间出现，该中断信号被储存，并在 EI 指令之后响应该中断。不需要禁止中断时，只使用 EI 指令，可以不调用 DI 指令。

6．输入中断的脉冲宽度

各子系列要求的中断输入信号的最小脉冲宽度见参考文献[13]第 36.3.1 节。例如 FX3U/FX3UC 的 X0～X5 的中断输入信号的最小脉冲宽度为 5μs。

7．脉冲捕获功能

所有系列用于高速输入的 X0～X5 和 FX3U/FX3UC 的 X6、X7 可以"捕获"窄脉冲信号。在 X0～X7 的上升沿，M8170～M8177 分别通过中断被置位。用户程序将 M8170～M8177 复位后，才能再次使用脉冲捕获功能。如果 X0～X7 已经用于其他高速功能，脉冲捕获功能将被禁止。FX3 系列之外的 FX 系列 PLC 需要执行 EI 指令后，才有脉冲捕获功能。

4.5.4　中断程序例程

FX 的仿真软件不能对中断功能仿真，有关中断的实验只能用硬件 PLC 来做。

1．输入中断例程

要求通过中断，在 X0 的上升沿使 Y0 立即置位，在 X1 的下降沿使 Y0 立即复位。

图 4-55 中的程序见例程"输入中断程序"。主程序结束指令 FEND 之后是中断程序，中断程序以中断返回指令 IRET 结束。执行 EI 指令后，允许处理中断事件。CPU 检测到 X0 的上升沿时，立即执行从该事件对应的指针 I1 开始的中断程序，将 Y0 置位。执行到 IRET 指令时，中断程序结束，返回被中断的主程序。

视频"输入中断程序"可通过扫描二维码4-8播放。

在 X1 的下降沿执行从指针 I100 开始的中断程序,将 Y0 复位。将 Y0 置位或复位后,用输入/输出刷新指令 REF 立即将 Y0 的新状态送到输出模块。

二维码 4-8

2. 定时器中断例程

图 4-56 中的程序见例程"定时器中断程序",该例程用定时器中断每 2s 将 Y0~Y7 组成的 8 位二进制数加 1。

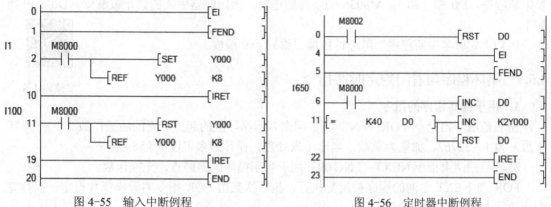

图 4-55 输入中断例程   图 4-56 定时器中断例程

定时器中断的最大定时时间为 99ms,小于要求的定时时间间隔 2s。图 4-56 中的定时器中断的指针为 I650,中断时间间隔为 50ms。在中断指针 I650 开始的中断程序中,D0 用来作中断次数计数器,在中断程序中将 D0 加 1。然后用比较触点指令"= K40 D0"判断 D0 是否等于 40。若相等(中断了 40 次,经过了 2s,)则执行 1 次 INC 指令,将 K2Y0 加 1,同时用 RST 指令将 D0 清零。

3. 使用定时器中断的彩灯控制器

图 4-57 是用中断控制彩灯的程序(见例程"定时器中断彩灯控制")。PLC 首次扫描时,用 M8002 的常开触点给 Y0~Y17(即 K4Y0)组成的彩灯置初值,使 Y0~Y3 为 ON,其余的为 OFF,连续的 4 个灯亮。

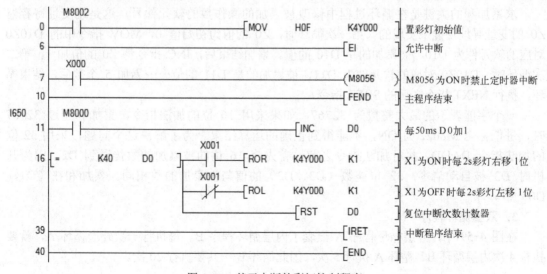

图 4-57 基于中断的彩灯控制程序

89

与图 4-56 相同，定时器中断的中断指针为 I650，中断的时间间隔为 50ms。用 D0 作中断次数计数器，在中断程序中将 D0 加 1。每中断 40 次（时间间隔为 2s）时，将彩灯循环移动 1 位。用 X1 控制移位的方向，X1 为 ON 时执行 ROR 指令，彩灯循环右移一位；X1 为 OFF 时执行 ROL 指令，彩灯循环左移一位。移位后 D0 被清零，开始下一次的 2s 定时。

X0 为 ON 时，M8056 的线圈通电，指针 I650 对应的定时器中断被禁止，停止执行定时器中断程序，D0 停止加 1。M8056 的线圈断电时，该定时器中断的禁止被解除，D0 又开始加 1。

视频“定时器中断程序”可通过扫描二维码 4-9 播放。

4.5.5　循环程序与看门狗定时器指令

1. 用于循环程序的指令

循环范围开始指令 FOR（FNC 08）用来表示循环区的起点，它的源操作数（S·）（循环次数）为 1～32767，如果为负数，当作 1 来处理，循环最多可以嵌套 5 层。

循环范围结束指令 NEXT（FNC 09）用于表示循环区的终点，无操作数。

FOR 与 NEXT 之间的程序被反复执行，执行次数由 FOR 指令的源操作数设定。执行完后，执行 NEXT 后面的指令。

如果 FOR 与 NEXT 指令没有成对使用，或者 NEXT 指令放在 END 指令的后面，都会出错。循环程序是在一个扫描周期中完成的。如果执行 FOR-NEXT 循环程序的时间太长，扫描周期超过看门狗定时器的设定时间，将会出错。

2. 用循环程序求累加和

在 X1 的上升沿调用标记 P1 开始的子程序（见图 4-58），用子程序求 D10 开始的 5 个字的累加和。本例的程序见例程“循环程序”。

在子程序中，首先用复位指令 RST 和区间复位指令 ZRST，将变址寄存器 Z0、保存累加和的 32 位整数（D1，D0）和保存暂存数据的 32 位整数（D3，D2）清零。因为要累加 5 个字，FOR 指令中的 K5 表示循环 5 次，每次循环累加 1 个字。

求累加和的关键是在循环过程中修改被累加的操作数的软元件号，这是用变址寄存器 Z0 的变址寻址功能来实现的。第一次循环时，Z0 的值为初始值 0，MOV 指令中的 D10Z0 对应的软元件为 D10，被累加的是 D10 的值。累加结束后，INC 指令将 Z0 的值加 1。第二次循环时，D10Z0 对应的软元件为 D11，被累加的是 D11 的值……累加 5 个数后，结束循环，执行 NEXT 指令之后的 SRET 指令。

一个字能表示的最大整数为 32767，如果采用 16 位的加法指令，累加和超过 32767 时，进位标志 M8022 为 ON，不能得到正确的运算结果。为了解决这个问题，采用 32 位的加法指令 DADD。执行加法指令之前，首先将 16 位的被累加的数传送到 D2，因为开机时 D3 被自动清零，32 位整数（D3，D2）的值与被累加的数相同。累加和在（D1，D0）中。

3. 双重循环程序

在图 4-59 中，外层循环程序 A 嵌套了内层循环程序 B。每执行一次外层循环 A，就要执行 4 次内层循环 B。循环 A 执行 5 次，因此循环 B 一共要执行 20 次。

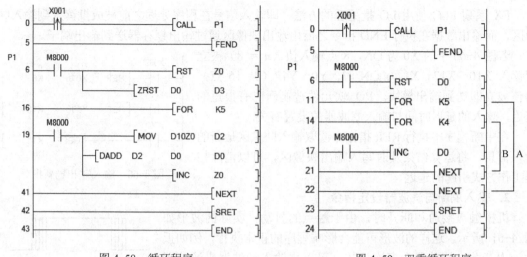

图 4-58　循环程序　　　　　　　　图 4-59　双重循环程序

打开例程"双重循环程序"后，打开 GX Simulator2，程序被下载到仿真 PLC。用"当前值更改"对话框令 X1 为 ON，在 X1 的上升沿调用标记 P1 开始的子程序，执行该子程序中的双重循环。每次内层循环将 D0 加 1，因为内存循环 B 一共执行了 20 次，所以循环结束后 D0 的值为 20。

4．看门狗定时器指令

看门狗定时器又称为监控定时器，当 PLC 的扫描周期超过看门狗定时器的定时时间（默认值为 200ms）时，PLC 将停止运行，基本单元上面的 ERROR（CPU 错误）发光二极管亮。看门狗定时器指令 WDT（FNC 07）用于复位看门狗定时器。

如果 FOR-NEXT 循环程序的执行时间过长，可能超过看门狗定时器的定时时间，可以将 WDT 指令插入到循环程序中。

条件跳转指令 CJ 若在它对应的标记之后（即程序往回跳），使它们之间的程序被反复执行，可能使看门狗定时器动作。可以在 CJ 指令和对应的标记之间插入 WDT 指令。

如果 PLC 的特殊 I/O 模块和通信模块的个数较多，PLC 进入 RUN 模式时对这些模块的缓冲存储器初始化的时间较长，可能导致看门狗定时器动作。另外如果执行大量的读/写特殊 I/O 模块的 TO/FROM 指令，或向多个缓冲存储器传送数据，或高速计数器较多，也可能导致看门狗定时器动作。

在上述情况下，可以用初始脉冲 M8002 的常开触点和 MOV 指令，修改特殊辅助寄存器 D8000 中以 ms 为单位的看门狗定时器的设定时间。

4.6　高速处理指令

1．输入/输出刷新指令

输入/输出刷新指令 REF（Refresh，FNC 50）用于在顺序程序扫描过程中读入输入继电器（X）提供的最新的输入信息，或通过输出继电器（Y）立即输出逻辑运算结果。目标操作数（D·）用来指定目标软元件的首位，应取软元件号最低位为 0 的 X 和 Y 软元件，例如 X0、X10、Y20 等。要刷新的位软元件的点数 $n = 8 \sim 256$，应为 8 的整倍数。

FX 系列 PLC 使用 I/O 批处理的方法，即输入信号在程序处理之前被成批读入到输入映像区，而输出数据在执行 END 指令之后由输出映像区通过输出锁存器送到输出端子。

若图 4-60 中的 X0 为 ON，8 点输入值（$n = 8$）被立即读入 X10～X17。X1 为 ON 时，Y0～Y17（共 16 点）的值被立即送到输出模块。I/O 软元件被刷新时有很短的延迟，输入的延迟时间与输入滤波器的设置有关。

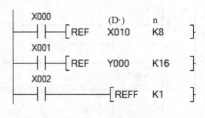

在中断程序中执行 REF 指令，读取输入映像区最新的输入信息，将运算结果及时写入输出映像区，可以消除扫描工作方式引起的延迟。

图 4-60　输入/输出刷新指令

2. 输入刷新与滤波器设定指令

机械触点接通和断开时，由于触点的抖动，实际的波形如图 4-61 所示。这样的波形可能会影响程序的正常执行，例如扳动一次开关，计数器会多次计数。可以用输入滤波器来滤除图中的窄脉冲。

图 4-61　波形图

为了防止输入噪声的影响，开关量输入端有 RC 硬件滤波器，滤波时间常数约为 10ms。无触点的电子固态开关没有抖动噪声，可以高速输入。对于这一类输入信号，PLC 输入端的 RC 滤波器影响了高速输入的速度。

输入刷新（带滤波器设定）指令 REFF（FNC 51）只能用于 FX$_{3U}$/FX$_{3UC}$，它们的 X0～X17 的输入滤波器为数字式滤波器。REFF 用来刷新（立即读取）X0～X17，并指定它们的输入滤波时间常数 n（$n = 0$～60ms）。图 4-60 中的 X2 为 ON 时，X0～X17 的输入映像存储器被刷新，它们的滤波时间常数被设定为 1ms（$n = 1$）。

n 为 0 时，X0～X5、X6 和 X7、X10～X17 的滤波时间自动变为 5μs、50μs 和 200μs。未执行 REFF 指令时，X0～X17 的输入滤波器采用 D8020 中的设定值。

使用高速计数输入和脉冲密度指令 SPD，或者使用输入中断功能时，X0～X5、X6 和 X7 的输入滤波时间自动变为 5μs 和 50μs。

3. 高速计数器比较置位指令

高速计数器（C235～C255）用来对外部输入的高速脉冲计数，高速计数器比较置位指令 HSCS 和高速计数器比较复位指令 HSCR 均为 32 位运算。源操作数（S1·）可以取所有的数据类型，（S2·）为 C235～C255，目标操作数（D·）可以取 Y、M 和 S。建议用一直为 ON 的 M8000 的常开触点来驱动高速计数器指令。

HSCS（FNC 53）是高速计数器比较置位指令。高速计数器的当前值达到设定值时，（D·）指定的输出用中断方式立即动作。图 4-62 中 C255 的设定值（S1·）为 100，其当前值由 99 变为 100 或由 101 变为 100 时，Y10 立即置 1，不受扫描时间的影响。如果当前值是被强制为 100 的，Y10 不会为 ON。

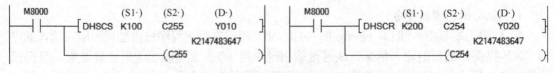

图 4-62　高速计数器置位与复位指令

DHSCS 指令的目标操作数（D·）可以指定为 I0□0（□ = 1～6）。在（S2·）指定的高速计数器的当前值等于（S1·）指定的设定值时，执行（D·）指定的指针为 I0□0 的中断程序。

4. 高速计数器比较复位指令

HSCR（FNC 54）是高速计数器比较复位指令，图 4-62 中的计数器 C254 的设定值 （S1·）为 200。当前值由 199 变为 200，或由 201 变为 200 时，用中断方式使 Y20 立即复位。如果当前值是被强制为 200 的，Y20 不会为 OFF。

5. 高速计数器区间比较指令

高速计数器区间比较指令 HSZ（FNC 55）为 32 位运算，详细的使用方法请参阅 FX 系列的编程手册。

6. 脉冲密度指令

脉冲密度指令 SPD（FNC 56，见图 4-63）采用中断方式对指定时间的脉冲计数，从而计算出速度值。（S1·）是输入脉冲的软元件号（FX₃S 可选 X0～X5，其他系列可选 X0～X7），（S2·）用来指定以 ms 为单位的计数时间，（D·）用来指定计数结果的存放处，占用 3 点软元件。

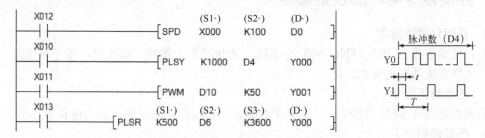

图 4-63　脉冲密度与脉冲输出指令

图 4-63 中的 SPD 指令用 D1 对 X0 输入的脉冲串的上升沿计数，100ms 后计数结果送到 D0，D1 中的当前值复位，重新开始对脉冲计数。D2 中是剩余的时间，D0 的值与转速成正比，转速 N 用下式计算：

$$N = 60 \times (\text{D0}) \times 10^3 / nt \qquad (\text{r/min})$$

式中（D0）为 D0 中的数，t 为（S2·）指定的计数时间（单位为 ms），n 为编码器每转的脉冲数。SPD 指令中用到的输入点不能用于其他高速处理。

7. 脉冲输出指令

脉冲输出指令 PLSY（FNC 57）用于产生指定数量和频率的脉冲。源操作数（S1·）和（S2·）可以取所有的字软元件和整数常数，该指令只能使用一次。

用（S1·）指定脉冲频率，（S2·）指定脉冲个数。若指定的脉冲数为 0，则持续产生脉冲。（D·）只能指定晶体管输出型的 Y0 或 Y1，或连接到 FX₃U 的高速输出特殊适配器的 Y0 或 Y1 来输出脉冲。脉冲的占空比（脉冲宽度与周期之比）为 50%，以中断方式输出。指定脉冲数输出完后，"指令执行完成"标志 M8029 置 1。图 4-63 中 X10 由 ON 变为 OFF 时，M8029 复位，脉冲输出停止。X10 再次变为 ON 时，重新开始输出脉冲。在发出脉冲串期间 X10 若变为 OFF，Y0 也变为 OFF。

FX3 系列的基本单元的最高输出频率为 100kHz，使用特殊适配器时为 200kHz。Y0 和 Y1 输出的脉冲个数可以分别用 32 位的（D8141，D8140）和（D8143，D8142）来监视。

若 M8349 或 M8359 为 ON，Y0 和 Y1 分别停止输出脉冲。

8. 脉宽调制指令

脉宽调制指令 PWM（FNC 58）用于产生指定脉冲宽度和周期的脉冲串，源操作数的类型与 PLSY 指令相同，只有 16 位运算。(S1·) 用来指定脉冲宽度（$t = 1\sim32767$ ms），(S2·) 用来指定脉冲周期（$T = 1\sim32767$ms），(S1·) 应小于 (S2·)。(D·) 可以指定晶体管型基本单元的 Y0～Y2（某些 FX$_{3G}$ 不支持 Y2），或连接到 FX$_{3U}$ 的高速输出特殊适配器的 Y0～Y3 来输出脉冲。

图 4-63 中 D10 的值从 0～50 变化时，Y1 输出的脉冲的占空比从 0～1 变化。D10 的值大于 50 将会出错。X11 变为 OFF 时，Y1 也变为 OFF。

9．带加/减速的脉冲输出指令

带加/减速的脉冲输出指令 PLSR（FNC 59）的 (S1·) 为最高频率，(S2·) 为总的输出脉冲数。(S3·) 为加/减速时间（50～5000ms）。(D·) 只能指定晶体管型基本单元或连接到 FX$_{3U}$ 的高速输出特殊适配器的 Y0 或 Y1 来输出脉冲。

4.7 方便指令与外部设备指令

1．初始化状态指令

初始化状态指令 IST（FNC 60）与 STL（步进梯形）指令一起使用，用于对状态（S）和有关的特殊辅助继电器初始化。

2．数据检索指令

数据检索指令 SER（FNC 61）用于在数据表中查找相同的数据、最大值和最小值。

3．凸轮控制指令

装在机械转轴上的编码器给 PLC 的计数器提供角度位置脉冲，凸轮控制绝对方式指令 ABSD（FNC 62）可以产生一组对应于计数器当前值变化的输出波形，用来控制最多 64 个输出变量（Y、M 和 S 等）的 ON/OFF。

凸轮控制相对方式指令 INCD（FNC 63）根据计数器对位置脉冲的计数值，实现对最多 64 个输出变量（Y、M 和 S 等）的循环顺序控制，使它们依次为 ON，同时只有一个输出变量为 ON。

4．示教定时器指令

使用示教定时器指令 TTMR（FNC 64），可以用一只按钮调节定时器的设定时间。目标操作数（D·）为 D 和 R，$n = 0\sim2$。

图 4-64 中的示教定时器指令将示教按钮 X20 按下的时间（单位为 s）乘以系数 10^n 后，作为定时器的设定值（见例程"方便指令"）。按钮按下的时间由 D13 记录，该时间乘以 10^n 后存入 D12。设按钮按下的时间为 t，存入 D12 的值为 $10^n \times t$。X20 为 OFF 时，D13 被复位，D12 保持不变。

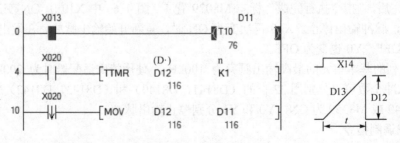

图 4-64　示教定时器指令应用

图 4-64 中示教按钮按下的时间为 11.6s，示教结束时保存到 D11 中的 T10 的设定值为 116。T10 是 100ms 定时器，其定时时间为 11.6s。该定时时间等于示教按钮按下的时间。

5. 特殊定时器指令

特殊定时器指令 STMR（FNC 65）用来产生延时断开定时器、单脉冲定时器和闪烁定时器，只有 16 位运算。源操作数（S·）为 T0～T199（100ms 定时器），目标操作数（D·）是 4 点输出的起始软元件号，可以取 Y、M 和 S。m 用来指定定时器的设定值（1～32767）。

图 4-65 中的程序见例程"方便指令"，T0 和 T1 的设定值为 5s（$m = 50$）。

图 4-66 中的 M0 是延时断开定时器，M1 是输入信号 X0 下降沿触发的单脉冲定时器，M2 和 M3 是为闪烁设置的。

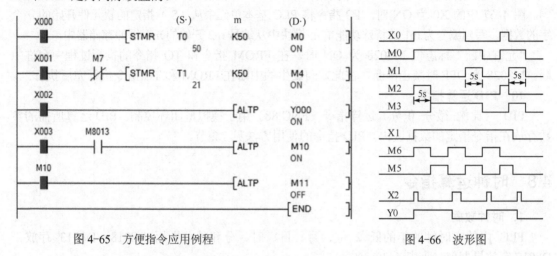

图 4-65　方便指令应用例程　　　　　　　　　　图 4-66　波形图

图 4-65 中 M7 的常闭触点接到 STMR 指令的输入电路中，使 M5 和 M6 产生闪烁输出（见图 4-66）。令 X1 变为 OFF，M4、M5 和 M7 在设定的时间后变为 OFF，T1 被同时复位。

6. 交替输出指令

使用交替输出指令 ALT（FNC 66），用 1 只按钮就可以控制外部负载的起动和停止。当图 4-65 中的按钮 X2 由 OFF 变为 ON 时，Y0 的状态改变一次。若不用脉冲执行方式，每个扫描周期 Y0 的状态都要改变一次。

ALT 指令具有分频器的功能，M8013 提供周期为 1s 的时钟脉冲，X3 为 ON 时，ALTP 指令通过 M10 输出频率为 0.5Hz 的信号。最后一条 ALTP 指令通过 M11 输出频率为 0.25Hz 的信号。

二维码 4-10

视频"方便指令应用"可通过扫描二维码 4-10 播放。

7. 斜坡信号指令

斜坡信号指令 RAMP（FNC 67）与模拟量输出结合，可以实现软起动和软停止。设置好斜坡输出信号的初始值和最终值后，执行该指令时输出数据由初始值逐渐变为最终值，变化的全过程所需的时间用扫描周期的个数来设置。

8. BFM 读出指令

接在 FX 系列 PLC 基本单元右边扩展总线上的特殊功能单元/模块，从紧靠基本单元的那个开始，其编号依次为 0～7。

图 4-67 中的 X3 为 ON 时，BFM 读出指令 FROM （FNC 78）将编号为 m1（0～7）的特殊功能单元/模块内，从编号 m2（0～32767）开始的 n 个缓冲存储器（BFM）的数据读入 PLC，并存入从（D·）开始的 n 个数据寄存器中，n = 1～32767。

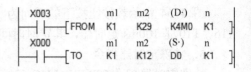

图 4-67 读/写缓冲存储器指令

也可以用 MOV 指令和地址 U□\G□ 来读、写指定的特殊功能单元/模块中指定的一个缓冲存储器。

9. BFM 写入指令

BFM 写入指令 TO （FNC 79）的参数 m1、m2 和 n 的意义、取值范围与 BFM 读出指令相同。图 4-67 中的 X0 为 ON 时，TO 指令将 PLC 基本单元中从（S·）指定的软元件开始的 n 个字的数据，写到编号为 m1 的特殊功能单元/模块中从编号 m2 开始的 n 个缓冲存储器中。

"允许中断"标志位 M8028 为 ON 时，在 FROM 指令和 TO 指令的执行过程中允许中断；M8028 为 OFF 时禁止中断，在此期间发生的中断在 FROM 和 TO 指令执行完后执行。

10. PID 运算指令

PID （比例-微分-积分）运算指令（FNC 88）用于模拟量闭环控制。PID 运算所需的参数存放在指令指定的数据区内。PID 指令的使用方法见 7.2 节。

4.8 时钟运算指令

1. 时钟数据

PLC 内的实时钟的年的低 2 位、月、日、时、分和秒分别用 D8018～D8013 存放，D8019 存放星期值（见表 4-3）。

表 4-3 时钟命令使用的寄存器

地址号	名称	设定范围
D8013	秒	0～59
D8014	分	0～59
D8015	时	0～23
D8016	日	0～31
D8017	月	0～12
D8018	年	0～99（后两位）
D8019	星期	0～6（对应日～六）

实时钟指令使用下述的特殊辅助继电器。

M8015（时钟停止及校时）：为 ON 时时钟停止，在它的下降沿写入时间后时钟动作。

M8016（显示时间停止）：为 ON 时时钟数据被冻结，以便显示出来，时钟继续运行。

M8017（±30 秒修正）：在它由 ON 变为 OFF 的下降沿时，如果当前为 0～29 秒，变为 0 秒，如果为 30～59 秒，进位到分钟，秒变为 0。

M8018（安装检测）：为 ON 时表示 PLC 安装有实时钟。

M8019（设置错误）：设置的时钟数据超出了允许的范围。

2. 读出时钟数据指令

读出时钟数据指令 TRD （FNC 166）用来读出 PLC 内置的实时钟的数据，并存放在目标操作数（D·）开始的 7 个字内。（D·）可以取 T、C 和 D 等，只有 16 位运算。图 4-68 中的程序见例程"时钟指令"。在秒时钟脉冲 M8013 的上升沿，TRD 指令读出时钟数据，保存在 D20～D26 中，它们分别是年的低 2 位、月、日、时、分、秒和星期的值。

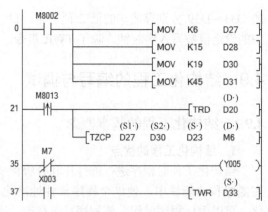

图 4-68 时钟运算指令

3. 时钟数据比较指令

图 4-69 中的时钟数据比较指令 TCMP（FNC 160）的源操作数（S1·）、（S2·）和（S3·）分别用来存放指定时刻的时、分、秒，可以取任意数据类型的字软元件和常数。时钟数据（S·）可以取 T、C 和 D 等，目标操作数（D·）为 Y、M 和 S 等，占用 3 个连续的位软元件。该指令用来比较指定时刻与时钟数据（S·）的大小。时钟数据的时、分、秒分别用（S·）～（S·）+ 2 存放，比较结果用来控制（D·）～（D·）+ 2 的 ON/OFF。图 4-69 中的 X1 变为 OFF 后，目标软元件 M0～M2 的 ON/OFF 状态仍保持不变。

4. 时钟数据区间比较指令

时钟数据区间比较指令 TZCP（FNC 161，见图 4-70）的源操作数（S1·）、（S2·）和（S·）可以取 T、C 和 D，要求（S1·）≤（S2·），目标操作数（D·）为 Y、M 和 S 等（占用 3 个连续的位软元件），只有 16 位运算。下限时间（S1·）、上限时间（S2·）和时间数据（S·）分别占用 3 个数据寄存器，（S·）指定的 D0～D2 分别用来存放 TRD 读出的当前时、分、秒的值。

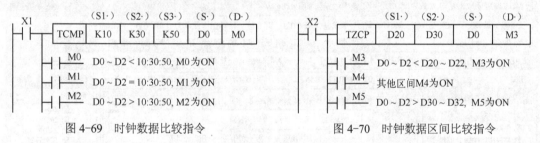

图 4-69 时钟数据比较指令　　　　　　图 4-70 时钟数据区间比较指令

（S·）中的时间与（S1·）和（S2·）指定的时间区间相比较，（S·）<（S1·）时 M3 为 ON，（S·）>（S2·）时 M5 为 ON，其他区间 M4 为 ON。

【例 4-4】 路灯控制程序。

图 4-68 中的 D23～D25 是 TZCP 指令指定的 TRD 读取的实时钟的时、分、秒的值，D27～D29 是路灯的关灯时间，D30～D32 是路灯的开灯时间。

在 PLC 开机时，M8002 的常开触点接通一个扫描周期，用 MOV 指令设置关灯和开灯时间的时、分值，D29 和 D32 中的秒值为默认值 0。

图 4-68 中路灯关灯的时间区间为 6：15～19：45，在该区间，指令 TZCP 比较的结果使 M7 为 ON，因此用 M7 的常闭触点通过 Y5 控制路灯。

5. 写入时钟数据指令

写入时钟数据指令 TWR（FNC 167，见图 4-68）的（S·）可以取 T、C 和 D 等，只有 16 位运算。该指令用来将时间设定值写入内置的实时钟，写入的数据预先放在（S·）开始的 7 个单元内。执行该指令时，内置的实时钟的时间立即变更，改为使用新的时间。图 4-68 中

97

的 D33～D39 分别存放年的低 2 位、月、日、时、分、秒和星期。X3 为 ON 时，D33～D39 中的设定值被写入实时钟。除了 TWR 指令，其他时钟运算指令都可以仿真。

4.9 结构化工程的编写与调试

4.9.1 结构化工程的基本概念

1．结构化工程的优点

结构化工程对程序进行部件化和分级化管理，将用户编写的程序和程序所需的数据放置在函数和功能块中，使单个程序部件标准化。通过程序部件之间的调用，使用户程序结构化，可以简化程序组织，使程序易于修改、查错和调试。如果在函数和功能块内部只使用它们的局部标签，不使用全局标签，它们具有很好的可移植性，不用更改内部的程序，就可以移植到其他工程。

2．结构化工程可以使用的编程语言

FX 系列的结构化工程可以使用结构化梯形图/FBD 和 ST（结构化文本）语言。使用得最多的是结构化梯形图，它由触点、线圈、函数和功能块构成，这些要素通过垂直线和水平线连接。FBD 是用画线连接函数和功能块的图形语言。

3．结构化工程的界面

图 4-71 是 GX Works2 结构化工程的界面。图中标有①的是标题栏，②和③分别是菜单栏和工具栏。标有④的是导航窗口的视窗内容显示区域。

图 4-71 GX Works2 结构化工程的界面

标有⑤和⑥的是工作窗口，图中用"窗口"菜单中的"水平并列"命令同时显示打开的两个窗口。标有⑦的输出窗口用于显示编译操作的结果、出错信息和报警信息。标有⑧的是"部件选择"窗口，它用列表方式显示创建程序的部件。标有⑨的是状态栏。

4. 结构化编程的程序部件

结构化编程的程序部件包括程序块、函数（Function，FUN）和功能块（Function Block，FB）。程序块相当于主程序，新生成的工程只有一个程序块 POU_01，可以生成多个程序块。每个扫描周期都要依次调用所有的程序块。函数和功能块是用户编写的子程序，它们有输入参数，并与调用它们的块共享这些输入参数，功能块还有输出参数。函数没有输出参数，只有一个用于输出的返回值。执行完函数和功能块中的程序后，用输出参数或返回值将执行结果返回给调用它们的程序部件。

在结构化工程中，可以将部件化的顺控程序保存为库。库作为程序资源，可以供多个工程共享。

5. 标签

有的 PLC 将标签称为变量。新建结构化工程时，自动勾选了"新建"对话框中的"使用标签"复选框，可以进行标签编程。

标签分为全局标签和局部标签，全局标签可以在所有的程序部件中使用。局部标签只能在它声明的程序部件中使用。图 4-71 中的⑥是函数的局部标签设置画面。

表 4-4 列出了各类标签的特性，VAR_GLOBAL 和 VAR_GLOBAL_CONSTANT 是全局标签，其余的是局部标签。函数只能使用 VAR、VAR_CONSTANT 和 VAR_INPUT，功能块还可以使用 VAR_OUTPUT 和 VAR_IN_OUT。

表 4-4　各类标签的特性

类	内　容
VAR_GLOBAL	可以在程序块和功能块中通用的标签
VAR_GLOBAL_CONSTANT	可以在程序块和功能块中通用的带常量的标签
VAR	只能在所设置的程序部件中使用的标签
VAR_CONSTANT	只能在所设置的程序部件中使用的带常量的标签
VAR_INPUT	函数/功能块用于输入值的标签，不能在程序部件中更改值
VAR_OUTPUT	功能块用于输出值的标签
VAR_IN_OUT	功能块用于接收值和输出值的标签，可以在功能块中更改值

6. 数据类型

定义标签时需要指定标签的数据类型。结构化编程使用结构化梯形图/FBD 和 ST 语言时，可以使用的数据类型有位（Bit）、16 位有符号字（Word[Signed]）、32 位有符号双字（Double Word[Signed]）、16 位无符号字/位串（Word[Unsigned]/Bit STRING[16-bit]）、32 位无符号双字/位串（Double Word[Unsigned]/Bit STRING[32-bit]）、单精度实数（FLOAT[Single Precision]）、字符串（STRING[32]）和时间（Time）。

在手册《FXCPU 结构化编程手册顺控指令篇》中，有的函数和功能块使用带 ANY 的数据类型。例如 ANY 是包含基本数据类型、阵列和结构体的数据类型，ANY_SIMPLE 包含所有简单数据类型。ANY16 包括有符号字、无符号字和 16 位位串，ANY32 包括有符号双字、无符号双字和 32 位位串。

7. 常数的表示方法

位的值可以用 0、1 或 FALSE、TRUE 来表示。二进制数的前面加 "2#"，例如 2#0010。八进制数的前面加 "8#"，例如 8#237。十进制数可以直接输入，或者在前面加上 "K"。十六进制数的前面加 "16#" 或 "H"，例如 16#1A3F 或 H1A3F。实数用小数输入，或者在前面加上 E，例如 2.35 或 E2.35。用单引号或双引号来标记字符串，例如 'AB23' 或 "AB23"。数据类型 Time 的常数 T#2d-4h31m23s648.47ms 表示 2 天 4 小时 31 分 23 秒 648.47 毫秒。

4.9.2 生成与调用函数

1. 生成结构化工程和函数

单击工具栏上的 "新建工程" 按钮 □，打开 "新建" 对话框。设置 PLC 的系列为 FXCPU，机型为 FX3U/FX3UC。编程语言为 "结构化梯形图/FDB"，工程类型为 "结构化工程"。复选框 "使用标签" 被自动选中。单击 "确定" 按钮，生成新的工程。

执行菜单命令 "工程" → "另存为"，将工程的名称修改为 "生成与调用函数"（见同名例程）。

2. 生成函数

右键单击 "导航" 窗口中的 "FB/FUN"，选中快捷菜单中的 "新建数据"，设置数据类型为 "函数"，数据名为 "压力计算"，程序语言为 "结构化梯形图/FBD"。返回值类型为 "实数"（FLOAT）。复选框 "使用 EN/ENO" 被自动选中。单击 "确定" 按钮，在 "导航" 窗口的 "FB/FUN" 文件夹中可以看到新生成的函数 "压力计算"（见图 4-71）。

设压力变送器的量程下限为 0MPa，上限为 *High* MPa，经 A-D 转换后得到 0~4000 的整数。下式是转换后的数字 *N* 和压力 *P* 之间的计算公式：

$$P = (High \times N) / 4000 \quad (\text{MPa}) \tag{4-1}$$

用函数 "压力计算" 实现上述运算，在程序块 POU_01 中调用该函数。

3. 生成函数的局部标签

单击工作窗口上面的 "函数/FB 标签设置 压力计算……" 选项卡，打开函数 "压力计算" 的局部标签设置画面（见图 4-71 中标有⑥的区域）。单击第一行的 ▼ 按钮，设置标签的 "类" 为 "VAR_INPUT"（输入标签），标签名为 "输入数值"。单击 ... 按钮，双击打开的 "数据类型选择" 对话框中的 Word[Signed]，设置数据类型为有符号字。用同样的方法生成输入标签 "量程上限" 和 "类" 为 VAR 的 "中间变量"，它们的数据类型均为单精度实数。输入标签用于接收调用它的程序部件提供给它的输入数据。

该函数的返回值实际上是一个隐含的输出标签。返回值或功能块的输出标签 VAR_OUTPUT 用于将执行结果返回给调用它们的程序部件。

使用结构化梯形图/FBD 语言时，函数和功能块的输入标签、功能块的输出标签最多分别可以设置 253 个。

4. 生成函数的程序

执行菜单命令 "视图" → "折叠窗口" → "部件选择"，可以打开或关闭右边的 "部件选择" 窗口（见图 4-71）。该窗口中有 "函数" "FB" 和 "操作符" 文件夹。"部件选择" 窗口有《FXCPU 结构化编程手册顺控指令篇》中 FX3 的应用指令，还有《FXCPU 结构化编程手册应用函数篇》中的应用函数。此外还有用户生成的函数和 FB。

选中"视图"菜单中的"工具栏"（见图 2-3），选中列表最下面的"显示所有工具栏"，设置显示的工具栏为"标准""程序通用"和"结构化梯形图/FBD"。

单击工作窗口上面的"压力计算[……]程序本体"选项卡，打开函数"压力计算"的程序编辑器。单击选中"部件选择"窗口中的函数 FLT，按住鼠标左键不放，移动鼠标。光标没有移动到允许放置它的程序编辑区时，其形状为🚫（禁止放置）。拖到程序编辑区时，光标的形状变为🔧，表示允许放置。此时松开鼠标左键，函数 FLT 被放置到程序编辑区。FLT 用于将有符号整数转换为单精度的浮点数。

EN（见图 4-72）是函数和功能块的执行条件，ENO 用来表示它们输出的执行状态。EN 为 FALSE 时执行条件不满足，不执行函数和功能块。EN 为 TRUE 时条件满足，允许执行它们。如果执行过程中无错误，ENO 为 TRUE；有错误则 ENO 为 FALSE。

单击 FLT 方框，按住鼠标左键不放，光标变为方框上的十字箭头图形✥（见图 4-72）。按住左键并移动鼠标，将方框拖到希望放置的位置。松开左键，FLT 方框被放在当前的位置。

如果从母线通过触点连接函数，应使用"部件选择"窗口中函数名带"_E"的函数，例如"SHL_E"。

梯形图中的触点、线圈、函数、功能块等符号是用画线连接的。单击工具栏上的"画线写入模式"按钮🖉，单击画线的起始点（见图 4-73 的左图），拖动画线到终点（见图 4-73 右图"EN"左边的黑色小正方形处）再单击一次鼠标，就可以实现画线连接。按〈Esc〉键退出画线写入模式。

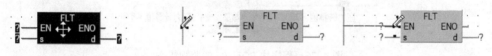

图 4-72　移动函数方框　　　　　　　图 4-73　画线连接

单击函数 FLT 的源操作数 s 输入端外部连接线左边的问号，再用右键单击出现的小方框，选中出现的快捷菜单中的"选择标签"。双击出现的"标签登录/选择"对话框的标签列表中的标签"输入数值"，单击"关闭"按钮，对话框消失，s 输入端左边出现紫色的标签"输入数值"（见图 4-74）。用同样的方法设置目标操作数 d 输出端的局部标签为"中间变量"。

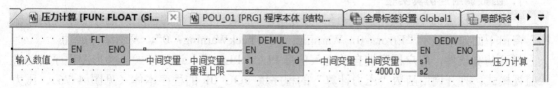

图 4-74　函数中的压力计算程序

用同样的方法拖放函数 DEMUL（浮点数乘法）和 DEDIV（浮点数除法）到程序编辑器中。用画线连接它们的 ENO 输出端和 EN 输入端。指定它们的输入标签 s1、s2 和输出标签 d 对应的函数"压力计算"的局部标签和常数（见图 4-74）。函数的返回值的名称与函数的名称相同，在指定函数 DEDIV 的输出标签 d 对应的函数"压力计算"的局部标签时，选中

"标签登录/选择"对话框的标签列表中的标签"压力计算"（即函数"压力计算"的返回值）。

视频"生成与调用函数 A"可通过扫描二维码 4-11 播放。

二维码 4-11

5. 生成全局标签

双击"导航"窗口"全局标签"文件夹中的"Global1"，打开该全局标签设置画面。生成全局标签"压力转换值""压力计算值"和"启动计算"（见图 4-75），数据类型分别为有符号字、实数和位，软元件号分别为 D0、D2 和 X4。

	类	标签名	数据类型		常量	软元件	地址	注释
1	VAR_GLOBAL ▼	压力转换值	Word[Signed]	...		D0	%MW0.0	
2	VAR_GLOBAL ▼	压力计算值	FLOAT (Single Precision)	...		D2	%MD0.2	
3	VAR_GLOBAL ▼	启动计算	Bit	...		X004	%IX4	

图 4-75　全局标签

6. 在程序块中调用函数"压力计算"

双击"导航"窗口程序块 POU_01 文件夹中的"程序本体"，打开程序编辑器。

将"部件选择"窗口的"函数"文件夹中最下面的函数"压力计算"拖放到程序编辑区（见图 4-76）。调节好它的位置后，将工具栏上的常开触点按钮 ⊣⊢ 拖放到 EN 输入端的左边，指定它的全局标签为"启动计算"。单击工具栏上的"画线写入模式"按钮 ✍，用画线将该触点连接到函数的 EN 输入端。设置输入标签和返回值对应的全局标签和常数。

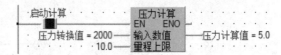

图 4-76　程序块 POU_01 的监视状态

函数和功能块的输入标签在方框内部的左边，函数隐含的返回值在方框的右边。

方框外面的标签和常数称为实际参数，简称为实参。实参（例如"压力转换值"）与它对应的方框内的标签（例如"输入数值"）应具有相同的数据类型。

函数和功能块的实参可以是调用它们的程序部件的局部标签，也可以是全局标签。只有输入标签的实参可以设置为常数。

7. 函数调用的仿真实验

单击工具栏上的"转换+全部编译"按钮 🔲，批量转换所有的程序。编译后出现的"输出"窗口下面如果显示"Error：0，Warning：0，CheckWarning：0"，表示编译成功。

打开仿真软件，用户程序被自动写入仿真 PLC，PLC 进入运行模式，梯形图程序自动进入监视模式。打开调用函数"压力计算"的程序块 POU_01 的程序本体（见图 4-76），压力转换值和压力计算值均为 0。

双击"启动计算"，出现"当前值更改"对话框。单击"ON"按钮，该触点中间出现蓝色的小方块，表示该触点闭合（见图 4-76）。单击"压力转换值"，用"当前值更改"对话框设置它的值为 2000，单击"设置"按钮确认，程序监控显示"压力计算值"（即函数"压力计算"的返回值）为 5.0MPa。将"压力转换值"修改为 4000，"压力计算值"为 10.0MPa。上述的仿真实验证明函数"压力计算"的设计是成功的。

视频"生成与调用函数 B"可通过扫描二维码 4-12 播放。

4.9.3 生成与调用功能块

1. 生成结构化工程

单击工具栏上的"新建工程"按钮 □，打开"新建"对话框。设置 PLC 的系列为 FXCPU，机型为 FX3U/FX3UC。编程语言为"结构化梯形图/FDB"，工程类型为"结构化工程"。复选框"使用标签"被自动选中。单击"确定"按钮，生成新的工程。

执行菜单命令"工程"→"另存为"，将工程的名称修改为"生成与调用功能块"（见同名例程）。

2. 生成功能块

右键单击"导航"窗口中的"FB/FUN"，选中快捷菜单中的"新建数据"，在"新建数据"对话框中设置数据类型为"FB"（功能块），数据名为"电动机控制"，程序语言为"结构化梯形图/FBD"，其余采用默认的设置；勾选复选框"使用位置中展开 FB"和"使用 EN/ENO"；单击"确定"按钮，在"导航"窗口的"FB/FUN"文件夹中可以看到新生成的功能块"电动机控制"。

3. 生成 FB 的局部标签

单击工作窗口上面的"函数/FB 标签设置 电动机控制……"选项卡，打开功能块"电动机控制"的局部标签设置画面，生成的局部标签见图 4-77。VAR_IN_OUT 是输入_输出标签，它兼有接收值和输出值的功能。标签"电动机"的"类"也可以改为"VAR_OUTPUT"。

4. 生成功能块的程序

打开功能块的程序编辑器（见图 4-78）。将工具栏上的"常开触点"按钮 ╢ 拖放到程序编辑器上，触点的左端连接到母线上。设置触点连接的标签为"起动按钮"。用"拖放"和画线连接的方法生成起保停电路和指定各触点、线圈的标签。

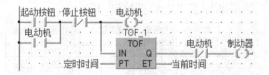

	类	标签名	数据类型	
1	VAR_INPUT	起动按钮	Bit	
2	VAR_INPUT	停止按钮	Bit	
3	VAR_INPUT	定时时间	Time	
4	VAR_OUTPUT	制动器	Bit	
5	VAR_OUTPUT	当前时间	Time	
6	VAR_IN_OUT	电动机	Bit	
7	VAR	TOF_1	TOF	

图 4-77　功能块的局部标签

图 4-78　功能块中的程序

调用功能块时，需要设定它的实例（Instance）。将"部件选择"窗口的 FB 文件夹中的功能块 TOF（断开延迟定时器）拖放到图 4-78 中线圈的下面，弹出图 4-79 中的"标签登录/选择"对话框，标签名为默认的"TOF_1"，单击"应用"和"关闭"按钮，关闭对话框。在 TOF 方框上面出现它的实例"TOF_1"（见图 4-78），在 FB "电动机控制"的局部标签画面中自动生成了标签"TOF_1"（见图 4-77），其数据类型为 TOF。

用画线连接起保停电路和 TOF 的 IN 输入端，为 TOF 的参数 PT 和 ET 指定 FB "电动机控制"的局部标签。在 TOF 的 Q 输出端生成常闭触点和线圈，为它们指定 FB 的局部标签。

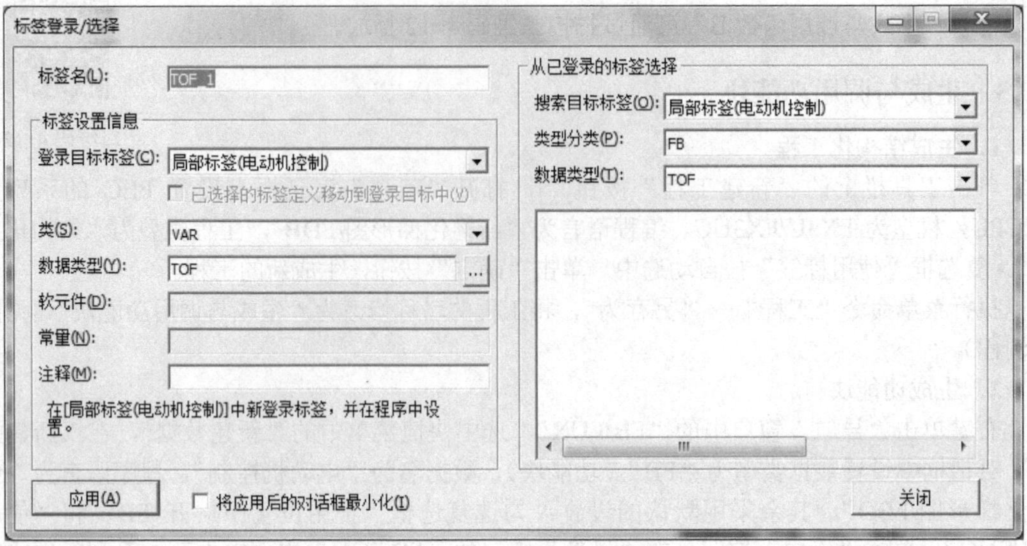

图 4-79 "标签登录/选择"对话框

结构化编程中的定时器和计数器没有软元件号，可以用它们的实例的标签（例如"TOF_1"）作它们的标识符。

视频"生成与调用功能块 A"可通过扫描二维码 4-13 播放。

5. 生成全局标签和调用功能块

双击"导航"窗口"全局标签"文件夹中的"Global1"，打开该全局标签设置画面。生成的全局标签见图 4-80。

二维码 4-13

打开程序块 POU_01 的程序编辑器，将"部件选择"窗口的 FB 文件夹中最下面的功能块"电动机控制"拖放到程序编辑区。弹出的"标签登录/选择"对话框中自动生成的标签名为"电动机控制_1"，数据类型为 FB"电动机控制"。单击"应用"和"关闭"按钮，在生成的功能块方框上面是功能块的实例名称"电动机控制_1"（见图 4-82）。在程序块 POU_01 的局部标签设置画面中（见图 4-81），自动生成了数据类型为功能块"电动机控制"的局部标签"电动机控制_1"。

	类	标签名	数据类型	常量	软元件	地址
1	VAR_GLOBAL	起动按钮1	Bit	...		X000	%IX0
2	VAR_GLOBAL	起动按钮2	Bit	...		X001	%IX1
3	VAR_GLOBAL	停止按钮1	Bit	...		X002	%IX2
4	VAR_GLOBAL	停止按钮2	Bit	...		X003	%IX3
5	VAR_GLOBAL	电动机1	Bit	...		Y001	%QX1
6	VAR_GLOBAL	电动机2	Bit	...		Y002	%QX2
7	VAR_GLOBAL	制动器1	Bit	...		Y003	%QX3
8	VAR_GLOBAL	制动器2	Bit	...		Y004	%QX4
9	VAR_GLOBAL	当前时间1	Time	...		D10	%MD0.
10	VAR_GLOBAL	当前时间2	Time	...		D12	%MD0.

图 4-80 全局标签

	类	标签名	数据类型	
1	VAR	电动机控制_1	电动机控制	...
2	VAR	电动机控制_2	电动机控制	...

图 4-81 程序块 POU_01 的局部标签

图 4-82 程序块 POU_01 调用功能块"电动机控制"的程序

调节好功能块的位置后，用画线将它的 EN 端子连接到左侧母线上（见图 4-82）。用同样的方法生成右边的"电动机控制"功能块，自动生成的实例名称为"电动机控制_2"。用画线连接两个 FB 的 ENO 和 EN 端。

功能块的输入标签在方框内部的左边，输出标签在方框内部的右边。输入_输出标签（VAR_IN_OUT）"电动机"同时出现在方框内部的左边和右边的同一行，中间用虚线连接。为 FB 的各输入标签、输出标签和输入_输出标签指定全局标签和常数（见图 4-82）。

6．功能块调用的仿真实验

单击工具栏上的"转换+全部编译"按钮 ，批量转换所有的程序。编译成功后，关闭出现的"输出"窗口。

打开仿真软件，用户程序被自动写入仿真 PLC，写入结束后，单击"PLC 写入"对话框中的"关闭"按钮，PLC 进入运行模式，同时出现"FB 实例选择"对话框。"FB 实例一览"表中的"POU_01.电动机控制_1"被自动选中，单击"确定"按钮，自动打开功能块"电动机控制"的程序，进入监视模式。如果单击"解除选择"按钮，不会打开和监视功能块内部的程序，但是可以监视程序块 POU_01 的程序本体。

进入监视模式后，打开程序块 POU_01 的程序本体（见图 4-83），功能块内的位变量 EN 和 ENO 均为深蓝色的背景，表示它们的状态均为 ON。

双击左边的"起动按钮 1"，出现"当前值更改"对话框。先后单击"ON"和"OFF"按钮，功能块内的"电动机"的背景变为深蓝色，表示它的状态为 ON。单击图 4-83 中的"停止按钮 1"，用"当前值更改"对话框将它变为 ON 后又变为 OFF。左边功能块内的标签"电动机"变为 OFF，"制动器"变为 ON，"当前时间"从 0 开始不断增大，达到设定值 10s 时不再增加，"制动器"变为 OFF。图 4-83 是两个功能块内部的 TOF 同时定时的程序状态监控。

图 4-83　程序块 POU_01 的监视状态

视频"生成和调用功能块 B"可通过扫描二维码 4-14 播放。

7．函数和功能块的区别

函数只有局部标签 VAR 和输入标签 VAR_INPUT，和一个用于输出的返回值。功能块有局部标签 VAR 和输入标签 VAR_INPUT，还有输出标签 VAR_OUTPUT 和输入_输出标签 VAR_IN_OUT。在调用功能块时为被控对象分配的实例用来保存功能块的局部标签中的信息。函数适用于在一个扫描周期内就可以处理完的任务。如果控制任务需要连续的多个扫描周期才能处理完（例如定时和计数），则需要用功能块来完成。这样函数和功能块内的程序可以不使用全局标签，只使用局部标签。不用做任何修改，它们就可以移植到其他工程。

二维码 4-14

4.10 习题

1. 填空

1）应用指令的（S·）表示_____操作数，（D·）表示_____操作数。S 和 D 右边的"·"表示可以使用_____功能。

2）D2 和 D3 组成的 32 位整数（D3，D2）中的_____为低 16 位数据，_____为高 16 位数据。

3）图 4-84 中的应用指令"DINCP D0"在 X4_____时，将_____中的 32 位数据加 1。

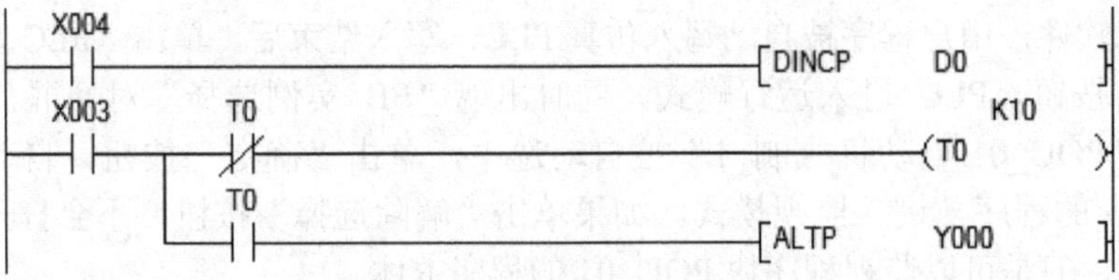

图 4-84 题 3）和题 2）的图

4）如果 Z1 的值为 10，D8Z1 相当于软元件_____，X6Z1 相当于软元件_____。

5）K2X10 表示由_____～_____组成的_____个位元件组。

6）BIN 是_____的简称，HEX 是_____的简称。

7）每一位 BCD 码用_____位二进制数来表示，其取值范围为二进制数_____～_____。

8）二进制数 0100 0001 1000 0101 对应的十六进制数是_____，对应的十进制数是_____，绝对值与它相同的负数的补码是_____。

9）BCD 码 0100 0001 1000 0101 对应的十进制数是_____。

10）16 位二进制乘法运算指令 MUL 的目标操作数为_____位。

11）如果两个源操作数的同一位_____，WAND 指令的目标操作数的对应位为 1。

12）FX 系列内部采用_____进制浮点数进行浮点数运算，在梯形图中用_____进制浮点数进行监控。

13）如果需要跳转到 END 指令所在的步序号，应使用标记 P_____。

14）执行"CJ P1"指令的条件_____时，将不执行该指令和_____之间的指令。

15）同一个位软元件的线圈可以在跳转条件_____的两个跳转区内分别出现一次。

16）子程序和中断程序应放在_____指令之后。

17）子程序用_____指令结束，中断程序用_____指令结束。

18）子程序和中断程序中应使用编号为_____～_____的定时器。

19）子程序最多嵌套_____层。

20）X2 上升沿中断的中断指针为_____。

21）定时器中断指针 I680 的中断周期为_____ms。

22）M8055 为 ON 时，禁止执行_____产生的中断。

2. 试分析图 4-84 中下面两行梯形图的功能。

3. 用触点比较指令编写程序，在 D2 不等于 300 与 D3 大于 -100 时，令 M1 的线圈通电。

4. 用区间比较指令编写程序，在 D4 小于 100 和 D4 大于 2000 时，令 Y5 为 ON。

5. 交换指令 XCH 和高低字节交换指令 SWAP 指令为什么必须采用脉冲执行方式？

6. 编写程序，分别用多点传送指令 FMOV 和批量复位指令 ZRST 将 D10～D59 清零。

7. 在 X0 为 ON 时，将计数器 C0 的当前值转换为 BCD 码后送到 Y0～Y17 中，C0 的计数脉冲和复位信号分别由 X1 和 X2 提供，设计出梯形图程序。

8. 用 X0 控制接在 Y0～Y17 上的 16 个彩灯的移位，每 1s 移 1 位。用 X1 控制左移或右移，开机时用 MOV 指令将彩灯的初始值设置为十六进制数 H000E（仅 Y1～Y3 为 1），设计出梯形图程序。

9. 用 X20 控制接在 Y0～Y17 上的 16 个彩灯的移位，每 1s 移 1 位。用 X0～X17 设置彩灯的初始值，在 X21 的上升沿用 MOV 指令将 X0～X17 的状态写入 Y0～Y17，设计出梯形图程序。

10. 用 X0 控制接在 Y0～Y13 上的 12 个彩灯的移位，每 1s 右移 1 位。用 MOV 指令将彩灯的初始值设置为十六进制数 HF0，设计出梯形图程序。

11. D10 中 A-D 转换得到的数值 0～4000 正比于温度值 0～1200℃。在 X0 的上升沿，将 D10 中的数据转换为对应的温度值并存放在 D20 中，设计出梯形图程序。

12. 编写程序，将 D0 中以 0.01Hz 为单位的 0～99.99Hz 的整数格式的频率值，转换为 4 位 BCD 码，送给 Y0～Y17，通过译码芯片和七段显示器显示频率值。每个译码芯片的输入为 1 位 BCD 码。

13. 整数格式的半径在 D6 中，用浮点数运算指令求圆的周长，将运算结果转换为 32 位整数，用（D9，D8）保存，设计出程序。

14. 要求同第 13 题，用整数运算指令计算圆周长。

15. 以 0.1° 为单位的整数格式的角度值在 D0 中，在 X0 的上升沿，求出该角度的余弦值，将运算结果转换为以 10^{-4} 为单位的整数，存放在 D10 中，设计出程序。

16. 编写程序，用 WAND 指令将 D0 的最高 4 位清零，其余各位保持不变，运算结果用 D2 保存。

17. 编写程序，用 WOR 指令将 Y2、Y5 和 Y13 变为 ON，Y0～Y17 的其余各位保持不变。

18. 编写程序，求出前后两个扫描周期 D12 中同时变化的位的个数。

19. 设计循环程序，求 D20 开始连续存放的 5 个浮点数的累加和。

20. 编写程序，求出 D10～D59 中最大的数，并将其存放在 D100 中。

21. 如果 D5 中的数小于等于 500，将 M1 置位为 ON，反之将 M1 复位为 OFF。用跳转指令设计满足上述要求的程序。

22. 用跳转之外的其他指令实现 21 题的要求。

23. 用子程序调用编写图 5-18 中 3 条运输带的控制程序，分别设置自动程序、手动程序和公用程序，用 X4 作自动/手动切换开关。

24. 设计定时器中断程序，每 2.5s 将 D5 的值加 1，X3 为 ON 时禁止该定时器中断。

25. 用实时时钟指令控制路灯的定时接通和断开，在 5 月 1 日～10 月 31 日的 20：00 开灯，06：00 关灯；在 11 月 1 日～下一年 4 月 30 号的 19：00 开灯，7：00 关灯。设计出程序。

26．指令"REF X0 K16"和"REF Y0 K8"分别用来实现什么功能？

27．在 X0 的上升沿，通过中断读取 PLC 实时钟的时间，并将它保存在 D10～D16 中。编写出主程序和中断程序。

28．全局标签和局部标签有什么区别？

29．输入标签和输出标签有什么作用？

30．函数和功能块有什么区别？

31．编写和调用函数，要求与题 13 相同。

第 5 章 开关量控制系统梯形图设计方法

5.1 梯形图的经验设计法

5.1.1 梯形图中的基本电路

1. 具有记忆功能的电路

在第 1 章中介绍过起动、保持和停止电路（简称为起保停电路），该电路在梯形图中得到了广泛的应用，现在将它重画在图 5-1 中。图中的起动按钮 X1 和停止按钮 X2 提供的信号持续为 ON 的时间一般都很短。起保停电路最主要的特点是具有"记忆"功能。按下起动按钮，起动信号 X1 变为 ON（波形图中用高电平表示），X1 的常开触点接通，使 Y1 的线圈"通电"，它的常开触点同时接通。放开起动按钮，X1 变为 OFF（波形图中用低电平表示），其常开触点断开，"能流"经 Y1 的常开触点和 X2 的常闭触点流过 Y1 的线圈，Y1 仍为 ON，这就是所谓的"自锁"或"自保持"功能。

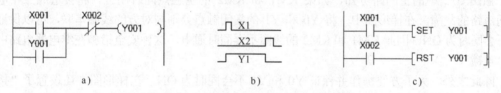

图 5-1 起保停电路与置位/复位电路

a) 起保停电路 b) 波形图 c) 置位/复位电路

在继电器电路和梯形图中，线圈的状态是输出信号，控制线圈的触点电路提供输入信号。起保停电路的记忆功能是将 Y1 的输出信号通过它的常开触点反馈回输入电路实现的。

按下停止按钮，X2 变为 ON，它的常闭触点断开，使 Y1 的线圈"断电"，其常开触点断开。以后即使放开停止按钮，X2 的常闭触点恢复接通状态，Y1 的线圈仍然"断电"。在实际电路中，起动信号和停止信号可能由多个触点组成的串、并联电路提供。

2. 置位/复位电路

图 5-1c 所示的置位/复位电路的功能与图 a 的起保停电路完全相同。该电路的记忆作用是用置位/复位指令实现的。值得注意的是控制复位的是 X2 的常开触点，在起保停电路中，使 Y1 变为 OFF 的是 X2 的常闭触点。

3. 三相异步电动机正反转控制电路

图 5-2 是三相异步电动机正/反转控制的主电路和继电器控制电路图，图 5-3 是功能与它相同的 PLC 控制系统的外部接线图和梯形图，其中的 KM1 和 KM2 分别是控制正转运行和反转运行的交流接触器。

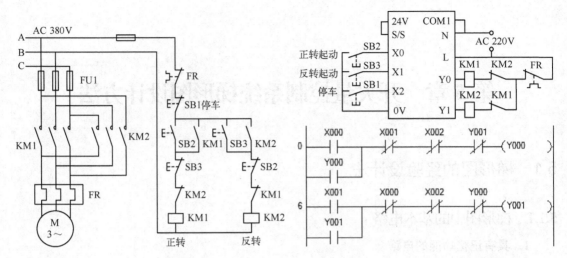

图 5-2　主电路与继电器控制电路图　　　　　图 5-3　PLC 外部接线图与梯形图

各按钮为 PLC 提供输入信号，PLC 的输出点用来控制两个交流接触器的线圈。

在梯形图中，用两个起保停电路来分别控制电动机的正转和反转。按下正转起动按钮 SB2，X0 变为 ON，其常开触点接通，Y0 的线圈"得电"并自保持，使 KM1 的线圈通电，电动机开始正转运行。按下停止按钮 SB1，X2 变为 ON，其常闭触点断开，使 Y0 的线圈"失电"，电动机停止运行。

由图 5-2 中的主回路可知，如果 KM1 和 KM2 的主触点同时闭合，将会造成三相电源相间短路的故障。在梯形图中，将 Y0 和 Y1 的常闭触点分别与对方的线圈串联，可以保证它们不会同时为 ON，因此 KM1 和 KM2 的线圈不会同时通电，这种安全措施在继电器电路中称为"互锁"。

除此之外，为了方便操作并保证 Y0 和 Y1 不会同时为 ON，在梯形图中还设置了"按钮联锁"，即将反转起动按钮 X1 的常闭触点与控制正转的 Y0 的线圈串联，将正转起动按钮 X0 的常闭触点与控制反转的 Y1 的线圈串联。设 Y0 为 ON，电动机正转，这时如果想改为反转运行，可以不按停止按钮 SB1，直接按反转起动按钮 SB3，X1 变为 ON，它的常闭触点断开，使 Y0 的线圈"失电"，同时 X1 的常开触点接通，使 Y1 的线圈"得电"，电动机由正转变为反转。

使用梯形图中的互锁和按钮联锁电路，只能保证 PLC 输出模块中与 Y0 和 Y1 对应的硬件继电器的常开触点不会同时接通。如果没有图 5-3 的外部接线图中由 KM1 和 KM2 的辅助常闭触点组成的硬件互锁电路，由于切换过程中电感的延时作用，将会出现一个接触器尚未断弧，另一个却已合上的现象，从而造成电源相间瞬时短路的故障。如果因主电路电流过大或接触器质量不好，某一接触器的主触点被断电时产生的电弧熔焊而产生粘结，其线圈断电后主触点仍然是接通的，这时如果另一接触器的线圈通电，仍将造成三相电源短路事故。在 PLC 外部设置硬件互锁电路后，即使 KM1 的主触点被电弧熔焊，这时它与 KM2 线圈串联的辅助常闭触点处于断开状态，因此 KM2 的线圈不可能得电，不会造成电源相间短路。

图 5-3 中的 FR 是作过载保护用的热继电器，异步电动机严重过载时，经过一定时间的延时，热继电器的常闭触点断开，常开触点闭合。其常闭触点与接触器的线圈串联，过载时接触器线圈断电，电动机停止运行，起到了保护作用。

有的热继电器需要手动复位，即热继电器动作后要按一下它自带的复位按钮，其触点才会恢复常态，即常开触点断开，常闭触点闭合。这种热继电器的常闭触点可以像图 5-3 那样接在 PLC 的输出回路，仍然与接触器的线圈串联，这种方案可以节约 PLC 的一个输入点。

有的热继电器有自动复位功能，即热继电器动作后电动机停转，串接在主回路中的热继电器的热元件冷却后，热继电器的触点自动恢复原状。如果这种热继电器的常闭触点仍然接在 PLC 的输出回路，电动机停转后，过一段时间会因为热继电器的触点恢复原状而使电动机自动重新运转，可能会造成设备和人身事故。因此有自动复位功能的热继电器的常闭触点不能接在 PLC 的输出回路，必须将它的触点接在 PLC 的输入端（可以接常开触点或常闭触点），用梯形图来实现电动机的过载保护。如果用电子式电动机过载保护器来代替热继电器，也应注意它的复位方式。

5.1.2 经验设计法

1. 基本方法

经验设计法是用设计继电器电路图的方法来设计比较简单的开关量控制系统的梯形图，即在一些典型电路的基础上，根据被控对象对控制系统的具体要求，不断地修改和完善梯形图。有时需要反复调试和修改梯形图，增加一些触点或中间软元件，最后才能得到一个较为满意的结果。

这种设计方法没有普遍的规律可以遵循，具有很大的试探性和随意性，最后的结果不是唯一的，设计所用的时间、设计的质量与设计者的经验有很大的关系，一般用于较简单的梯形图（例如手动程序）的设计。电工手册给出了大量的常用的继电器控制电路，用经验设计法设计梯形图时可以参考这些电路。

2. 钻床刀架运动控制系统的设计

图 5-4 给出了钻削加工时刀架的运动示意图。刀架开始时在限位开关 X4 处，按下起动按钮 X0，刀架左行，开始钻削加工，到达限位开关 X3 所在位置时停止进给，钻头继续转动，进行无进给切削，6s 后定时器 T0 的定时时间到，刀架自动返回起始位置。

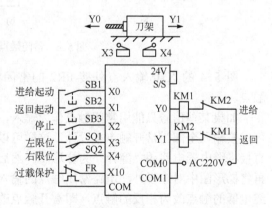

图 5-4 刀架运动示意图与 PLC 外部接线图

在电动机正/反转控制梯形图的基础上，设计出满足要求的 PLC 外部接线图和梯形图（见图 5-4、图 5-5 和例程 "刀架控制"）。为了使刀架的进给运动自动停止，将左限位开关 X3 的常闭触点与控制进给的 Y0 的线圈串联。为了在左限位开关 X3 处进行无进给切削，用 X3 的常开触点来控制定时器 T0 的线圈，T0 的定时时间到时，其常开触点闭合，给控制 Y1 的起保停电路提供起动信号，使 Y1 的线圈通电，刀架自动返回。刀架离开 X3 所在位置后，X3 的常开触点断开，T0 被复位。刀架回到 X4 所在位置时，X4 的常闭触点断开，使 Y1 的线圈断电，刀架停在起始位置。

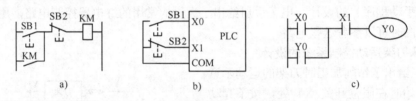

图 5-5　刀架控制的梯形图

3．常闭触点输入信号的处理

有些输入信号只能由常闭触点提供，图 5-6a 是控制电动机运行的继电器电路图，SB1 和 SB2 分别是起动按钮和停止按钮，如果将它们的常开触点接到 PLC 的输入端，梯形图中触点的类型与图 5-6a 完全一致。如果接入 PLC 的是 SB2 的常闭触点，未按下图 5-6b 中的停止按钮 SB2 时，其常闭触点闭合，X1 为 ON，梯形图中 X1 的常开触点闭合。显然，在梯形图中应将 X1 的常开触点与 Y0 的线圈串联（见图 5-6c）。按下停止按钮 SB2，其常闭触点断开，X1 变为 OFF，梯形图中 X1 的常开触点断开，Y0 的线圈断电，实现了停机操作。这时梯形图中所用的 X1 的触点类型与 PLC 外接 SB2 的常开触点时刚好相反，与继电器电路图中的习惯也是相反的。因此建议尽可能用常开触点作 PLC 的输入信号，使继电器电路与对应的梯形图电路中触点的常开、常闭类型一致。

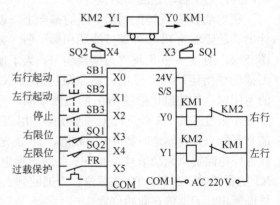

图 5-6　常闭触点作为输入的梯形图

图 5-4 的 X10 输入点外接 FR2 的常闭触点，所以在图 5-5 中使用的是 X10 的常开触点。

如果某些信号只能用常闭触点作为输入，可以按输入全部为常开触点来设计，这样可以直接将继电器电路图"翻译"为梯形图。然后再将梯形图中对应于外部电路常闭触点的输入继电器的触点改为相反的触点，即常开触点改为常闭触点，常闭触点改为常开触点。

4．控制小车往返次数的程序设计

小车控制系统的示意图和 PLC 外部接线图见图 5-7。假设小车开始时停在最左边，按下右行起动按钮，小车开始右行，之后小车将在两个限位开关之间往返运行。往返 3 次后小

图 5-7　小车运动示意图与 PLC 外部接线图

车停在最左边。程序见图 5-8（见例程"小车往返次数控制"）。

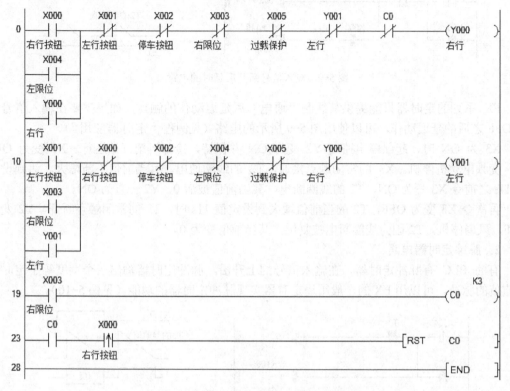

图 5-8　控制小车往返次数的梯形图

　　为了控制往返的次数，用右限位开关 X3 给计数器 C0 提供计数脉冲。小车前两次往返时，C0 的当前值小于设定值 3，与 Y0 线圈串联的 C0 的常闭触点闭合，不影响左限位开关 X4 自动起动小车右行。

　　小车第 3 次右行到达右限位开关 X3 时，C0 的当前值等于设定值。小车左行到达左限位开关 X4 时，X4 的常闭触点断开，使 Y1 的线圈断电，小车停止左行。因为 C0 的常闭触点断开，X4 的常开触点不能起动小车右行，使小车停在左限位开关处。

　　下一次用右行按钮 X0 起动小车右行时，X0 的上升沿检测触点接通，将 C0 复位，C0 的当前值变为 0。C0 的常闭触点闭合，使 Y0 的线圈通电，小车开始右行。

　　在设计计数器控制电路时，一定要考虑计数器的复位。计数器的当前值等于设定值后，如果不将它复位，计数器就不能进行下一轮的计数操作了。

5.2　时序控制系统梯形图设计方法

5.2.1　常用的定时器应用电路

1. 断开延时定时器电路

　　要求在大型变频调速电动机运行时（图 5-9 中的 X3 为 ON），冷却风扇 Y2 为 ON。停机后风扇应延时一段时间才能断电。可以用断开延时定时器来方便地实现这一功能。

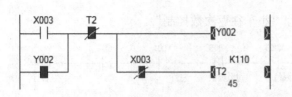 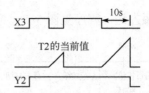

图 5-9　输入信号断开后延时的电路

FX 系列的定时器只能提供其线圈"通电"后延迟动作的触点，如果需要在输入信号变为 OFF 之后的延迟动作，可以使用图 5-9 所示的电路（见例程"定时器应用"）。

X3 为 ON 时，起保停电路使 Y2 变为 ON 并保持，冷却风扇开始运行。X3 变为 OFF 时，变频电动机停机。X3 的常闭触点接通，T2 的线圈通电，其当前值不断增大。达到设定值 11s 之前令 X3 变为 ON，T2 的线圈断电，其当前值被清 0，Y2 一直为 ON。

再次令 X3 变为 OFF，T2 的当前值增大到设定值 11s 时，T2 的常闭触点断开，Y2 变为 OFF，风扇停机。T2 因为线圈断电被复位，其当前值变为 0。

2. 脉冲定时器电路

有的 PLC 有脉冲定时器，在输入信号的上升沿，脉冲定时器输出一个宽度等于定时器设定值的脉冲。可以用 FX 的一般用途定时器实现脉冲定时器的功能（见图 5-10）。

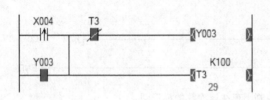 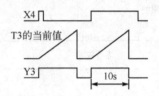

图 5-10　脉冲定时器电路

在输入信号 X4 的上升沿，Y3 的线圈通电并自保持，T3 开始定时。定时时间到的时候，T3 的常闭触点断开，使 Y3 的线圈断电。Y3 为 ON 的时间等于 T3 的设定值。输入脉冲的宽度可以大于输出脉冲的宽度，也可以小于输出脉冲的宽度。

视频"定时器应用电路"可通过扫描二维码 5-1 播放。

如果采用结构化编程，可以使用功能块 TOF（断开延时定时器）、TP（脉冲定时器）和 TON（ON 延时定时器）来定时。

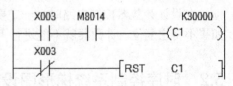

二维码 5-1

3. 定时范围的扩展

FX 系列的定时器的最长定时时间为 3276.7s，用 M8014 的触点给计数器提供周期为 1min 的时钟脉冲（见图 5-11 和例程"计数器应用"），可以实现最长定时时间为 32767min 的定时。

如果需要更长的定时时间，可以使用图 5-12 所示的电路。当图中的 X5 为 OFF 时，定时器 T0 和 C2 均

图 5-11　用于定时的计数器

处于复位状态，它们不能工作。X5 为 ON 时，其常开触点接通，T0 开始定时，600s 后 100ms 定时器 T0 的定时时间到，它的常闭触点断开，使它自己复位。复位后 T0 的当前值变为 0，下一个扫描周期因为 T0 的常闭触点接通，它的线圈重新"通电"，又开始定时。T0 将这样周而复始地工作，直到 X5 变为 OFF。从上面的分析可知，图中左边第一行的定时器电

路是一个窄脉冲发生器，脉冲的周期等于 T0 的设定值，脉冲的宽度只有一个扫描周期。

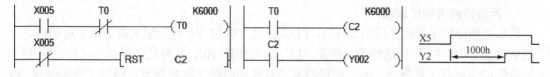

图 5-12　定时范围的扩展

T0 产生的脉冲送给 C2 计数，计满 6000 个数（即 1000h）后，C2 的当前值等于设定值，它的常开触点闭合。设 T0 和 C2 的设定值分别为 K_T 和 K_C，对于 100ms 定时器，总的定时时间为

$$T = 0.1 K_T K_C \text{（s）}$$

4. 参数可调的指示灯闪烁电路

设开始时图 5-13 中的 T4 和 T5 的线圈均断电，X5 的常开触点接通后，T4 的线圈"通电"，2s 后定时时间到，T4 的常开触点接通，使 Y4 变为 ON，同时 T5 的线圈"通电"，开始定时。3s 后 T5 的定时时间到，它的常闭触点断开，使 T4 的线圈"断电"，T4 的常开触点断开，使 Y4 变为 OFF，同时使 T5 的线圈"断电"。在下一个扫描周期，因为 T5 的常闭触点接通，T4 又开始定时，以后 Y4 的线圈将这样周期性地"通电"和"断电"，直到 X5 变为 OFF。Y4"通电"和"断电"的时间分别等于 T5 和 T4 的设定值。

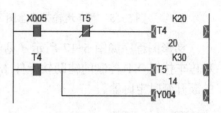

图 5-13　指示灯闪烁电路

闪烁电路实际上是一个具有正反馈的振荡电路，T4 和 T5 通过它们的触点分别控制对方的线圈，形成了正反馈。

5. 卫生间冲水控制电路

X6 是光电开关检测到的卫生间有使用者的信号（见图 5-14 和例程"定时器应用"），用 Y5 控制冲水电磁阀。从 X6 的上升沿（有人使用）开始，用定时器 T6 实现 3s 的延时，3s 后 T6 的常开触点接通，使 T7 开始定时，M0 输出一个 4s 的脉冲。

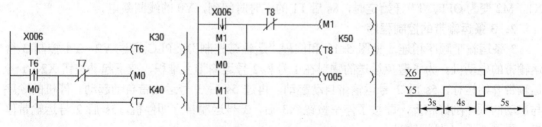

图 5-14　卫生间冲水控制电路

使用者离开时（在 X6 的下降沿），T8 开始定时，M1 输出一个 5s 的脉冲。M1 线圈所在的电路是一个下降沿触发的脉冲定时器电路，其工作原理与图 5-10 中的上升沿触发的脉冲定时器电路基本上相同。

由波形图可知，控制冲水电磁阀的 Y5 输出的高电平脉冲波形由两块组成，宽度为 4s 和 5s 的脉冲波形分别由 M0 和 M1 提供。两块脉冲波形的叠加用并联电路来实现。

5.2.2 运输带控制程序设计

1. 两条运输带的控制程序

两条运输带顺序相连（见图 5-15），PLC 通过 Y0 和 Y1 控制运输带的两台电动机。为了避免运送的物料在 1 号运输带上堆积，按下起动按钮 X0，1 号运输带开始运行，8s 后 2 号运输带自动起动（见图 5-16）。停机的顺序与起动的顺序刚好相反，即按了停车按钮 X1 后，先停 2 号运输带，8s 后停 1 号运输带。

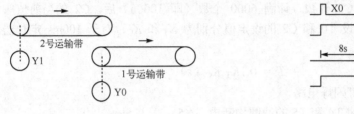

图 5-15 两条运输带示意图　　　　　　　　　图 5-16 波形图

梯形图程序如图 5-17 所示（见例程"运输带控制"），程序中设置了一个用起动按钮 X0 和停车按钮 X1 控制的辅助软元件 M2，用它的常开触点控制定时器 T0，和控制 T1 等组成的断开延时定时器。

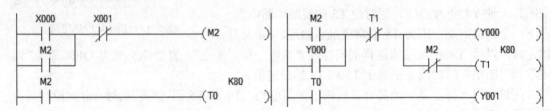

图 5-17 两条运输带控制的梯形图

T0 的常开触点在 X0 的上升沿 8s 之后接通，在 T0 的线圈断电（M2 的下降沿）时断开。综上所述，可以用 T0 的常开触点直接控制 2 号运输带 Y1。

按下起动按钮 X0，M2 变为 ON，控制 1 号运输带的 Y0 的线圈通电。按下停车按钮 X1，M2 变为 OFF，T1 开始定时，8s 后 T1 的定时时间到，Y0 的线圈断电。

2. 3 条运输带的控制程序

3 条运输带顺序相连（见图 5-18 和例程"运输带控制"），PLC 通过 Y2～Y4 控制 3 台运输带的电动机。为了避免运送的物料在 1 号和 2 号运输带上堆积，按下起动按钮 X2，1 号运输带开始运行，5s 后 2 号运输带自动起动，再过 5s 后 3 号运输带自动起动。停机的顺序与起动的顺序刚好相反，即按了停车按钮 X3 后，3 号运输带立即停机，5s 后 2 号运输带停机，再过 5s 停 1 号运输带。

图 5-19 中的波形图给出了程序设计的思路。程序中设置了一个用起动按钮 X2 和停车按钮 X3 控制的辅助继电器 M1。用它的常开触点控制 T2 的线圈，用 T2 的常开触点控制 T3 的线圈，用 T3 的常开触点控制 Y4 的线圈。

此外用 M1 作为输入信号，实现对 Y2 的 10s 断电延时控制。用 T2 的常开触点作为输入信号，实现对 Y3 的 5s 断电延时控制。

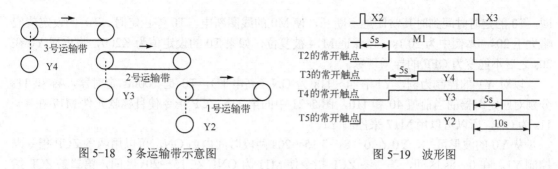

图 5-18　3 条运输带示意图　　　　　　　图 5-19　波形图

根据图 5-19 中的波形图，设计出的梯形图程序如图 5-20 所示。

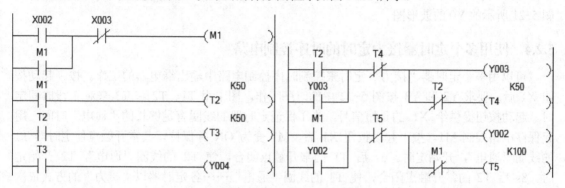

图 5-20　三运输带控制的梯形图

5.2.3　使用定时器和区间比较指令设计时序控制电路

时序控制电路一般只有一个起动命令信号，在起动命令的上升沿之后，各输出量的 ON/OFF 状态根据预定的时间自动地发生变化，最后回到初始状态。

图 5-21 中的电路对输出量的控制，是通过对定时器当前值使用区间比较指令（ZCP）来实现的（见例程"时序控制"）。以图 5-21 中的第二条 ZCP 指令为例，T0 的当前值（以 0.1s 为单位）与常数 150 和 200 比较，指令中的 M13 用来指定目标软元件，共占用连续的 3 个软元件（M13～M15）。若 T0 的当前值大于等于 150 且小于等于 200，M14 为 ON，即 M14 在 15～20s 区间为 ON。

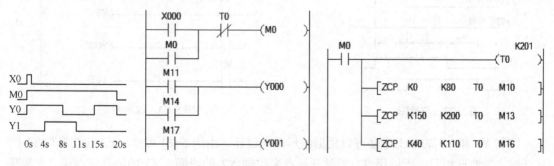

图 5-21　使用区间比较指令的时序控制电路

用接在 X0 输入端的按钮来控制 Y0 和 Y1，需定时的总时间（20s）远远大于按钮按下的时间，所以用控制 M0 的起保停电路来记忆起动命令，用 M0 的常开触点来控制 T0 的线圈。T0 的定时时间到时其常闭触点断开，使 M0 的线圈断电，T0 停止定时。T0 的设定值应略大于 20s，本例中为 20.1s，以保证 M14 被复位，如果 T0 的设定值为 K200，将出现 Y0 在 20s 之后不能变为 OFF 的异常现象。

以对 Y1 的控制为例，Y1 在 4～11s 为 ON（高电平），T0 是 100ms 定时器，4s 和 11s 分别对应定时器的当前值 40 和 110，图 5-21 中的第 3 条 ZCP 指令使目标软元件 M17 在 4～11s 为 ON，所以可以用 M17 来控制 Y1。

从 Y0 的波形可知，Y0 在 0～8s 和 15～20s 两段时间内为 ON，可以用两条 ZCP 指令来控制 Y1。在 0～8s 区间，第一条 ZCP 指令使 M11 为 ON；在 15～20s 区间，第二条 ZCP 指令使 M14 为 ON，所以将 M11 和 M14 的常开触点并联后来控制 Y1 的线圈，就可以得到图 5-21 所示的 Y0 的波形图。

5.2.4 使用多个定时器接力定时的时序控制电路

可以用多个定时器"接力"定时来控制时序控制电路中输出继电器的工作。按下起动按钮 X1 后，要求 Y2 和 Y3 按图 5-22 中的时序工作，图中用 T1、T2 和 T3 来对 3 段时间定时。起动按钮提供给 X1 的是短信号，为了保证定时器的线圈有足够长的"通电"时间，用起保停电路控制 M1。按下起动按钮 X1 后，M1 变为 ON 并保持，其常开触点使定时器 T1 的线圈"通电"，开始定时。6s 后 T1 的常开触点闭合，使 T2 的线圈"通电"，T2 开始定时。8s 后 T2 的常开触点闭合，使 T3 的线圈"通电"……各定时器以"接力"的方式依次对各段时间定时（见图 5-23 和例程"时序控制"）。直至最后一段定时结束，T3 的常闭触点断开，使 M1 变为 OFF；M1 的常开触点断开，使 T1 的线圈"断电"；T1 的常开触点断开，又使 T2 的线圈"断电"……这样所有的定时器都被复位，系统回到初始状态。

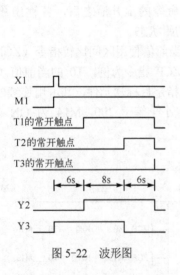

图 5-22 波形图

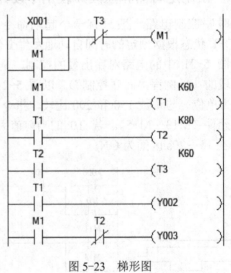

图 5-23 梯形图

控制 Y2 和 Y3 的输出电路可以根据波形图来设计。由图 5-22 可知，Y2 的波形与 T1 的常开触点的波形相同，所以用 T1 的常开触点来控制 Y2 的线圈。Y3 的波形可以由 T2 常开触点的波形反相后，再与 M1 的波形相"与"而得到，即 $Y3 = M1 \cdot \overline{T2}$。用常闭触点可以实现反转，"与"运算可以用触点的串联来实现，所以 Y3 的线圈用 M1 的常开触点和 T2 的常闭触点组成的串联电路来驱动。

5.3 顺序控制设计法与顺序功能图

5.3.1 顺序控制设计法

用经验设计法设计梯形图时，没有一套固定的方法和步骤可以遵循，具有很大的试探性和随意性，对于不同的控制系统，没有一种通用的容易掌握的设计方法。在设计复杂系统的梯形图时，用大量的中间单元来完成记忆、联锁和互锁等功能，由于需要考虑的因素很多，它们往往又交织在一起，分析起来非常困难，并且很容易遗漏掉一些应该考虑的问题。修改某一局部电路时，可能对系统的其他部分产生意想不到的影响，因此梯形图的修改也很麻烦。用经验设计法设计出的梯形图往往很难阅读，给系统的维修和改进带来了很大的困难。

所谓顺序控制，就是按照生产工艺预先规定的顺序，在各个输入信号的作用下，根据内部状态和时间的顺序，各个执行机构在生产过程中自动地、有秩序地进行操作。

使用顺序控制设计法时，首先根据系统的工艺过程，画出顺序功能图（Sequential Function Chart，SFC），然后根据顺序功能图画出梯形图。编程软件 GX Works2 为用户提供了顺序功能图语言，生成顺序功能图后便完成了编程工作。

顺序控制设计法是一种先进的设计方法，很容易被初学者接受，对于有经验的工程师，也会提高设计效率，程序的调试、修改和阅读也很方便。

顺序功能图是描述控制系统的控制过程、功能和特性的一种图形，也是设计 PLC 的顺序控制程序的有力工具。顺序功能图并不涉及所描述的控制功能的具体技术，它是一种通用的技术语言，可以供不同专业的人员之间进行技术交流之用。

1993 年 5 月公布的 IEC 的 PLC 标准（IEC 61131）中，顺序功能图被定为 PLC 位居首位的编程语言。顺序功能图主要由步、动作（或命令）、有向连线、转换和转换条件组成。

5.3.2 步与动作

1. 步的基本概念

顺序控制设计法最基本的思想是将系统的一个工作周期划分为若干个顺序相连的阶段，这些阶段称为步（Step），可以用软元件（例如辅助继电器 M 和状态 S）来代表各步。步是根据输出量的状态变化来划分的，在任何一步之内，各输出量的 ON/OFF 状态不变，但是相邻两步输出量总的状态是不同的。步的这种划分方法使代表各步的软元件的状态与各输出量的状态之间有着极为简单的逻辑关系。

运料矿车开始时停在右侧限位开关 X1 处（见图 5-24），按下起动按钮 X3，Y11 变为 ON，打开贮料斗的闸门，开始装料，同时用定时器 T0 定时；8s 后定时时间到，Y11 变为 OFF，关闭贮料斗的闸门，Y12 变为 ON，开始左行；碰到左限位开关 X2 时，Y12 变为 OFF，停止左行，Y13 变为 ON，开始卸料，同时用定时器 T1 定时；10s 后定时时间到，Y13 变为 OFF，停止卸料，Y10 变为 ON，开始右行；碰到右限位开关 X1 后返回初始步，矿车停止运行。

根据 Y10～Y13 的 ON/OFF 状态的变化，一个工作周期显然可以分为装料、左行、卸料和右行 4 步，另外还应设置等待起动的初始步，分别用 M0～M4 来代表这 5 步。图 5-24 左下侧是有关软元件的波形图（时序图），右边是描述该系统的顺序功能图。图中用矩形方框表示步，方框中可以用数字来表示该步的编号，一般用代表该步的软元件的软元件号作为步的符号，例如 M0 等，这样在根据顺序功能图设计梯形图时较为方便。

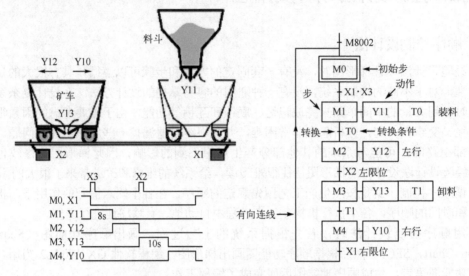

图 5-24　运料矿车示意图与顺序功能图

2．初始步

与系统的初始状态相对应的步称为初始步，初始状态一般是系统等待起动命令的相对静止的状态。初始步用双线方框表示，每一个顺序功能图至少应该有一个初始步。

3．活动步

当系统正处于某一步所在的阶段时，该步处于活动状态，称该步为"活动步"。步处于活动状态时，相应的动作被执行；处于不活动状态时，相应的非存储型动作被停止执行。

4．与步对应的动作或命令

用户可以将一个控制系统划分为被控系统和施控系统。例如在数控车床系统中，数控装置是施控系统，而车床是被控系统。对于被控系统，在某一步中要完成某些"动作"（action）；对于施控系统，在某一步中则要向被控系统发出某些"命令"（command）。为了叙述方便，下面将命令或动作统称为动作，并用矩形框中的文字或符号来表示，该矩形框应与相应的步的符号相连。

如果某一步有几个动作，则可以用图 5-25 中的两种画法来表示，但是并不隐含这些动作之间的任何顺序。说明命令的语句应清楚地表明该命令是存储型的还是非存储型的。存储型的动作可以用表 5-1 中的 S 和 R 来表示。

图 5-25　多个动作的表示方法

图 5-49 中的 Y2 在连续的 5 步 M1～M5 中都应为 ON，在 Y2 开始为 ON 的第一步 M1 的动作框内，用动作"S　Y2"表示将 Y2 置位。该步变为不活动步后，Y2 继续保持 ON 状态。在 Y2 为 ON 的最后一步 M5 的下一步 M0 的动作框内，用动作"R　Y2"表示将 Y2 复位，复位后 Y2 变为 OFF 状态。

在图 5-24 中，定时器 T0 的线圈应在步 M1 为活动步时"通电"，步 M1 为不活动步时断电。从这个意义上来说，T0 的线圈相当于步 M1 的一个非存储型的动作，所以将 T0 作为步 M1 的动作来处理。步 M1 下面的转换条件 T0 由延时时间到时闭合的 T0 的常开触点提供。因此动作框中的 T0 对应的是 T0 的线圈，转换条件 T0 对应的是 T0 的常开触点。

除了以上的基本结构之外，使用动作的修饰词（见表 5-1）可以在一步中完成不同的动作。修饰词允许在不增加逻辑的情况下控制动作。例如，可以使用修饰词 L 来限制配料阀打开的时间。

表 5-1 使用动作的修饰词

修饰词	意　义	说　　　明
N	非存储型	当步变为不活动步时动作终止
S	置位（存储）	当步变为不活动步时动作继续，直到动作被复位
R	复位	被修饰词 S、SD、SL 或 DS 起动的动作被终止
L	时间限制	步变为活动步时动作被起动，直到步变为不活动步或设定时间到
D	时间延迟	步变为活动步时延迟定时器被起动，如果延迟之后步仍然是活动的，则动作被起动和继续，直到步变为不活动步
P	脉冲	当步变为活动步，动作被起动并且只执行一次
SD	存储与时间延迟	在时间延迟之后动作被起动，一直到动作被复位
DS	延迟与存储	在延迟之后如果步仍然是活动的，则动作被起动直到被复位
SL	存储与时间限制	步变为活动步时动作被起动，一直到设定的时间到或动作被复位

5.3.3　有向连线与转换条件

1. 有向连线

在顺序功能图中，随着时间的推移和转换条件的实现，将会发生步的活动状态的进展，这种进展按有向连线规定的路线和方向进行。在画顺序功能图时，将代表各步的方框按它们成为活动步的先后次序顺序排列，并用有向连线将它们连接起来。步的活动状态的进展方向习惯上是从上到下或从左至右，在这两个方向有向连线上的箭头可以省略。如果不是上述的方向，则应在有向连线上用箭头注明进展方向。在可以省略箭头的有向连线上，为了更易于理解也可以加箭头。

2. 转换

转换用有向连线上与有向连线垂直的短画线来表示，转换将相邻两步分隔开。步的活动状态的进展是由转换的实现来完成的，并与控制过程的发展相对应。

3. 转换条件

使系统由当前步进入下一步的信号称为转换条件，转换条件是与转换相关的逻辑命题。转换条件可以是外部的输入信号，例如按钮、指令开关、限位开关的接通和断开，也可以是 PLC 内部产生的信号，例如定时器、计数器常开触点的接通，转换条件还可能是若干个信号的与、或、非逻辑组合。

顺序控制设计法用转换条件控制代表各步的软元件，让它们的状态按一定的顺序变化，然后用代表各步的软元件去控制 PLC 的各输出继电器。

转换条件可以用文字语言、布尔代数表达式或图形符号标注在表示转换的短线旁边（见图 5-26），使用得最多的是布尔代数表达式。

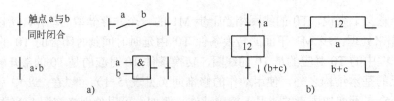

图 5-26 转换与转换条件

转换条件 X0 和 $\overline{X0}$ 分别表示当输入信号 X0 为 ON 和 OFF 时转换实现。↑X0 和↓X0 分别表示当 X0 从 OFF→ON 和从 ON→OFF 时转换实现。图 5-26b 中用高电平表示步 12 为活动步，反之则用低电平表示。转换条件 $X0 \cdot \overline{C0}$ 表示 X0 的常开触点与 C0 的常闭触点同时闭合，在梯形图中则用两个触点的串联来表示这样一个"与"运算的转换条件。

为了便于将顺序功能图转换为梯形图，一般用代表各步的软元件的软元件号作为步的代号，并用软元件号来标注转换条件和各步的动作或命令。

5.3.4 顺序功能图的基本结构

1. 单序列

单序列由一系列相继激活的步组成，每一步的后面仅有一个转换，每一个转换的后面只有一个步（见图 5-27a）。在单序列中，有向连线没有分支与合并。

2. 选择序列

选择序列的开始称为分支（见图 5-27b），转换符号只能标在水平连线之下。如果步 5 是活动步，并且转换条件 h 为 1，将发生由步 5→步 8 的进展。如果步 5 是活动步，并且转换条件 k 为 1，将发生由步 5→步 10 的进展。如果将转换条件 k 改为 $k \cdot \overline{h}$，当 k 和 h 同时为 ON 时，将优先选择 h 对应的序列，一般只允许同时选择一个序列，即选择序列中的各序列是互相排斥的，其中的任何两个序列都不会同时执行。

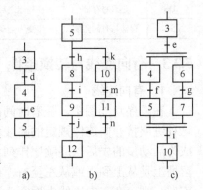

图 5-27 顺序功能图的基本结构

选择序列的结束称为合并（见图 5-27b），几个选择序列合并到一个公共序列时，用需要重新组合的序列数相同的转换符号和水平连线来表示，转换符号只允许标在水平连线之上。如果步 9 是活动步，并且转换条件 j 为 1，则将发生由步 9→步 12 的进展。如果步 11 是活动步，并且 n 为 1，则将发生由步 11→步 12 的进展。

3. 并行序列

当转换的实现导致几个序列同时激活时，这些序列称为并行序列。并行序列用来表示系统的几个同时工作的独立部分的工作情况。并行序列的开始称为分支（见图 5-27c）。当步 3 是活动步，并且转换条件 e 为 1，则 4 和 6 这两步同时变为活动步，同时步 3 变为不活动步。为了强调转换的同步实现，水平连线用双线表示。步 4 和步 6 被同时激活后，每个子序列中活动步的进展将是独立的。在表示同步的水平双线之上，只允许有一个转换符号。

并行序列的结束称为合并（见图 5-27c），在表示同步的水平双线之下，只允许有一个转换符号。当直接连在水平双线上所有的前级步（步 5 和步 7）都处于活动状态，并且转换条件 i 为 1 时，才会发生步 5 和步 7 到步 10 的进展，即步 5 和步 7 同时变为不活动步，而步 10 变为活动步。

在并行序列的每一个分支点最多允许 8 条支路，每条支路的步数不受限制。

4. 复杂的顺序功能图举例

某专用钻床用来加工圆盘状零件上均匀分布的 6 个孔。图 5-28a 是侧视图，图 5-28b 是工件的俯视图。在进入自动运行之前，两个钻头应在最上面，上限位开关 X3 和 X5 为 ON，系统处于初始步，加计数器 C0 被复位，计数当前值被清零。在顺序功能图中，用状态 S 来代表各步。

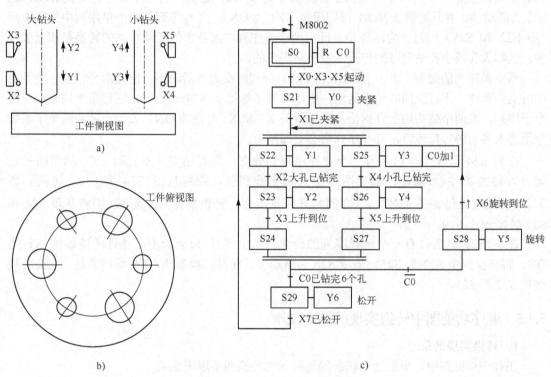

图 5-28 专用钻床的顺序功能图

操作人员放好工件后，按下起动按钮 X0，转换条件 X0·X3·X5 满足，由初始步转换到步 S21，Y0 变为 ON，工件被夹紧。夹紧后压力继电器 X1 为 ON，由步 S21 转换到步 S22 和步 S25，Y1 和 Y3 使两只钻头同时开始向下钻孔，设定值为 3 的加计数器 C0 的当前计数值加 1。

大钻头钻到由限位开关 X2 设定的深度时，进入步 S23，Y2 使大钻头上升，升到由限位开关 X3 设定的起始位置时停止上升，进入等待步 S24。小钻头钻到由限位开关 X4 设定的深度时，进入步 S26，Y4 使小钻头上升。升到由限位开关 X5 设定的起始位置时停止上升，进入等待步 S27。

C0 加 1 后计数当前值为 1，C0 的常闭触点闭合，转换条件 $\overline{C0}$ 满足。两个钻头都上升到位，进入等待步后，将转换到步 S28。Y5 使工件旋转 120°，旋转到位时 X6 变为 ON，又返回步 S22 和 S25，开始钻第 2 对孔。转换条件"↑X6"中的"↑"表示转换条件仅在 X6 的上升沿时有效。如果将转换条件改为 X6，因为在转换到步 S28 之前转换条件 X6 就为 ON，进入步 S28 之后将会马上离开该步，不能使工件旋转。转换条件改为"↑X6"后，解决了这个问题。

3 对孔都钻完后，C0 的当前值等于设定值 3，其常开触点闭合，转换条件 C0 满足，将转换到步 S29，Y6 使工件松开。松开到位时，限位开关 X7 为 ON，系统返回初始步 S0。

顺序功能图中包含了选择序列和并行序列。因为要求两个钻头向下钻孔和钻头提升的过程同时进行，故采用并行序列来描述上述的过程。由 S22～S24 和 S25～S27 组成的两个单序列分别用来描述大钻头和小钻头的工作过程。在步 S21 之后，有一个并行序列的分支。当 S21 为活动步，并且转换条件 X1 得到满足（X1 为 ON），并行序列的两个单序列中的第 1 步（步 S22 和 S25）同时变为活动步。此后两个单序列内部各步的活动状态的转换是相互独立的，例如大孔或小孔钻完时的转换一般不是同步的。

两个单序列的最后 1 步（步 S24 和 S27）应同时变为不活动步。但是两个钻头一般不会同时上升到位，不可能同时结束运动，所以设置了等待步 S24 和 S27，它们用来同时结束两个子序列。当两个钻头均上升到位，限位开关 X3 和 X5 分别为 ON，大、小钻头两个子系统分别进入各自的等待步时，并行序列将会立即结束。

在步 S24 和 S27 之后，有一个选择序列的分支。没有钻完 3 对孔时，C0 的常闭触点闭合，转换条件 C̄0 满足，如果两个钻头都上升到位，则将从步 S24 和 S27 转换到步 S28。如果已经钻完了 3 对孔，C0 的常开触点闭合，转换条件 C0 满足，则将从步 S24 和 S27 转换到步 S29。

在步 S21 之后，有一个选择序列的合并。当步 S21 为活动步，并且转换条件 X1 为 ON，将转换到步 S22 和 S25。当步 S28 为活动步，而且转换条件 ↑X6 得到满足，也会转换到步 S22 和 S25。

5.3.5　顺序功能图中转换实现的基本规则

1. 转换实现的条件

在顺序功能图中，步的活动状态的进展是由转换的实现来完成的。转换实现必须同时满足以下两个条件：

1）该转换所有的前级步都是活动步。

2）相应的转换条件得到满足。

如果转换的前级步或后续步不止一个，则转换的实现称为同步实现（见图 5-29）。为了强调同步实现，有向连线的水平部分用双线表示。

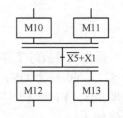

图 5-29　转换的同步实现

转换实现的第一个条件不可缺少，如果取消了第一个条件，因为误操作或器件的故障产生错误的转换条件时，不管当时处于哪一步，都会转换到该转换的后续步，不但不能保证系统按顺序功能图规定的顺序工作，甚至可能会造成重大的事故。

2. 转换实现应完成的操作

转换实现时应完成以下两个操作：

1）使所有由有向连线与相应转换符号相连的后续步都变为活动步。

2）使所有由有向连线与相应转换符号相连的前级步都变为不活动步。

转换实现的基本规则是根据顺序功能图设计梯形图的基础，它适用于顺序功能图中的各种基本结构及下一章介绍的各种顺序控制梯形图的编程方法。

在梯形图中，用软元件（例如 M 和 S）代表步，当某步为活动步时，该步对应的软元件为 ON。当该步之后的转换条件满足时，转换条件对应的触点或电路接通，因此可以将该触点或电路与代表所有前级步的软元件的常开触点串联，作为与转换实现的两个条件同时满足相对应的电路。例如图 5-29 中的转换条件为 $\overline{X5} + X1$，它的两个前级步为步 M10 和步 M11，应将逻辑表达式 $(\overline{X5} + X1) \cdot M10 \cdot M11$ 对应的触点串并联电路，作为与转换实现的两个条件同时满足相对应的电路。在梯形图中，该电路接通时，应使代表前级步的软元件 M10 和 M11 复位，同时使代表后续步的软元件 M12 和 M13 置位（变为 ON 并保持），完成以上任务的电路将在 5.5.1 节中介绍。

3. 绘制顺序功能图时的注意事项

下面是针对绘制顺序功能图时常见的错误提出的注意事项：

1）两个步绝对不能直接相连，必须用一个转换将它们隔开。

2）两个转换也不能直接相连，必须用一个步将它们隔开。

3）顺序功能图中的初始步一般对应于系统等待起动的初始状态，这一步可能没有什么输出处于 ON 状态，因此有的初学者在画顺序功能图时很容易遗漏掉初始步。初始步是必不可少的，一方面因为该步与它的相邻步相比，从总体上说输出变量的状态各不相同；另一方面如果没有该步，无法表示初始状态，系统也不能返回停止状态。

4）自动控制系统应能多次重复执行同一工艺过程，因此在顺序功能图中一般应有由步和有向连线组成的闭环，即在完成一次工艺过程的全部操作之后，应从最后一步返回初始步，系统停留在初始状态（单周期操作）。在连续循环工作方式时，将从最后一步返回下一工作周期开始运行的第一步。

5）在顺序功能图中，只有当某一步的前级步是活动步时，该步才有可能变为活动步。如果用没有断电保持功能的软元件来代表各步，进入 RUN 模式时，它们均处于 OFF 状态。必须用初始脉冲 M8002 的常开触点作为转换条件，将初始步预置为活动步。否则因为顺序功能图中没有活动步，系统将无法工作。如果系统有自动、手动两种工作方式，顺序功能图是用来描述自动工作过程的，这时还应在系统由手动工作方式进入自动工作方式时，用适当的条件将初始步置为活动步（见本书 5.6 节）。

4. 顺序控制设计法的本质

经验设计法实际上是试图用输入信号 X 直接控制输出信号 Y（见图 5-30a），如果无法直接控制，或者为了实现记忆、联锁、互锁等功能，只好增加一些辅助软元件和辅助触点。由于不同的系统的输出量 Y 与输入量 X 之间的关系各不相同，以及它们对联锁、互锁的要求千变万化，不可能找出一种简单通用的设计方法。

图 5-30 信号关系图

顺序控制设计法则是用输入量 X 控制代表各步的软元件（例如辅助继电器 M），再用它们控制输出量 Y（见图 5-30b）。任何复杂系统的代表步的辅助继电器的控制电路，其设计方法都是相同的，并且很容易掌握。由于代表步的辅助继电器是依次顺序变为 ON/OFF 状态的，实际上已经基本上解决了经验设计法中的记忆、联锁等问题。

不同的控制系统的输出电路都有其特殊性，因为步 M 是根据输出量 Y 的 ON/OFF 状态来划分的，M 与 Y 之间具有很简单的"或"或者相等的逻辑关系，所以输出电路的设计极为简单。由于以上原因，顺序控制设计法具有简单、规范、通用的优点。

5.4 使用 STL 指令的编程方法

根据系统的顺序功能图设计梯形图的方法，称为顺序控制梯形图的编程方法。

自动控制程序的执行对硬件的可靠性的要求是很高的，如果机械限位开关、接近开关、光电开关等不能提供正确的反馈信号，自动控制程序是无法成功执行的。在这种情况下，为了保证生产的进行，需要改为手动操作，在调试设备时也需要在手动状态下对各被控对象进行独立的操作。因此除了自动程序之外，一般还需要设计手动程序。

开始执行自动程序时，要求系统处于与顺序功能图中初始步对应的初始状态。如果开机时系统没有处于初始状态，则应进入手动工作方式，用手动操作使系统进入初始状态后，再切换到自动工作方式，也可以设置使系统自动进入初始状态的工作方式（见 5.6 节）。

系统在进入初始状态后，还应将与顺序功能图的初始步对应的软元件置位，为转换的实现做好准备，并将其余各步对应的软元件复位为 OFF，这是因为在没有并行序列或并行序列未处于活动状态时，同时只能有一个活动步。

在 5.4 和 5.5 节中，假设刚开始执行用户程序时，系统已处于要求的初始状态，除初始步之外其余各步对应的软元件均为 OFF。在程序中用初始脉冲 M8002 将初始步置位，为转换的实现做好准备。

5.4 节介绍使用三菱的 STL（Step Loader，步进梯形）指令的编程方法，STL 指令是用于设计顺序控制程序的专用指令，该指令易于理解，使用方便。如果读者使用三菱的 PLC，建议优先采用 STL 指令来设计顺序控制程序。

5.5 节介绍使用置位/复位指令的编程方法，这种编程方法的通用性很强，可以用于各个厂家的 PLC。

有的系统具有单周期、连续、单步、自动返回原点和手动等多种工作方式，这种控制系统的顺序控制梯形图的设计是比较复杂和困难的，5.6 节介绍了这类系统的顺序控制程序的编程方法。

本章介绍的编程方法很容易掌握，用它们可以迅速地、得心应手地设计出任意复杂的开关量控制系统的梯形图。

5.4.1 STL 指令

步进梯形（Step Ladder）指令简称为 STL 指令，FX 系列 PLC 还有一条使 STL 指令复位的 RET 指令。使用这两条指令，用户可以很方便地编制顺序控制梯形图程序。

STL 指令使编程者可以生成流程和工作与顺序功能图非常接近的程序。顺序功能图中的每一步对应一小段程序，每一步与其他步是完全隔离开的。使用者根据他的要求将这些程序段按一定的顺序组合在一起，就可以完成控制任务。这种编程方法可以节约编程时间，并能减少编程错误。

用 FX 系列 PLC 的状态（S）编制顺序控制程序时，应与 STL 指令一起使用。从图 5-31 和图 5-32 可以看出顺序功能图与梯形图之间的对应关系。

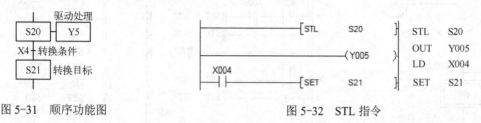

图 5-31　顺序功能图　　　　　　　　　　　　　图 5-32　STL 指令

图 5-32 中的 STL 指令表示步 S20 对应的 STL 程序区的起点，STL 指令实际上是控制它下面的两行电路是否执行的逻辑条件。在下一条 STL 指令或 RET 指令出现时，当前的 STL 程序区结束。

可以将"STL S20"指令理解为控制下面两行电路的 S20 的常开触点。当步 S20 为活动步时，状态 S20 为 ON，S20 等效的常开触点接通，该步的动作 Y5 变为 ON。在转换条件 X4 为 ON 时，后续步的 S21 被 SET 指令置位为 ON，步 S21 变为活动步。状态 S20 被系统程序自动复位，步 S20 变为不活动步，S20 等效的常开触点断开。

如果使用了 IST（初始状态）指令，初始步应使用初始状态 S0～S9，S10～S19 用于自动返回原点。初始步应放在顺序功能图的最上面，从 STOP 模式切换到 RUN 模式时，可以用初始脉冲 M8002 的常开触点来将初始步对应的状态置为 ON，为以后步的活动状态的转换做好准备。需要从某一步返回初始步时，可以对初始状态使用 OUT 指令或 SET 指令。

从 STOP 进入 RUN 模式时，可以用 M8002 的常开触点和区间复位指令（ZRST）将除初始步以外的其余各步的状态复位。

5.4.2　单序列的编程方法

1. 旋转工作台控制程序设计

图 5-33 中的旋转工作台用凸轮和限位开关来实现运动控制。在初始状态时左限位开关 X3 为 ON，按下起动按钮 X0，Y0 变为 ON，电动机驱动工作台沿顺时针正转，转到右限位开关 X4 所在位置时暂停 5s（用 T0 定时），定时时间到时 Y1 变为 ON，工作台反转，回到限位开关 X3 所在的初始位置时停止转动，系统回到初始状态。

工作台一个周期内的运动由图中自上而下的 4 步组成，它们分别对应于 S0 和 S20～S22，步 S0 是初始步。程序见例程"旋转工作台控制"。

PLC 上电时进入 RUN 模式，初始脉冲 M8002 的常开触点闭合一个扫描周期，梯形图中第一行的 SET 指令将初始步 S0 置为活动步。如果没有这一操作，则 S0 为 OFF，初始步为不活动步，即使转换条件满足，也不能转换到步 S20。只有在步 S20 为活动步时，才执行梯形图中程序步第 8 步的"STL S20"指令下面的两行指令。S20 为 OFF 时，则不执行它们。图 5-33 的程序状态中 S20 为 ON，只有步 S20 的动作 Y0 的线圈通电。T0 和 Y1 的线圈虽然接在左侧电源线上，因为它们分别受到所在步的状态 S21 和 S22 的控制，此时它们的线圈断电。

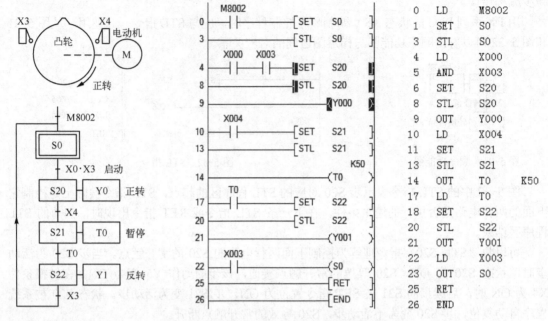

图 5-33　旋转工作台的顺序功能图与梯形图

在梯形图的第 2 行和第 3 行，用 S0 等效的 STL 触点（对应于指令"STL S0"）和 X0、X3 的常开触点组成的等效的串联电路，驱动置位指令"SET S20"。上述串联电路代表了转换实现的两个条件。S0 等效的 STL 触点闭合表示转换的前级步 S0 是活动步，X0 和 X3 的常开触点同时闭合表示转换条件 X0·X3 满足。在初始步为活动步时按下起动按钮 X0，如果 X3 为 ON，上述 3 个触点同时闭合，则转换实现的两个条件同时满足。此时置位指令"SET S20"被执行，后续步 S20 变为活动步，同时系统程序自动地将前级步 S0 复位为不活动步。

S20 变为活动步后，S20 等效的 STL 触点（对应于指令"STL S20"）闭合，该步的负载被驱动，Y0 的线圈通电，工作台正转。限位开关 X4 动作时，转换条件得到满足，下一步的状态 S21 被置位，进入暂停步，同时前级步的状态 S20 被自动复位，系统将这样一步一步地工作下去。在最后一步，工作台反转，返回限位开关 X3 所在的位置时，用"OUT S0"指令使初始步对应的 S0 变为 ON 并保持，系统返回并停止在初始步。

视频"旋转工作台顺控程序"可通过扫描二维码 5-2 播放。

在图 5-33 中步 S22 的 STL 区之后，一定要使用 RET 指令，才能结束该 STL 区，否则系统将不能正常工作。

二维码 5-2

2. 运料矿车控制程序设计

现将图 5-24 所示的运料矿车的顺序功能图重画在图 5-34，用状态 S0、S20～S23 替换了 M0～M4。图中同时给出了根据顺序功能图画出的梯形图。程序见例程"运料矿车控制"。

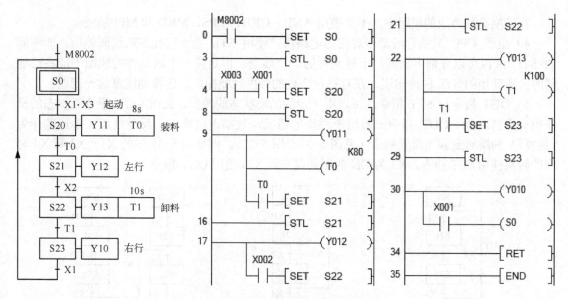

图 5-34　运料矿车的顺序功能图与梯形图

　　刚进入 RUN 模式时，初始步对应的 S0 被置位为 ON。S0 为 ON 时，只执行梯形图中左边第 2 行开始的初始步对应的 STL 区中的程序。X1 和 X3 同时为 ON 时（小车在右边的装料位置且按了起动按钮），转换条件满足，下一步的状态 S20 被置位，同时前级步的状态 S0 被自动复位。转换后只执行梯形图中步序号 8 开始的步 S20 对应的 STL 区中的程序。Y11 的线圈通电，小车开始装料。同时 T0 的线圈通电，开始定时。定时时间到时，T0 的常开触点闭合，使后续步对应的状态 S21 置位，转换到步 S21。系统将这样一步一步地工作下去。在最后一步，矿车右行返回限位开关 X1 所在的位置时，S0 的线圈通电，使初始步对应的 S0 变为 ON 并保持，系统返回并停止在初始步。

　　3．程序的调试

　　顺序功能图是用来描述控制系统的外部性能的，因此应根据顺序功能图而不是梯形图来调试顺序控制程序。在调试时可以打开 3 个"软元件/缓冲存储器批量监视-1"视图，分别监视从 X0、Y0 和 S0 开始的软元件。用"窗口"菜单中的"垂直并排"命令，同时显示这 3 种软元件（见附录中的图 A-7）。程序的调试方法见附录 A.20 节中的实验指导书。

　　4．使用 STL 指令应注意的问题

　　1）各 STL 程序区对应的电路一般放在一起，下一条 STL 指令的出现意味着当前 STL 程序区的结束和新的 STL 程序区的开始。RET 指令意味着整个 STL 程序区的结束。最后一个 STL 程序区结束时一定要使用 RET 指令，否则运行时将会出错，不能执行用户程序。

　　2）不能在中断程序和子程序中使用 STL 指令。使用 STL 指令时，不能在中断程序中用 SET 指令或 OUT 指令驱动状态 S。

　　3）在 STL 区内可以直接驱动或通过别的触点驱动 Y、M、S、T 等软元件的线圈。参考文献[13]给出了 STL 区内可以使用的顺控指令。STL 指令和 RET 指令之间不能使用 MC/MCR 指令。即使是驱动处理，不能在 STL 指令后面直接使用入栈指令（MPS）。建议尽量不要在 STL 区内使用跳转指令。在 FOR-NEXT 结构中，不能有 STL 程序块。不能在刚执行 STL 指令后配置指针。

在转换条件对应的电路中，不能使用 ANB、ORB、MPS、MRD 和 MPP 指令。

4）由于 CPU 只执行活动步对应的电路块，使用 STL 指令时允许双线圈输出，即不同的 STL 区内可以分别驱动同一个软元件的一个线圈。但是同一个软元件的线圈不能在可能同时为活动步的 STL 区内出现，在有并行序列的顺序功能图中，应特别注意这一问题。

5）OUT 指令与 SET 指令均可以用于步的活动状态的转换，此时 OUT 指令对状态的操作也有保持功能。OUT 指令一般用于跳步的情况，包括正向跳步、反向跳步（手册翻译为"重复"）和跳转到其他流程的步（见图 5-35～图 5-37）。例如图 5-35 中的 X1、X2 和 X4 对应的转换使用 SET 指令，X3 为 ON 的正向跳步对 S23 使用 OUT 指令。

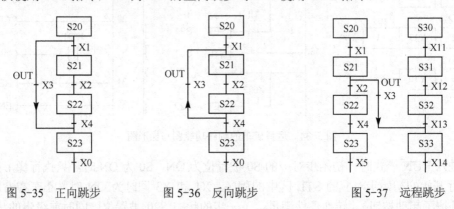

图 5-35　正向跳步　　　　图 5-36　反向跳步　　　　图 5-37　远程跳步

经实验验证，上述用于步的活动状态的转换的 OUT 指令，都可以改为 SET 指令。

6）并行序列或选择序列中分支处的支路数不能超过 8 条，总的支路数不能超过 16 条。

7）在步的活动状态的转换过程中，相邻两步的状态会在一个扫描周期同时为 ON。为了避免不能同时接通的两个输出（例如控制异步电动机正、反转的交流接触器线圈）同时为 ON，除了在梯形图中设置软件互锁电路外，还应在 PLC 外部设置由常闭触点组成的硬件互锁电路。

同一个定时器的线圈可以在不同的步使用，但是如果同一个定时器用于相邻的两步，在步的活动状态转换时，该定时器的线圈不能断开，当前值不能复位，将导致定时器的非正常运行。

5. STL 指令的优点

1）在转换实现时，对前级步的状态复位和对它驱动的输出继电器的复位是由系统程序完成的，而不是由用户程序在梯形图中完成的，因此减少了程序设计的工作量。

2）与条件跳步（CJ）指令类似，CPU 不执行非活动步对应的 STL 程序区中的指令，在没有并行序列时，同时只有一个 STL 程序区处于运行状态，因此使用 STL 指令可以显著地缩短用户程序的执行时间，提高 PLC 的输入、输出响应速度。

3）其他编程方法一般不允许出现双线圈现象，即同一软元件的线圈不能在两处或多处出现。在用这些编程方法设计输出电路时，应仔细观察顺序功能图，对那些在两步或多步中为 ON 的输出继电器，应将各有关步对应的软元件的常开触点并联后，驱动相应的输出继电器的线圈。当顺序功能图的步数很多、输出继电器也很多时，设计输出电路的工作量很大，稍有不慎就会出错。

使用 STL 指令编程时，在不同的 STL 程序区可以分别驱动同一软元件的一个线圈，输出电路实际上分散到各 STL 程序区中去了。设计时只需注意某一步有哪些输出继电器应被驱动，不必考虑同一输出继电器是否在别的步也被驱动，因此大大简化了大型复杂系统输出电路的设计，可以节省不少的设计时间。

5.4.3　选择序列的编程方法

复杂的控制系统的顺序功能图由单序列、选择序列和并行序列组成，掌握了选择序列和并行序列的编程方法，就可以很容易地将复杂的顺序功能图转换为梯形图。对选择序列和并行序列编程的关键在于对它们的分支与合并的处理，转换实现的基本规则是设计复杂系统梯形图的基础。

图 5-38 和图 5-39 是自动门控制系统的顺序功能图和梯形图（见例程"自动门控制"）。人靠近自动门时，感应器 X0 为 ON，Y0 驱动电动机高速开门；碰到开门减速开关 X1 时，变为低速开门；碰到开门极限开关 X2 时电动机停转，开始延时；若在 0.5s 内感应器检测到无人，T0 的常开触点闭合，转换到步 S23，Y2 起动电动机高速关门；碰到关门减速开关 X3 且无人时，改为低速关门，碰到关门极限开关 X4 且无人时电动机停转。程序中的 0.5s 延时主要是用来确认有人还是无人。

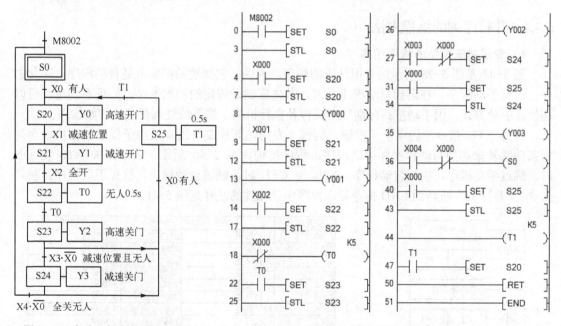

图 5-38　自动门控制的顺序功能图　　　　图 5-39　自动门控制的梯形图

在关门期间若感应器检测到有人，停止关门，T1 延时 0.5s 后自动转换为高速开门。

1. 选择序列的分支的编程方法

图 5-38 中的步 S23 之后有一个选择序列的分支。当步 S23 是活动步（S23 为 ON）时，如果转换条件 X0 为 ON（检测到有人），将转换到步 S25；如果转换条件 $X3 \cdot \overline{X0}$ 为 ON（门关至减速位置且无人），将进入步 S24，减速关门。

如果在某一步的后面有 N 条选择序列的分支，则该步的 STL 指令后面应有 N 条分别指明各转换条件和转换目标的电路。例如步 S23 之后有两条选择序列的分支，两个转换条件分别为 X3·$\overline{X0}$ 和 X0，可能分别进入步 S25 和步 S24。在 S23 的 STL 指令下面，有两条分别由 X3·$\overline{X0}$ 和 X0 作为置位条件的电路。

2. 选择序列的合并的编程方法

图 5-38 中的步 S20 之前有一个由两条支路组成的选择序列的合并，当 S0 为活动步，转换条件 X0 得到满足，或者步 S25 为活动步，转换条件 T1 得到满足，都将使步 S20 变为活动步，同时系统程序将步 S0 或步 S25 复位为不活动步。

在梯形图中，由 S0 和 S25 的 STL 指令开始的 STL 区中均有转换目标 S20，对它们的后续步 S20 的置位（将它变为活动步）是用 SET 指令实现的，对相应前级步的复位（将它变为不活动步）是由系统程序自动完成的。其实在设计梯形图时，没有必要特别留意选择序列的合并如何处理，只要正确地确定每一步的转换条件和转换目标，就能"自然地"实现选择序列的合并。

视频"自动门顺控程序的调试"可通过扫描二维码 5-3 播放。

梯形图中 T0 的线圈同时受到 S22 的 STL 触点和 X0 的常闭触点的控制，所以产生步 S22 之后的转换实际上需要两个条件，即检测到该步无人（X0 为 OFF）和定时时间到。

二维码 5-3

5.4.4 并行序列的编程方法

1. 专用钻床控制的程序结构

图 5-42 是图 5-28 所示的专用钻床的顺序功能图，它描述的实际上是自动程序，除此之外，还有手动程序。在运行自动程序之前，首先应满足规定的初始条件。如果不满足，可以切换到手动方式，用手动按钮分别独立操作各执行机构，使系统进入要求的初始状态。

因为 STL 指令不能用于子程序，例程"专用钻床控制"没有采用子程序的结构，而是用条件跳转来切换自动程序和手动程序，程序结构如图 5-40 所示。自动开关 X20 为 ON 时，跳过手动程序，执行自动程序。X20 为 OFF 时，跳过自动程序，执行手动程序。跳转指令"CJ P63"跳转到 END 指令处。程序中软元件的注释见图 5-41。

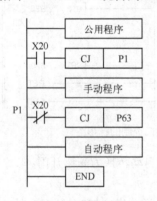

图 5-40 程序结构

软元件名	注释	软元件名	注释
X000	起动按钮	X015	反转按钮
X001	已夹紧	X016	夹紧按钮
X002	大孔钻完	X017	松开按钮
X003	大钻升完	X020	自动开关
X004	小孔钻完	Y000	夹紧阀
X005	小钻升完	Y001	大钻降
X006	旋转到位	Y002	大钻升
X007	已松开	Y003	小钻降
X010	大钻升AN	Y004	小钻升
X011	大钻降AN	Y005	工件正转
X012	小钻升AN	Y006	松开阀
X013	小钻降AN	Y007	工件反转
X014	正转按钮	Y010	

图 5-41 软元件的注释表

2. 公用程序与手动程序

图 5-43 是公用程序和手动程序。在手动方式（X20 为 OFF）和首次扫描（M8002 为 ON）时，将顺序功能图中的非初始步对应的状态（S21～S29）批量复位，然后将初始步 S0 置位。上述操作主要是防止由自动方式切换到手动方式，然后又返回自动方式时，可能会出

现同时有多个活动步的异常情况。

在手动方式，用手动按钮 X10~X17 分别独立控制大、小钻头的升降，工件的旋转和夹紧、松开。每对功能相反的输出继电器用对方的常闭触点实现互锁，用限位开关的常闭触点对钻头的升降限位。图中的"大钻升 AN"是大钻头上升按钮的简称，"大钻升完"是大钻头上升到位的限位开关的简称。

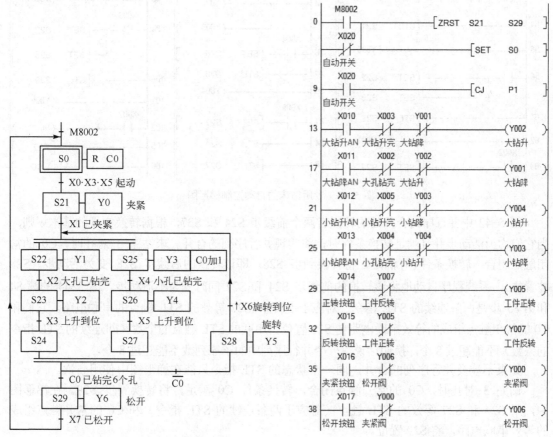

图 5-42　专用钻床的顺序功能图　　　　　图 5-43　公用程序和手动程序

3. 自动程序

图 5-44 是用 STL 指令编制的自动控制梯形图。图 5-42 中分别由 S22~S24 和 S25~S27 组成的两个单序列是并行工作的，设计梯形图时应保证这两个序列同时开始工作和同时结束，即两个序列的第一步 S22 和 S25 应同时变为活动步，两个序列的最后一步 S24 和 S27 应同时变为不活动步。

并行序列的分支的处理是很简单的。在图 5-42 中，当步 S21 是活动步，并且转换条件 X1 为 ON 时，步 S22 和 S25 同时变为活动步，两个序列开始同时工作。在梯形图中，用 S21 等效的 STL 触点（对应于指令"STL　S21"）和 X1 的常开触点组成的等效的串联电路来控制对 S22 和 S25 同时置位，系统程序将前级步 S21 变为不活动步。

另一种情况是当步 S28 为活动步，并且在 X6 的上升沿时，步 S22 和 S25 也应同时变为活动步，两个序列开始同时工作。在梯形图中，用 S28 等效的 STL 触点（对应于指令"STL S28"）和 X6 的上升沿检测触点组成的等效的串联电路来控制对 S22 和 S25 的同时置位。

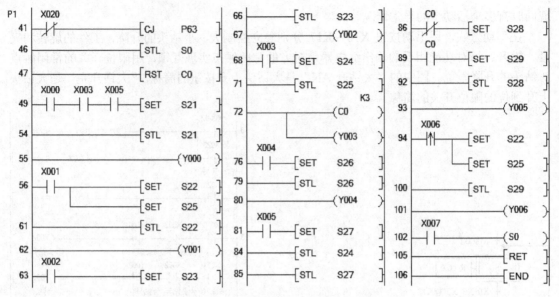

图 5-44 专用钻床的自动控制梯形图

图 5-42 中并行序列合并处的转换有两个前级步 S24 和 S27，根据转换实现的基本规则，当它们均为活动步并且满足转换条件时，将实现并行序列的合并。未钻完 3 对孔时，C0 的常闭触点闭合，转换条件 $\overline{C0}$ 满足，将转换到步 S28，即该转换的后续步 S28 变为活动步（S28 被置位），系统程序自动地将该转换的前级步 S24 和 S27 同时变为不活动步。图 5-44 的第 84 和第 85 步是两条连续的 STL 指令，对应于 S24 和 S27 等效的 STL 触点的串联电路。它们和 C0 的常闭触点组成的等效串联电路使 S28 置位。串联的 STL 触点的个数（即连续的 STL 指令的条数）不能超过 8 个，换句话说，一个并行序列中的子序列数不能超过 8 个。

如果不涉及并行序列的合并，同一个状态的 STL 指令只能在梯形图中使用一次。

钻完 3 对孔时，C0 的常开触点闭合，转换条件 C0 满足，将转换到步 S29。在梯形图中，用 S24 和 S27 等效的 STL 触点（对应于两条连续的 STL 指令）和 C0 的常开触点组成的等效串联电路，将 S29 置位。

5.5 使用置位/复位指令的编程方法

5.5.1 单序列的编程方法

1. 编程的基本方法

在顺序功能图中，如果某一转换的所有前级步都是活动步，并且满足该转换对应的转换条件，转换将会实现。即该转换所有的后续步都应变为活动步，该转换所有的前级步都应变为不活动步。

在梯形图中，用辅助继电器（M）代表步，当某步为活动步时，该步对应的辅助继电器为 ON。当该步之后的转换条件满足时，转换条件对应的触点或电路接通，因此可以将该触点或电路与代表所有前级步的辅助继电器的常开触点串联，作为与转换实现的两个条件同时满足对应的电路。该电路接通时，将所有后续步对应的辅助继电器置位和将所有前级步对应的辅助继电器复位。

在任何情况下，代表步的辅助继电器的控制电路都可以用这一原则来设计，每一个转换对应一个这样的控制置位和复位的电路块，有多少个转换就有多少个这样的电路块，这种编程方法也称为以转换为中心的编程方法。这种设计方法特别有规律，在设计复杂的顺序功能图的梯形图时既容易掌握，又不容易出错。

这种编程方法与转换实现的基本规则之间有着严格的对应关系，用它编制复杂的顺序功能图的梯形图时，更能显示出它的优越性。

如果转换的前级步或者后续步不止一个，转换的实现称为同步实现（见图 5-45）。为了强调同步实现，有向连线的水平部分用双线表示。

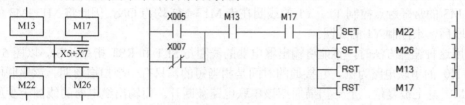

图 5-45 使用置位/复位指令的编程方法

图 5-45 中转换条件的布尔代数表达式为 $X5 + \overline{X7}$，它的两个前级步对应的辅助继电器为 M13 和 M17，所以将 M13 和 M17 的常开触点组成的串联电路与 X5 和 X7 的触点组成的并联电路串联，作为转换实现的两个条件同时满足对应的电路。在梯形图中，该电路接通时，将代表后续步的 M22 和 M26 置位（变为 ON 并保持），同时将代表前级步的 M13 和 M17 复位（变为 OFF 并保持）。

2．双运输带控制程序设计

（1）控制电路的设计

图 5-46 中的两条运输带顺序相连，为了避免运送的物料在 1 号运输带上堆积，按下起动按钮后，1 号运输带开始运行，5s 后 2 号运输带自动起动。停机的顺序与起动的顺序刚好相反，间隔仍然为 5s。图 5-46 同时给出了控制系统的顺序功能图和梯形图。

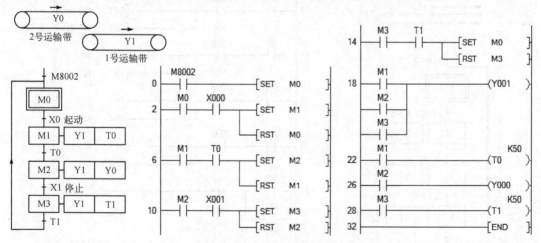

图 5-46 运输带控制的顺序功能图与梯形图

以初始步下面的 X0 对应的转换为例，要实现该转换，需要同时满足两个条件，即该转换的前级步是活动步（M0 为 ON）和转换条件满足（X0 为 ON）。在梯形图中，用 M0 和 X0 的常开触点组成的串联电路来表示上述条件。该电路接通时，两个条件同时满足。此时应将该转换的后续步变为活动步，即用置位指令（SET 指令）将 M1 置位。还应将该转换的前级步变为不活动步，即用复位指令（RST 指令）将 M0 复位。

图 5-46 给出了该工程的梯形图程序（见例程"二运输带顺序控制"）。梯形图的前 5 块电路是用上述方法编写的控制步 M0～M3 的置位/复位电路，每一个转换对应一块这样的电路。

（2）输出电路的设计

用户应根据顺序功能图，用代表步的辅助继电器的常开触点或它们的并联电路来控制输出位的线圈。Y0 仅仅在步 M2 为 ON，因此用 M2 的常开触点直接控制 Y0 的线圈。

接通延时定时器 T0 仅在步 M1 为活动步时定时，因此用 M1 的常开触点控制 T0。同样的，用 M3 的常开触点控制 T1。Y1 的线圈在步 M1～M3 均为 ON，因此将 M1～M3 的常开触点并联后，来控制 Y1 的线圈。

使用这种编程方法时，不能将输出继电器的线圈与 SET 和 RST 指令并联。以图 5-46 中 M0 和 X0 的串联电路为例，它接通的时间是相当短的，只有一个扫描周期。该串联电路接通后，M0 马上被复位，下一扫描周期该串联电路被断开。而输出继电器的线圈至少应该在某一步对应的全部时间内被接通。所以应根据顺序功能图，用代表步的辅助继电器的常开触点或它们的并联电路来驱动输出继电器的线圈。

3．小车顺序控制程序设计

图 5-47 是某小车运动的示意图、顺序功能图和用置位/复位指令设计的梯形图。设小车在初始位置时停在左边，左限位开关 X0 为 ON；按下起动按钮 X3 后，小车向右运动（简称为右行），碰到中限位开关 X1 时，变为左行；返回左限位开关 X0 处变为右行，碰到右限位开关 X2 时变为左行，返回起始位置后停止运动。

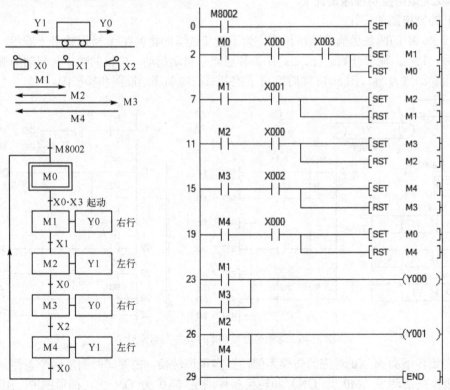

图 5-47　小车控制的示意图、顺序功能图与梯形图

将一个工作周期划分为初始步和 4 个运动步，分别用 M0～M4 来代表这 5 步。起动按钮 X3、限位开关 X0～X2 的常开触点是各步之间的转换条件。

根据顺序功能图，很容易画出梯形图（见例程"小车顺序控制"）。例如图 5-47 中步 M1 的前级步为 M0，该步前面的转换条件为 X0·X3。在梯形图中，用 M0、X0 和 X3 的常开触点组成的串联电路来控制对后续步 M1 的置位和对前级步 M0 的复位。

从顺序功能图可以看出，控制右行的 Y0 在步 M1 和步 M3 都要工作，所以用 M1 和 M3 的常开触点的并联电路来控制 Y0 的线圈。同样的，用 M2 和 M4 的常开触点的并联电路来控制 Y1 的线圈。

视频"小车顺控程序的调试"可通过扫描二维码 5-4 播放。

二维码 5-4

5.5.2 选择序列与并行序列的编程方法

1. 三运输带控制系统的顺序控制

现将图 5-18 所示的 3 条运输带重画在图 5-48，同时给出了各输入、输出的波形图。按下起动按钮后，1～3 号运输带顺序起动；按下停止按钮后，3～1 号运输带顺序停机。

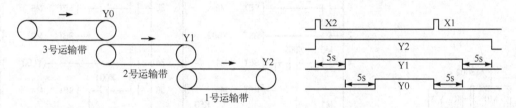

图 5-48　3 条运输带控制的示意图与波形图

根据图 5-48 中的波形图，显然可以将系统的一个工作周期划分为 6 步，即等待起动的初始步、4 个延时步和 3 台设备同时运行的步。图 5-49 给出了控制系统的顺序功能图。从波形图可知，Y2 在步 M1～M5 均为 ON，Y1 在步 M2～M4 均为 ON。可以将 Y2 填入步 M1～M5 的动作框，将 Y1 填入步 M2～M4 的动作框。为了简化顺序功能图和程序，在 Y2 应为 ON 的第一步（步 M1）将它置位，用顺序功能图动作框中的"S　Y2"来表示这一操作；在 Y2 应为 ON 的最后一步的下一步（步 M0）将 Y2 复位为 OFF，用动作框中的"R Y2"来表示这一操作。

同样的，为了使控制 2 号运输带的 Y1 在 M2～M4 这 3 步为 ON，在步 M2 将 Y1 置为 ON，在步 M5 将 Y1 复位。

操作人员在顺序起动运输带的过程中如果发现异常情况，需要将起动改为停车。此时按下停止按钮 X1，将已起动的运输带停车，仍采用后起动的运输带先停车的原则。

在步 M1，只起动了 1 号运输带 Y2。按下停止按钮 X1，将跳过正常运行流程中的步 M2～M5，返回初始步 M0，将 Y2 复位。为了实现这一要求，在步 M1 的后面增加一条返回初始步的有向连线，并用停止按钮 X1 作为转换条件。

在步 M2 已经起动了两条运输带，按下停止按钮 X1，跳转到步 M5，将后起动的 Y1 复位，5s 后返回初始步，将先起动的 Y2 复位。为了实现这一要求，在步 M2 的后面，增加一条转换到步 M5 的有向连线，并用停止按钮 X1 作为转换条件。满足要求的顺序功能图如图 5-49 所示。

步 M2 之后有一个选择序列的分支，当它是活动步（M2 为 ON），并且转换条件 X1 得到满足，后续步 M5 将变为活动步，M2 变为不活动步。如果步 M2 为活动步，并且转换条件 T1 得到满足，后续步 M3 将变为活动步，步 M2 变为不活动步。

步 M5 之前有一个选择序列的合并，当步 M2 为活动步，并且转换条件 X1 满足，或者步 M4 为活动步，并且转换条件 T2 满足，步 M5 都应变为活动步。

此外，在步 M1 之后有一个选择序列的分支，在步 M0 之前有一个选择序列的合并。

如果某一转换与并行序列的分支、合并无关，它的前级步和后续步都只有一个，需要复位/置位的辅助继电器也只有一个，因此对选择序列的分支与合并的编程方法实际上与对单序列的编程方法完全相同。

图 5-49 所示的顺序功能图中，除了 M8002、X2 和步 M3 之后的 X1 对应的转换，别的转换均与选择序列的分支、合并有关。所有的转换都只有一个前级步和一个后续步，对应的梯形图（见图 5-50 和例程"三运输带顺序控制"）是非常"标准的"，每一个控制置位/复位的电路块都由前级步对应的辅助继电器 M 和转换条件对应的 X 或 T 的常开触点组成的串联电路、一条 SET 指令和一条 RST 指令组成。

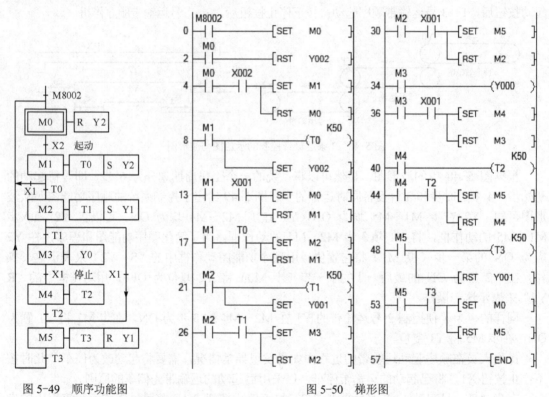

图 5-49　顺序功能图　　　　　　　　　　　　图 5-50　梯形图

2. 双面钻孔的组合机床的顺序控制

组合机床是针对特定工件和特定加工要求设计的自动化加工设备，通常由标准通用部件和专用部件组成，PLC 是组合机床电气控制系统中的主要控制设备。

用于双面钻孔的组合机床在工件相对的两面钻孔，机床由动力滑台提供进给运动，刀具电动机固定在动力滑台上。图 5-51 为双面钻孔组合机床的工作示意图，图 5-52 为相应的 PLC 外部接线图。程序见例程"双面组合机床控制"。

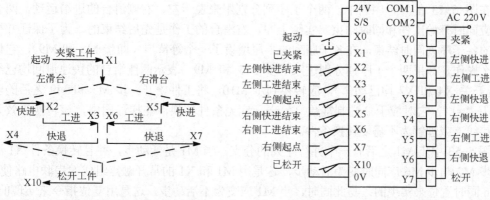

图 5-51 双面钻孔组合机床的工作示意图　　　　　　图 5-52　PLC 外部接线图

如图 5-51 所示,自动运行之前限位开关 X4 和 X7 为 ON。工件装入夹具后,按下起动按钮 X0,转换条件 X0·X4·X7 满足,转换到步 M1。工件被夹紧后,限位开关 X1 变为 ON,并行序列中两个子序列的起始步 M2 和 M6 变为活动步,两侧的左、右动力滑台同时进入快速进给(快进)工步。以后两个动力滑台的工作过程是相对独立的。两侧的加工均完成后,两侧的动力滑台退回原位,系统进入步 M10。工件被松开后,限位开关 X10 变为 ON,系统返回初始步 M0,一次加工的工作循环结束。

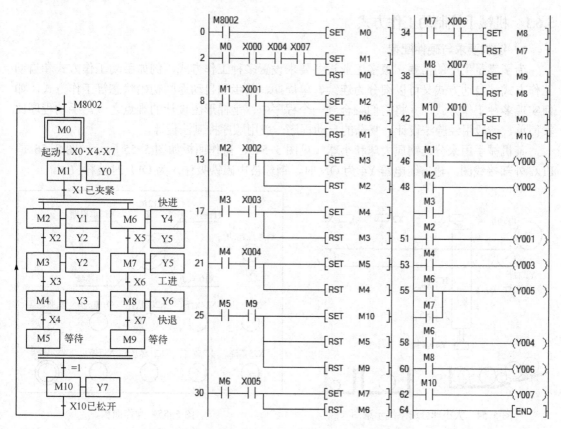

图 5-53　组合机床控制系统的顺序功能图与梯形图

在图 5-53 的并行序列中，两个子序列分别用来表示左、右侧滑台的进给运动，两个子序列应同时开始工作和同时结束。实际上左、右滑台的工作是先后结束的，为了保证并行序列中的各子序列同时结束，在各子序列的末尾增设了一个等待步（即步 M5 和 M9），它们没有什么操作。如果两个子序列分别进入了步 M5 和 M9，表示两侧滑台的快速退回均已结束（限位开关 X4 和 X7 均已动作），应转换到步 M10，将工件松开。步 M5 和 M9 之后的转换条件为 "=1"，它对应于二进制常数 1，表示应无条件转换，在梯形图中，该转换等效为一根短接线，或理解为不需要转换条件。

图 5-53 中步 M1 之后有一个并行序列的分支，当 M1 是活动步，并且转换条件 X1 满足时，步 M2 与步 M6 应同时变为活动步，这是用 M1 和 X1 的常开触点组成的串联电路使 M2 和 M6 同时置位来实现的；与此同时，步 M1 应变为不活动步，这是用复位指令来实现的。

步 M10 之前有一个并行序列的合并，该转换实现的条件是所有的前级步（即步 M5 和 M9）都是活动步，因为转换条件是 "=1"，即无条件转换，只需将 M5 和 X9 的常开触点串联，作为使 M10 置位和使 M5、M9 复位的条件。

视频 "双面组合机床顺控程序" 可通过扫描二维码 5-5 播放。

5.6 具有多种工作方式的系统的编程方法

5.6.1 机械手控制的工作方式

1. 控制要求与硬件配置

为了满足生产的需要，很多工业设备要求设置多种工作方式，例如手动工作方式和自动工作方式，自动方式又可以细分为连续、单周期、单步和自动返回初始状态等工作方式。如何实现多种工作方式，并将它们融合到一个程序中，是梯形图设计的难点之一。手动程序比较简单，一般用经验法设计，复杂的自动程序一般用顺序控制法设计。

某机械手用来分选钢质大球和小球（见图 5-54），操作面板如图 5-55 所示，图 5-56 是 PLC 外部接线图。输出继电器 Y4 为 ON 时，钢球被电磁铁吸住，为 OFF 时被释放。

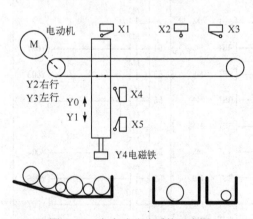

图 5-54 大小球分选系统示意图

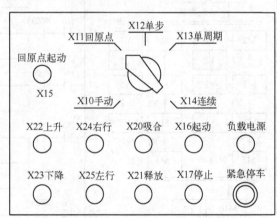

图 5-55 操作面板

工作方式选择开关的 5 个位置分别对应于 5 种工作方式，操作面板左下部的 6 个按钮是手动按钮。为了保证在紧急情况下（包括 PLC 发生故障时）能可靠地切断 PLC 的负载电源，设置了交流接触器 KM（见图 5-56）。在 PLC 开始运行时按下"负载电源"按钮，使 KM 线圈得电并自锁，KM 的主触点接通，给外部负载提供交流电源。出现紧急情况时用"紧急停车"按钮断开负载电源。

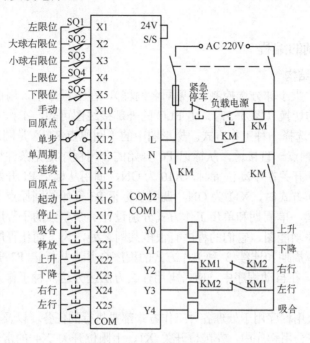

图 5-56　PLC 外部接线图

对于电磁吸盘这一类执行机构，在紧急停车时如果切断它的电源，它吸住的铁磁物体会掉下来，可能造成事故，一般不允许这样处理。

右行和左行是用异步电动机控制的，在控制电动机的交流接触器 KM1 和 KM2 的线圈回路中，设置了由它们的常闭触点组成的硬件互锁电路。

2. 工作方式

系统设有手动、单周期、单步、连续和回原点 5 种工作方式。机械手从初始状态（最上面和最左边）开始，将钢球分选到不同的槽中，最后返回初始状态的过程，称为一个工作周期。

1）在手动工作方式，用 X20～X25 对应的 6 个按钮分别独立控制钢球的吸合和释放、机械手的升、降、右行和左行。

2）在单周期工作方式的初始状态按下起动按钮 X16，从初始步 M0 开始，机械手按顺序功能图（见图 5-60）的规定完成一个周期的工作后，返回并停留在初始步。

3）在连续工作方式的初始状态按下起动按钮 X16，机械手从初始步 M0 开始，工作一个周期后又开始搬运下一个钢球，反复连续地工作。按下停止按钮 X17，并不马上停止工作，完成最后一个周期的工作后，系统才返回并停留在初始步。

4）在单步工作方式，从初始步开始，按一下起动按钮，系统转换到下一步，完成该步的任务后，自动停止工作并停留在该步，再按一下起动按钮，才开始执行下一步的操作。单步工作方式常用于系统的调试。

5）机械手在最上面和最左边且电磁铁线圈断电时，称为系统处于原点状态。在进入单周期、连续和单步工作方式之前，系统应处于原点状态。如果不满足这一条件，可以选择回原点工作方式，然后按下回原点起动按钮 X15，使系统自动返回原点状态。

在原点状态，顺序功能图中的初始步 M0 为 ON，为进入单周期、连续和单步工作方式做好了准备。

5.6.2 机械手控制的编程

1．程序的总体结构

工程的名称为"大小球分选控制"（见同名例程），在主程序中，用调用子程序的方法来实现各种工作方式的切换（图 5-57）。由 PLC 的外部接线图可知，工作方式选择开关是单刀 5 掷开关，同时只能选择一种工作方式。梯形图中的"回原点 KG"是回原点开关的简称。

M8000 的常开触点一直接通，从标记 P0 开始的公用程序是无条件调用的，供各种工作方式公用。方式选择开关在手动位置时，X10 为 ON，调用从标记 P1 开始的手动程序。

选择回原点工作方式时，X11 为 ON，调用从标记 P3 开始的回原点程序（见图 5-63）。

用户可以为连续、单周期和单步工作方式分别设计一个单独的子程序。考虑到这些工作方式使用相同的顺序功能图，它们的程序有很多共同之处，为了简化程序，减少程序设计的工作量，将单步、单周期和连续 3 种工作方式的程序合并为从标记 P2 开始的自动程序（见图 5-61 和图 5-62）。在自动程序中，应考虑用什么方法区分这 3 种工作方式。

2．公用程序

图 5-58 中的公用程序用于处理各种工作方式都要执行的任务，以及不同的工作方式之间相互切换的处理。在公用程序中，左限位开关 X1、上限位开关 X4 的常开触点和表示电磁铁线圈断电的 Y4 的常闭触点组成的串联电路接通时，辅助继电器"原点条件"M5 变为 ON。

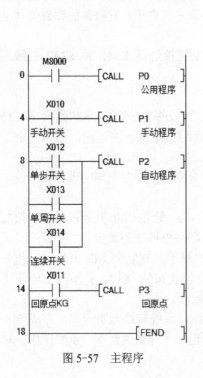

图 5-57 主程序

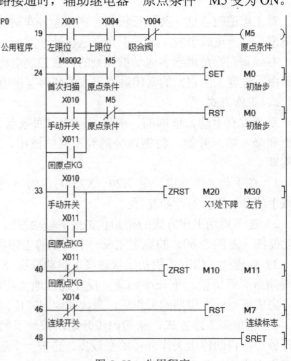

图 5-58 公用程序

142

在开始执行用户程序（M8002 为 ON）、系统工作在手动方式或自动回原点方式（X10 或 X11 为 ON）时，当机械手处于原点状态（M5 为 ON），顺序功能图中的初始步对应的 M0 将被置位，为进入单步、单周期和连续工作方式做好准备。如果此时 M5 为 OFF 状态，M0 将被复位，初始步为不活动步，进入单步、单周期和连续工作方式后按起动按钮也不会转换到下一步，自动运行被禁止，系统不能在单步、单周期和连续工作方式工作。

从一种工作方式切换到另一种工作方式时，应将有存储功能的位软元件复位。工作方式较多时，应仔细考虑各种可能的情况，分别进行处理。在切换工作方式时应执行下列操作：

1）当系统从自动工作方式切换到手动或自动回原点工作方式（X10 或 X11 为 ON）时，用区间复位指令 ZRST 将初始步以外的各步对应的辅助继电器 M20～M30 复位，否则以后返回自动工作方式时，可能会出现同时有两个活动步的异常情况，引起错误的动作。

2）在退出自动回原点工作方式时，回原点开关 X11 的常闭触点闭合。此时将自动回原点的顺序功能图（见图 5-63）中各步对应的 M10 和 M11 复位，以防止下次进入自动回原点方式时，可能会出现同时有两个活动步的异常情况。

3）在非连续工作方式，连续开关 X14 的常闭触点闭合，将连续标志 M7 复位。

3．手动程序

X10 为 ON 时调用手动程序（见图 5-59），手动操作时用 X20～X25 对应的 6 个按钮控制钢球的吸合和释放，机械手的升、降、右行和左行。为了保证系统的安全运行，在手动程序中设置了一些必要的联锁。

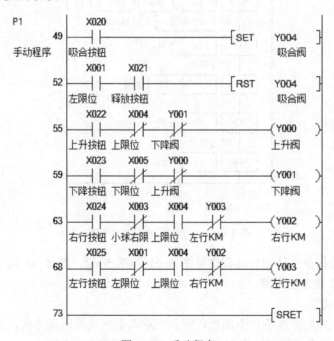

图 5-59 手动程序

1）左、右、上、下极限开关 X1、X3～X5 的常闭触点分别与控制机械手运动对应的输出继电器的线圈串联，以防止因机械手运行超限而出现事故。

2）设置上升阀与下降阀之间、左行与右行接触器之间的互锁，用来防止功能相反的两个输出继电器同时为 ON。

3）上限位开关 X4 的常开触点与控制左、右行的 Y3 和 Y2 的线圈串联，机械手升到最高位置才能左、右移动，以防止机械手在较低位置运行时与别的物体碰撞。

4）机械手在最左边（X1 为 ON）时才允许释放钢球（将 Y4 复位）。

4. 自动程序

图 5-60 是机械手控制系统单周期、连续和单步工作方式的顺序功能图。该图是一种典型结构，可以用于别的具有多种工作方式的系统，最上面的转换条件与公用程序有关。单周期、连续和单步 3 种工作方式用连续标志 M7 和转换允许标志 M6 来区分。

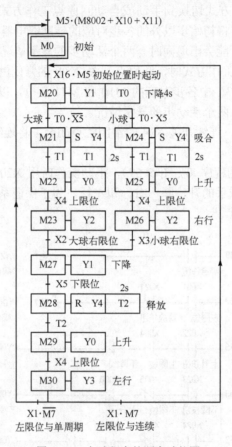

图 5-60　自动程序的顺序功能图

使用置位/复位指令设计的自动程序见图 5-61 和图 5-62。图 5-61 用于控制代表步的辅助继电器，图 5-62 是输出电路。

（1）连续工作方式

PLC 上电后，如果原点条件不满足，应首先进入手动或回原点方式，通过相应的操作使原点条件满足，公用程序使初始步 M0 为 ON，然后切换到自动方式。

系统工作在连续、单周期（非单步）工作方式时，X12 的常闭触点接通，使"转换允许"标志 M6 为 ON，图 5-61 中 M6 的主控触点接通，允许步与步之间的转换。

在连续工作方式，X14 为 ON，按下起动按钮 X16，连续标志 M7 变为 ON 并锁存（见图 5-61 步序号为 74 的电路）。

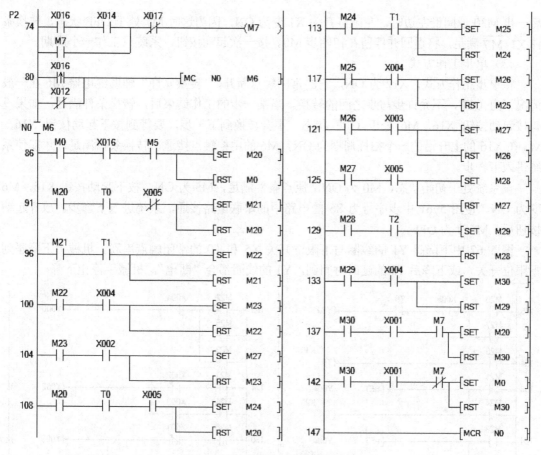

图 5-61 自动程序中步的控制电路

假设机械手处于原点状态，M5 为 ON；初始步为活动步，M0 为 ON；按下起动按钮，X16 的常开触点闭合。图 5-61 中步序号为 86 的电路中的触点串联电路接通，使 M20 置位，M0 复位，系统从初始步转换到下降步，Y1 的线圈"通电"，机械手下降；同时定时器 T0 开始定时。机械手碰到大球时，下限位开关 X5 不会动作，T0 的定时时间到时，转换条件 T0·$\overline{X5}$ 满足，将转换到步 M21。机械手碰到小球时，下限位开关 X5 动作，T0 的定时时间到时，转换条件 T0·X5 满足，将转换到步 M24。在步 M21 或步 M24，Y4 被 SET 指令置位，钢球被吸住；为了保证钢球被可靠地吸住后机械手再上升，用 T1 延时，2s 后 T1 的定时时间到，它的常开触点接通，使系统进入上升步。以后系统将这样一步一步地工作下去，直到步 M30，机械手左行返回原点位置，左限位开关 X1 变为 ON，因为连续工作标志 M7 为 ON，转换条件 X1·M7 满足，系统返回步 M20，反复连续地工作下去。按下停止按钮 X17 后，M7 变为 OFF，但是系统不会立即停止工作，在完成当前工作周期的全部操作后，小车在步 M30 返回最左边，左限位开关 X1 为 ON，转换条件 X1·$\overline{M7}$ 满足，系统才返回并停留在初始步。

（2）单周期工作方式

在单周期工作方式，X14 为 OFF，按下起动按钮后，M7 不会变为 ON。当机械手在最后一步 M30 返回最左边时，左限位开关 X1 变为 ON，因为这时 M7 处于 OFF 状态，转换条件 X1·$\overline{M7}$ 满足，将返回并停留在初始步 M0。按一次起动按钮，系统只工作一个周期。

（3）单步工作方式

在单步工作方式，X12 为 ON，它的常闭触点断开，"转换允许"辅助继电器 M6 在一般情况下为 OFF，不允许步与步之间的转换。当某一步的工作结束后，转换条件满足，如果没有按起动按钮 X16，M6 处于 OFF 状态，不会转换到下一步，要等到按下起动按钮 X16，M6 在 X16 的上升沿的一个扫描周期为 ON，M6 的主控触点接通，转换条件满足，才能使系统进入下一步。

设系统处于初始状态，M0 为 ON，原点条件满足，M5 为 ON。按下起动按钮 X16，M6 变为 ON，使图 5-61 中步序号为 86 的电路中的串联电路接通，系统进入下降步。放开起动按钮后，M6 变为 OFF。

图 5-62 中下降阀 Y1 的线圈与下限位开关 X5 和 T0 的常闭触点串联。机械手下降碰到下限位开关，或下降后 T0 的延时时间到，Y1 的线圈都会"断电"，机械手停止下降。

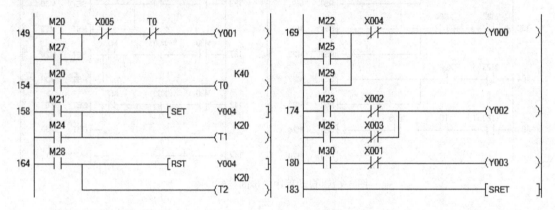

图 5-62 自动程序中的输出电路

假设在步 M20 机械手碰到的是小球，下限位开关 X5 变为 ON。T0 的延时时间到时，转换条件 T0·X5 满足。如果没有按起动按钮，X16 和 M6 处于 OFF 状态，不会转换到下一步。一直要等到按下起动按钮，X16 和 M6 变为 ON，M6 的主控触点接通，转换条件 T0·X5 才能使系统从步 M20 转换到步 M24。以后在完成某一步的操作后，都必须按一次起动按钮 X16，系统才能进入下一步。

图 5-61 中步序号 142 对 M0 置位（SET）的电路应放在步序号为 86 的对 M20 置位的电路的后面，否则在单步工作方式从步 M30 返回步 M0 时，将会马上进入步 M20。

在图 5-61 中，控制 M6（转换允许）的是起动按钮 X16 的上升沿检测触点，在步 M30 按起动按钮 X16，M6 的主控触点仅在一个扫描周期为 ON。步序号 142 开始的电路使 M0 置位后，下一扫描周期处理步序号为 86 的电路时，M6 已变为 OFF，所以不会使 M20 变为 ON，要等到下一次按起动按钮 X16 时，M20 才会变为 ON。

（4）输出电路

图 5-62 是自动控制程序的输出电路，图中 X1～X4 的常闭触点是为单步工作方式设置的。以控制左行的 Y3 为例，当小车碰到左限位开关 X1 时，控制左行的辅助继电器 M30 不

会马上变为 OFF，如果 Y3 的线圈不与左限位开关 X1 的常闭触点串联，机械手不能停在 X1 处，还会继续左行，可能造成事故。

（5）自动回原点程序

图 5-63 是自动回原点程序的顺序功能图和用置位/复位指令设计的梯形图。在回原点工作方式（X11 为 ON）按下回原点起动按钮 X15，进入步 M10，将控制下降的 Y1 复位，Y0 变为 ON，机械手上升；升到上限位开关处时 X4 变为 ON，转换到步 M11，将控制右行的 Y2 复位，Y3 变为 ON，机械手左行；碰到左限位开关时，X1 变为 ON，将 M11 和 Y4 复位，Y3 变为 OFF。如果电磁铁吸住了钢球，此时电磁铁的线圈断电，钢球落入左边的槽内。由公用程序可知，这时原点条件满足，M5 为 ON，初始步 M0 被置位，为进入单周期、连续和单步工作方式做好了准备，因此可以认为步 M0 是步 M11 的后续步。

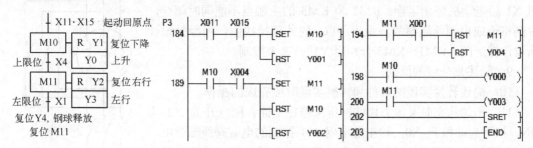

图 5-63　自动返回原点的顺序功能图与梯形图

5.7　习题

1．用经验设计法设计满足图 5-64 所示波形的梯形图。

2．用经验设计法设计满足图 5-65 所示波形的梯形图。

3．按下按钮 X0 后，Y0 变为 ON 并自保持，T0 定时 7s 后，用 C0 对 X1 输入的脉冲计数，计满 4 个脉冲后，Y0 变为 OFF（见图 5-66），同时 C0 和 T0 被复位，在 PLC 刚开始执行用户程序时，C0 也被复位，设计出梯形图。

4．用经验设计法设计图 5-67 要求的输入/输出关系的梯形图。

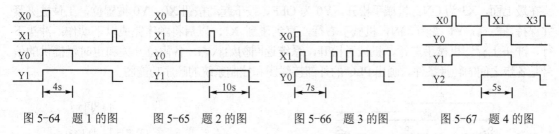

图 5-64　题 1 的图　　图 5-65　题 2 的图　　图 5-66　题 3 的图　　图 5-67　题 4 的图

5．要求在 X0 从 ON 变为 OFF 的下降沿时，Y1 输出一个 2s 的脉冲后自动变为 OFF（见图 5-68）。X0 为 OFF 的时间可以大于 2s，也可以小于 2s，设计出梯形图程序。

6．用时序控制法设计图 5-69 要求的输入/输出关系的梯形图。

7．小车在初始状态时停在中间，限位开关 X0 为 ON，按下起动按钮 X3，小车按图 5-70 所示的顺序运动，最后返回并停在初始位置。用经验设计法设计小车控制的梯形图。

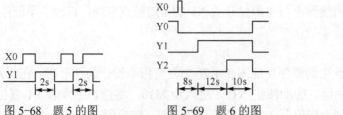

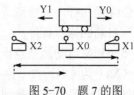

图 5-68 题 5 的图　　　　图 5-69 题 6 的图　　　　图 5-70 题 7 的图

8. 图 5-71 是异步电动机星形—三角形起动电路的主回路，按下起动按钮 X0，交流接触器 KM1 和 KM2 的线圈通电，电动机的定子绕组接成星形，开始起动。延时 8s 后，电动机的转速接近额定转速，PLC 使 KM2 的线圈断电，KM3 的线圈通电，定子绕组改接为三角形。按下停止按钮 X1 后电动机停止运行。KM2 和 KM3 的主触点不能同时闭合，否则将造成电源断路事故。画出 PLC 的外部接线图，用经验设计法设计梯形图，KM1～KM3 分别用 Y1～Y3 来控制。

9. 简述划分步的原则。

10. 简述转换实现的条件和转换实现时应完成的操作。

11. 初始状态时某压力机的冲压头停在上面，限位开关 X2 为 ON，按下起动按钮 X0，输出继电器 Y0 控制的电磁阀线圈通电，冲压头下行。压到工件后压力升高，压力继电器动作，使输入继电器 X1 变为 ON，用 T1 保压延时 5s 后，Y0 变为 OFF，Y1 变为

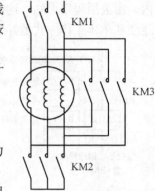

图 5-71 题 8 的图

ON，上行电磁阀线圈通电，冲压头上行。返回到初始位置时碰到限位开关 X2，系统回到初始状态，Y1 变为 OFF，冲压头停止上行。画出控制系统的顺序功能图。

12. 某组合机床动力头进给运动示意图和输入/输出信号时序图如图 5-72 所示，为了节省篇幅，将各限位开关提供的输入信号和 M8002 提供的初始脉冲信号画在一个波形图中。设动力头在初始状态时停在左边，限位开关 X3 为 ON，Y0～Y2 是控制动力头运动的 3 个电磁阀。按下起动按钮 X0 后，动力头向右快速进给（简称为快进），碰到限位开关 X1 后变为工作进给（简称为工进），碰到限位开关 X2 后快速退回（简称为快退），返回初始位置后停止运动。画出 PLC 的外部接线图和控制系统的顺序功能图。

13. 冲床机械手运动的示意图如图 5-73 所示。初始状态时机械手在最左边，X4 为 ON；冲头在最上面，X3 为 ON；机械手松开，Y0 为 OFF。按下起动按钮 X0，Y0 被置位，工件被夹紧并保持，2s 后 Y1 变为 ON，机械手右行，直到碰到 X1，以后将顺序完成以下动作：冲头下行，冲头上行，机械手左行，机械手松开，系统返回初始状态，各限位开关和定时器提供的信号是各步之间的转换条件。画出 PLC 的外部接线图和控制系统的顺序功能图。

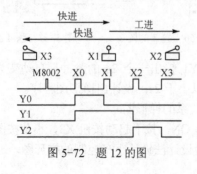

图 5-72 题 12 的图

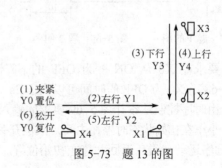

图 5-73 题 13 的图

14. 初始状态时，图 5-74 中剪板机的压钳和剪刀在上限位置，X0 和 X1 为 ON。按下起动按钮 X10，工作过程如下：首先板料右行（Y0 为 ON）至限位开关 X3 为 ON，然后压钳下行（Y1 为 ON 并保持）。压紧板料后，压力继电器 X4 为 ON，压钳保持压紧，剪刀开始下行（Y2 为 ON）。剪断板料后，X2 变为 ON，压钳和剪刀同时上行（Y3 和 Y4 为 ON，Y1 和 Y2 为 OFF），它们分别碰到限位开关 X0 和 X1 后，分别停止上行，均停止后，又开始下一周期的工作，剪完 5 块料后停止工作并停在初始状态。试画出 PLC 的外部接线图和系统的顺序功能图。

15. 指出图 5-75 所示顺序功能图中的错误。

16. 指出图 5-76 所示顺序功能图中的错误。

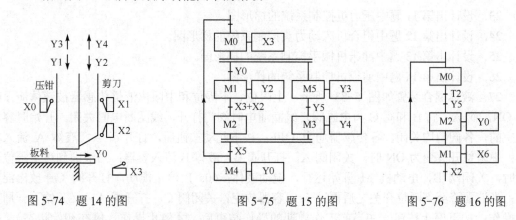

图 5-74　题 14 的图　　　　　图 5-75　题 15 的图　　　　　图 5-76　题 16 的图

17. 设计出图 5-77 所示的顺序功能图的梯形图程序。

18. 设计出图 5-78 所示的顺序功能图的梯形图程序。

19. 设计出图 5-79 所示的顺序功能图的梯形图程序。

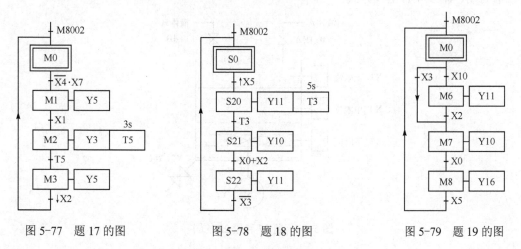

图 5-77　题 17 的图　　　　　图 5-78　题 18 的图　　　　　图 5-79　题 19 的图

20. 设计出图 5-80 所示的顺序功能图的梯形图程序。

21. 设计出图 5-81 所示的顺序功能图的梯形图程序。

22. 画出图 5-82 对应的局部的顺序功能图。

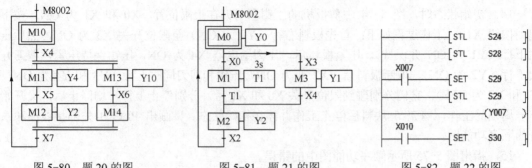

图 5-80 题20的图   图 5-81 题21的图   图 5-82 题22的图

23. 设计出第 11 题中压力机控制系统的梯形图。

24. 设计出第 12 题中组合机床动力头控制系统的梯形图。

25. 设计出第 13 题中冲床机械手控制系统的梯形图。

26. 设计出第 14 题中剪板机控制系统的梯形图。

27. 液体混合装置如图 5-83 所示，上限位、下限位和中限位液位传感器被液体淹没时为 ON，阀 A、阀 B 和阀 C 为电磁阀，线圈通电时阀门打开，线圈断电时关闭。开始时容器是空的，各阀门均关闭，各传感器均为 OFF；按下起动按钮后，打开阀 A，液体 A 流入容器；中限位开关变为 ON 时，关闭阀 A，打开阀 B，液体 B 流入容器；当液面到达上限位开关时，关闭阀 B，电动机 M 开始运行，搅动液体；60s 后停止搅动，打开阀 C，放出混合液；当液面降至下限位开关之后再过 5s，容器放空，关闭阀 C，打开阀 A，又开始下一周期的操作；按下停止按钮，在当前工作周期的操作结束后，才停止操作（停在初始状态）。画出 PLC 的外部接线图和控制系统的顺序功能图，设计出梯形图程序。

28. 用置位/复位指令设计第 27 题中液体混合装置的梯形图程序，要求设置手动、连续、单周期、单步 4 种工作方式。

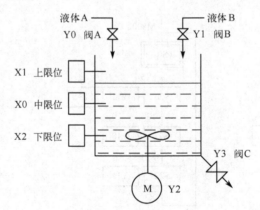

图 5-83 题 27 和题 28 的图

第 6 章　PLC 的通信与自动化通信网络

6.1　计算机通信概述

6.1.1　串行通信

1．串行通信与异步通信

控制系统通信中广泛使用的串行数据通信是以二进制的位（bit）为单位的数据传输方式，每次只传送一位。串行通信最少只需要两根线就可以连接多台设备，组成控制网络，可用于距离较远的场合。通信的传输速率（又称波特率）的单位为波特，即每秒传送的二进制数的位数，其符号为 bit/s 或 bps（推荐使用 bit/s）。

在串行通信中，接收方和发送方应使用相同的传输速率，但是实际的发送速率与接收速率之间总是有一些微小的差别。在连续传送大量的数据时，会因为积累误差造成发送和接收的数据错位，使接收方收到错误的信息。为了解决这一问题，需要使发送过程和接收过程同步。按同步方式的不同，串行通信分为异步通信和同步通信，控制系统使用得最多的是异步通信。

异步通信采用字符同步方式，其字符信息格式如图 6-1 所示，发送的字符由一个起始位、7 个或 8 个数据位、1 个奇偶校验位（可以没有）、1 个或 2 个停止位组成。通信双方需要对采用的信息格式和数据的传输速率作相同的约定。接收方检测到停止位和起始位之间的下降沿后，将它作为接收的起始点，在每一位的中点接收信息。由于一个字符信息格式仅有十

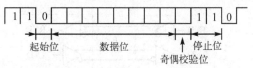

图 6-1　异步通信的字符信息格式

来位，即使发送方和接收方的收发频率略有不同，也不会因为两台设备之间的时钟周期差异产生的积累误差而导致信息的发送和接收错位。

奇偶校验用来检测接收到的数据是否出错。如果采用偶校验，用硬件保证发送方发送的每一个字符的数据位和奇偶校验位中"1"的个数为偶数。如果数据位包含偶数个"1"，奇偶校验位将为 0；如果数据位包含奇数个"1"，奇偶校验位将为 1。

接收方对接收到的每一个字符的奇偶性进行校验，可以检测出传送过程中的错误。可以选择不进行奇偶校验，传输时没有奇偶校验位。

2．串行通信的端口标准

（1）RS-232C

RS-232C 是美国电子工业联合会 1969 年公布的通信标准，现在已基本上被 USB 取代。RS-232C 使用单端驱动、单端接收电路（见图 6-2），是一种共地的传输方式，容易受到公

共地线上的电位差和外部引入的干扰信号的影响。RS-232C 的最大通信距离为 15m，最高传输速率为 20kbit/s，只能进行一对一的通信。

（2）RS-422

RS-422 采用平衡驱动、差分接收电路（见图 6-3），利用两根导线之间的电位差传输信号。这两根导线称为 A 线和 B 线。当 B 线的电压比 A 线高时，一般认为传输的是数字"1"；反之认为传输的是数字"0"。能够有效工作的差动电压可以从零点几伏到接近十伏。

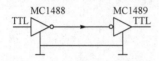

图 6-2　单端驱动、单端接收

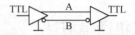

图 6-3　平衡驱动、差分接收

平衡驱动器有一个输入信号，两个输出信号互为反相信号，图中的小圆圈表示反相。两根导线相对于通信对象信号地的电位差称为共模电压，外部输入的干扰信号主要以共模方式出现。两根传输线上的共模干扰信号相同，因为接收器是差分输入，两根线上的共模干扰信号互相抵消。只要接收器有足够的抗共模干扰能力，就能从干扰信号中识别出驱动器输出的有用信号，从而克服外部干扰的影响。

在最大传输速率 10Mbit/s 时，RS-422 允许的最大通信距离为 12m。传输速率为 100kbit/s 时，最大通信距离为 1200m，一台驱动器可以连接 10 台接收器。RS-422 是全双工，用 4 根导线传送数据（见图 6-4）。全双工通信的双方都能用两对平衡差分信号线在同一时刻同时发送数据和接收数据。

（3）RS-485

RS-485 是 RS-422 的变形，RS-485 为半双工。半双工只有一对平衡差分信号线，通信的某一方在同一时刻只能发送数据或接收数据。使用 RS-485 通信端口和双绞线可以组成串行通信网络（见图 6-5），构成分布式系统，总线上最多可以有 32 个站。

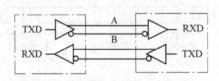

图 6-4　RS-422 通信接线图

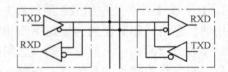

图 6-5　RS-485 网络

6.1.2　IEEE 802 通信标准

IEEE（电气电子工程师学会）的 802 委员会于 1982 年颁布了一系列计算机局域网分层通信协议标准草案，总称为 IEEE 802 标准。它把 OSI（开放系统互联）参考模型的数据链路层分解为逻辑链路控制层（LLC）和媒体访问控制层（MAC）。数据链路层是一条链路（Link）两端的两台设备进行通信时必须共同遵守的规则和约定。

媒体访问控制层对应于三种当时已建立的标准，即带冲突检测的载波侦听多路访问（CSMA/CD）通信协议、令牌总线（Token Bus）和令牌环（Token Ring）。

1．CSMA/CD

CSMA/CD 通信协议的基础是 Xerox 等公司研制的以太网（Ethernet）。CSMA/CD 各站共享一条广播式的传输总线，每个站都是平等的，采用竞争方式发送信息到传输线上，也就是说，任何一个站都可以随时发送广播报文，并被其他各站接收。当某个站识别到报文上的接收站名与本站的站名相同时，便将报文接收下来。由于没有专门的控制站，两个或多个站可能因为同时发送报文而产生冲突，造成报文作废。

为了防止冲突，发送站在发送报文之前，首先侦听一下总线是否空闲，如果空闲，则发送报文到总线上，称之为"先听后讲"。但是这样做仍然有产生冲突的可能，因为从组织报文到报文在总线上传输需要一段时间，在这段时间内，另一个站通过侦听也可能会认为总线空闲，并发送报文到总线上，这样就会因为两个站同时发送而产生冲突。

为了解决这一问题，在发送报文开始的一段时间，继续侦听总线，采用边发送边接收的方法，把接收到的数据和本站发送的数据相比较，若相同则继续发送，称之为"边听边讲"；若不相同则说明发生了冲突，立即停止发送报文，并发送一段简短的冲突标志（阻塞码序列），来通知总线上的其他站点。为了避免产生冲突的站同时重发它们的帧，采用专门的算法来计算重发的延迟时间。通常把这种"先听后讲"和"边听边讲"相结合的方法称为CSMA/CD（带冲突检测的载波侦听多路访问技术），其控制策略是竞争发送、广播式传送、载体侦听、冲突检测、冲突后退和再试发送。

以太网首先在个人计算机网络系统，例如办公自动化系统和管理信息系统（MIS）中得到了极为广泛的应用。

在以太网发展的初期，通信速率较低。如果网络中的设备较多，信息交换比较频繁，可能会经常出现竞争和冲突，影响信息传输的实时性。随着以太网传输速率的提高（100Mbit/s或 1Gbit/s）和采用了相应的措施，这一问题已经解决。以太网在工业控制中得到了广泛的应用，大型工业控制系统最上层的网络几乎全部采用以太网，以太网也越来越多地在底层网络使用。使用以太网很容易实现管理网络和控制网络的一体化。

2．令牌总线

IEEE802 标准中的工厂媒体访问技术是令牌总线。在令牌总线中，媒体访问控制是通过传递一种称为令牌的控制帧来实现的。按照逻辑顺序，令牌从一个装置传递到另一个装置，传递到最后一个装置后，再传递给第一个装置，如此周而复始，形成一个逻辑环。令牌有"空"和"忙"两个状态，令牌网开始运行时，由指定的站产生一个空令牌沿逻辑环传送。任何一个要发送报文的站都要等到令牌传给自己，判断为空令牌时才能发送报文。发送站首先把令牌置为"忙"，并写入要传送的报文、发送站名和接收站名，然后将载有报文的令牌送入环网传输。令牌沿环网循环一周后返回发送站时，如果报文已经被接收站复制，则发送站将令牌置为"空"，送上环网继续传送，以供其他站使用。如果在传送过程中令牌丢失，则由监控站向网内注入一个新的令牌。

令牌传递式总线能在很重的负荷下提供实时同步操作，传输效率高，适于频繁、少量的数据传送，因此它最适合于需要进行实时通信的工业控制网络系统。

3．主从通信方式

Modbus 通信和三菱的链接通信采用主从通信方式。主从通信网络只有一个主站，其他的站都是从站。在主从通信中，主站是主动的，主站首先向某个从站发送请求帧（轮询报文），该从站接收到后才能向主站返回响应帧。主站按事先设置好的轮询表的排列顺序对从站进行周期性的查询，并分配总线的使用权。每个从站在轮询表中至少要出现一次，对实时性要求较高的从站可以在轮询表中出现几次。

6.1.3 现场总线及其国际标准

1. 现场总线

IEC（国际电工委员会）对现场总线（Fieldbus）的定义是"安装在制造和过程区域的现场装置与控制室内的自动控制装置之间的数字式、串行、多点通信的数据总线"。现场总线以开放的、独立的、全数字化的双向多变量通信取代 4～20mA 现场模拟量信号。现场总线 I/O 集检测、数据处理、通信为一体，可以代替变送器、调节器、记录仪等模拟仪表。它不需要框架、机柜，可以直接安装在现场导轨槽上。现场总线 I/O 的接线极为简单，只需一根电缆，从主机开始，沿数据链从一个现场总线 I/O 连接到下一个现场总线 I/O。

使用现场总线后，可以节约配线、安装、调试和维护等方面的费用，现场总线 I/O 与 PLC 可以组成高性价比的 DCS（集散控制系统）。通过现场总线，操作员可以在中央控制室实现远程监控，对现场设备进行参数调整和故障诊断。

2. 现场总线的国际标准

由于历史的原因，有多种现场总线标准并存。为了满足实时性应用的需要，各大公司和标准化组织纷纷提出了各种提升工业以太网实时性的解决方案，从而产生了实时以太网。2007 年 7 月出版的 IEC 61158 第 4 版采纳了经过市场考验的 20 种现场总线，大约有一半属于实时以太网。其中的类型 18（CC-Link）是由三菱电气支持的。

IEC 62026 是供低压开关设备与控制设备使用的控制器电气接口标准，于 2000 年 6 月通过。西门子公司支持其中的执行器传感器接口（Actuator Sensor Interface，AS-i）。

6.2 FX 系列 PLC 的通信功能

FX 系列 PLC 具有很强的通信功能，FX 系列有多种多样的通信用功能扩展板、适配器和通信模块，来实现与其他 PLC、变频器、触摸屏和主计算机之间的通信。FX 系列 PLC 可以采用数据链接，实现 PLC 之间、PLC 与计算机之间、PLC 与远程 I/O 和三菱变频器之间的通信。FX 系列 PLC 可以通过 CC-Link、CC-Link/LT 和 AS-i 等网络进行通信，还可以采用无协议方式进行通信。详细的情况见《FX 系列微型可编程控制器用户手册通信篇》。

6.2.1 CC-Link 与 I/O 链接功能

1. CC-Link 通信网络

在三菱的大中型 PLC MELSEC A 和 QnA 作主站的 CC-Link 系统中，FX 系列 PLC 可以作远程设备站。在 MELSEC Q PLC 作主站的 CC-Link 系统中，FX 系列 PLC 可以作远程设备站和智能设备站（见图 6-6）。最多可以连接 64 台设备，CC-Link 的最高传输速率为 10M bit/s，总的通信距离最大 1200m（与传输速率有关）。各种网络的两端，应设置 110Ω 的终端电阻。可以用通信功能扩展板或特殊适配器上的切换开关设置是否使用终端电阻。

使用 CC-Link V2 主站模块 FX$_{3U}$-16CCL-M 的 FX 系列 PLC 也可以作主站，最多可以连接 8 台远程 I/O 站和 8 台远程设备站+智能设备站。网络中还可以连接三菱和其他厂家符合 CC-Link 通信标准的产品，例如变频器、AC 伺服装置、传感器和变送器等。FX$_{3S}$ 不支持 CC-Link。

FX$_{3U}$-64CCL-M 是 FX 系列 PLC 的智能设备站模块，可以链接 128 点远程输入/输出，和 32 点远程寄存器。

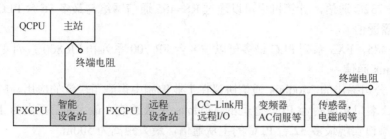

图 6-6 Q 系列作主站的 CC-Link 系统

2．CC-Link/LT 网络

某些系统（例如码头和大型货场）的被控对象分布范围很广，如果采用单台集中控制方式，将使用大量很长的 I/O 线，使系统成本增加，施工工作量增大，系统抗干扰能力降低，这类系统适合采用远程 I/O 控制方式。在 CPU 单元附近的 I/O 称为本地 I/O，远离 CPU 单元的 I/O 称为远程 I/O，远程 I/O 与 CPU 单元之间的信息交换只需要很少几根通信线。远程 I/O 分散安装在被控设备附近，它们之间的连线较短。远程 I/O 与 CPU 单元之间的信息交换是自动进行的，用户程序在读/写远程 I/O 中的数据时，就像读/写本地 I/O 一样方便。

CC-Link/LT 和 AS-i 属于 I/O 链接网络。可以用 FX$_{2N}$-64CL-M 作 CC-Link/LT 的主站。它可以连接 64 个远程 I/O 站，主干线最大长度 500m。最大链接点数为 256 点（包括 PLC 的 I/O 点），最高传输速率为 2.5Mbit/s。

3．现场总线 AS-i 网络

AS-i（执行器传感器接口）网络已被纳入 IEC 62026 标准，响应时间小于 5ms，使用未屏蔽的双绞线，由总线提供电源。AS-i 用两芯电缆连接现场的传感器和执行器。

三菱的 FX$_{2N}$-32ASI-M 是 AS-i 网络的主站模块，最长通信距离为 100m，使用两个中继器可以扩展到 300m。波特率为 167kbit/s，该模块最多可以连接 31 个从站，占用 8 个 I/O 点。

AS-i 具有自动分配地址的功能，能方便地更换有故障的模块。

6.2.2 链接功能与其他通信功能

1．并联链接

并联链接使用 RS-485 通信适配器或功能扩展板，实现同一子系列的两台 FX 系列 PLC 之间的信息自动交换，一台 PLC 作为主站，另一台作为从站。不需要用户编写通信程序，只需设置与通信有关的参数，两台 PLC 之间就可以自动地传输数据。

2．N∶N 网络功能

N∶N 网络功能使用 RS-485 通信适配器或功能扩展板，实现最多 8 台 FX 系列 PLC 之间的信息自动交换。一台 PLC 是主站，其余的为从站，数据是自动传输的。通过对指定的共享数据区中的软元件的刷新，在各 PLC 之间自动地进行数据通信。

3．计算机链接

计算机与 PLC 之间的通信是最常见的通信之一。计算机链接通信可以用于计算机与一台 PLC 的 RS-232C 通信，计算机也可以通过 RS-485 通信网络与最多 16 台 PLC 通信。

4．变频器通信

通过 RS-485，FX3 系列 PLC 最多可以与 8 台 FR 700 系列和 FR 800 系列变频器通信。

5．Modbus 通信

Modicon 公司提出的 Modbus 通信协议在工业控制中得到了广泛的应用。FX3 系列可以通过 RS-232C 端口实现两台 PLC 之间的 Modbus 主从通信，最大通信距离为 15m。也可以通过 RS-485 端口实现最多 32 台 PLC 的主从通信，最大距离为 500m。

6．无协议通信

无协议通信方式可以实现 PLC 与各种有 RS-232C 端口或 RS-485 端口的设备（例如计算机、条形码阅读器和打印机）之间的通信，该通信方式使用 RS 指令来实现。这种通信方式最为灵活，PLC 与 RS-232C/RS-485 设备之间可以使用用户自定义的通信规约，但是 PLC 的编程工作量较大，对编程人员的要求较高。

7．用于通信的硬件

FX_{3G}-232-BD 和 FX_{3U}-232-BD 是 RS-232C 通信功能扩展板。FX_{3G}-422-BD 和 FX_{3U}-422-BD 是 RS-422 通信功能扩展板。FX_{3G}-485-BD、FX_{3G}-485-BD-RJ 和 FX_{3U}-485-BD 是 RS-485 通信功能扩展板。FX_{3U}-USB-BD 是 USB 通信功能扩展板。

FX_{2N}-232IF 是用于 RS-232C 通信的特殊模块。FX_{3U}-ENET-ADP 是以太网通信特殊适配器。FX_{3U}-485ADP-MB 和 FX_{3U}-232ADP-MB 是用于 Modbus 通信的特殊适配器。FX_{3U}-CF-ADP 是 CF 卡特殊适配器，可以将 PLC 的数据以 CSV 文件的格式保存到 CF 卡中。

8．串行通信的通信距离

N∶N 链接、并联链接、计算机链接和无协议通信使用 RS-485 特殊适配器时，最大通信距离为 500m；使用 485-BD 时最大通信距离为 50m。计算机链接和无协议通信使用 RS-232C 通信端口时，最大距离为 15m。

在网络的两端，应设置 110Ω 的终端电阻。FX_{3U}-485-BD、FX_{3G}-485-BD 和 FX_{3U}-485ADP 内置终端电阻，用终端电阻切换开关设置是否使用终端电阻。

9．以太网通信功能

FX_{3U}-ENET-L 模块用于将 FX_{3U}/FX_{3UC} 连接到以太网，FX_{3U}-ENET-ADP 是将 FX3 系列连接到以太网的低成本特殊适配器。

FX3 系列 PLC 可以通过以太网和 TCP/IP、UDP 协议与上位系统连接。可以实现 PLC 数据的采集和修改、远程读出/写入程序，和实现基本单元软元件值的监控和测试。通过固定的缓冲区，可以与对方设备进行任意的数据交换。通过以太网，可以与 GX Works2 进行通信。还可以通过 Web 浏览器，对基本单元和 FX_{3U}-ENET-ADP 的信息和软元件值进行远程监控。可以通过路由器连接到因特网，通过电子邮件发送数据。

10．编程通信功能

所有的 FX 系列 PLC 都集成有 RS-422 端口，通过 USB 编程电缆，它们可以与计算机的 USB 端口通信。FX3 系列 PLC 配备以太网适配器后，可以通过以太网与编程计算机通信。

FX_{3SA}/FX_{3S} 和 FX_{3G} 有内置的 USB 端口，FX_{3U}/FX_{3UC} 有通信用功能扩展板 FX_{3U}-USB-

BD，通过它们可以与计算机的 USB 端口通信。还可以通过 232、422 功能扩展板和 FX3U-ENET-ADP 实现编程通信。

6.3 PLC 之间的链接通信和 PLC 与变频器的通信

6.3.1 并联链接功能

并联链接使用 RS-485 通信适配器或功能扩展板，实现两台同一子系列的 FX 系列 PLC 之间的数据自动传送（见图 6-7）。

并联链接有普通模式和高速模式这两种模式，用特殊辅助继电器 M8162 来设置工作模式。主站和从站之间通过周期性的自动通信，用表 6-1 中的辅助继电器和数据寄存器来实现数据共享。

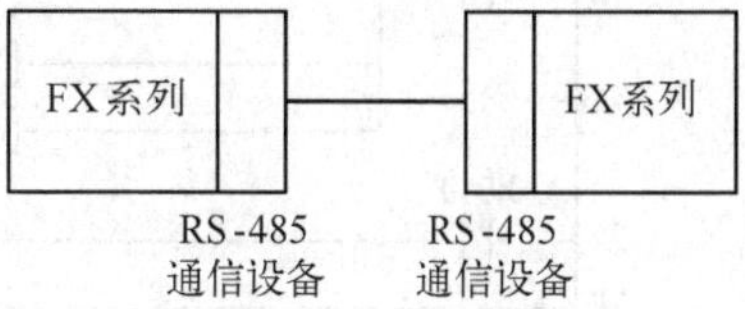

图 6-7　并联链接

FX3 系列的链接时间为：主站扫描周期+从站扫描周期+15ms（普通模式）或+5ms（高速模式）。其他系列的的链接时间为：主站扫描周期+从站扫描周期+70ms（普通模式）或+20ms（高速模式）。

FX3 系列的波特率为 115200bit/s，其他系列为 19200bit/s。

表 6-1　并联链接的两种模式

传送方向	普通模式		高速模式	
	其他系列	FX$_{1S}$, FX$_{3S}$	其他系列	FX$_{1S}$, FX$_{3S}$
主站→从站	M800~M899，D490~D499	M400~M449，D230~D239	D490, D491	D230, D231
从站→主站	M900~M999，D500~D509	M450~M499，D240~D249	D500, D501	D240, D241

与并联链接有关的特殊软元件见表 6-2。D8063 用于 FX 所有系列的 PLC 的通道 1，D8438 用于 FX3 系列的通道 2。它们用于保存通信出错时的错误代码。

表 6-2　与并联链接有关的特殊软元件

软元件名	操　作
M8070	为 ON 时 PLC 作为并联链接的主站
M8071	为 ON 时 PLC 作为并联链接的从站
M8162	为 OFF 时为普通模式；为 ON 时为高速模式
M8178	为 ON 时使用 FX$_{3U}$、FX$_{3UC}$ 和 FX$_{3G}$ 的通道 2，反之为通道 1
M8072	PLC 运行在并联链接时为 ON
M8073	在并联链接时 M8070 和 M8071 中任何一个设置出错时为 ON
M8063	通道 1 通信错误时为 ON
M8438	FX3 系列的通道 2 通信错误时为 ON
D8070	并联链接的监视时间；默认值为 500ms

【例 6-1】　两台 FX$_{3G}$ 系列 PLC 通过普通模式的并联链接交换数据，通过程序（见图 6-8、图 6-9 和例程"并联链接主站""并联链接从站"）来实现下述功能：主站的 X0~X7 通过

M800~M807 控制从站的 Y0~Y7；从站的 X0~X7 通过 M900~M907 控制主站的 Y0~
Y7；主站 D0 的值小于等于 100 时，从站中的 Y10 为 ON；从站中 D10 的值用来作主站的
T0 的设定值。

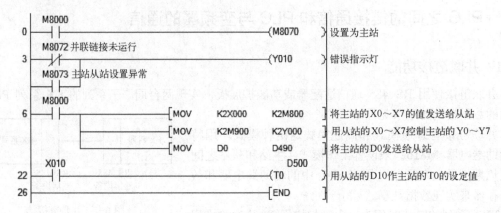

图 6-8　并行链接的主站程序

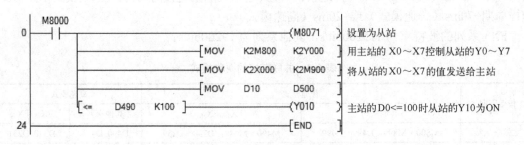

图 6-9　并行链接的从站程序

　　主站的程序将 X0~X7 传送给 M800~M807。通过通信，主站的 M800~M807 传送给
从站的 M800~M807。从站的程序将 M800~M807 传送给 Y0~Y7，这样就实现了用主站的
X0~X7 控制从站的 Y0~Y7。

　　并联链接高速模式的编程与正常模式基本上相同，其区别仅在于将 M8162 置为 ON（设
为高速模式）。高速模式时，在主站和从站的程序中，都需要用 M8000 的常开触点接通
M8162 的线圈。

6.3.2　N∶N 网络功能

1. N∶N 链接通信的 3 种模式

　　N∶N 链接通信协议用于最多 8 台 FX 系列 PLC 之间的自动数据交换，其中一台为主
站，其余的为从站（见图 6-10）。通信采用 RS-485 端
口，波特率为 38400bit/s。

　　N∶N 链接的 3 种链接模式的共享软元件点数见
表 6-3。数据传送的链接时间（更新链接的软元件的循
环时间）与链接的台数有关。

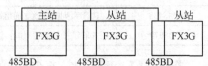

图 6-10　N∶N 链接网络

表 6-3　N∶N 网络的链接模式和链接点数

性能指标	模式 0	模式 1	模式 2
共享的位软元件（M）	0 点	32 点	64 点
共享的字软元件（D）	4 点	4 点	8 点
2～8 个站通信的链接时间	18～65ms	22～82ms	34～131ms

　　PLC 可以使用 RS-485 通信功能扩展板和通信适配器。通信适配器需要配用安装特殊适配器的转换适配器（例如 FX_{3G}-CNV-ADP）。

2．主站与从站共享的数据区

　　在每台 PLC 的辅助继电器和数据寄存器中分别有一片系统指定的共享数据区（见表 6-4）。对于某一台 PLC 来说，分配给它的共享数据区的数据自动地传送到别的站的相同区域，分配给其他 PLC 的共享数据区中的数据是别的站自动传送来的。每台 PLC 就像读取自己内部的数据区一样，使用别的站自动传来的数据。

表 6-4　N∶N 网络共享的辅助继电器和数据寄存器

站号	模式 0		模式 1		模式 2	
	位软元件	4 点字软元件	32 点位软元件	4 点字软元件	64 点位软元件	8 点字软元件
0（主站）	—	D0～D3	M1000～M1031	D0～D3	M1000～M1063	D0～D7
1	—	D10～D13	M1064～M1095	D10～D13	M1064～M1127	D10～D17
2	—	D20～D23	M1128～M1159	D20～D23	M1128～M1191	D20～D27
3	—	D30～D33	M1192～M1223	D30～D33	M1192～M1255	D30～D37
4	—	D40～D43	M1256～M1287	D40～D43	M1256～M1319	D40～D47
5	—	D50～D53	M1320～M1351	D50～D53	M1320～M1383	D50～D57
6	—	D60～D63	M1384～M1415	D60～D63	M1384～M1447	D60～D67
7	—	D70～D73	M1448～M1479	D70～D73	M1448～M1511	D70～D77

　　以模式 1 为例，如果要用 0 号站（主站）的 X0 控制 2 号站的 Y0，可以用 0 号站的 X0 来控制它的 M1000。通过通信，各从站中的 M1000 的状态与主站的 M1000 相同。用 2 号站的 M1000 来控制它的 Y0，相当于用 0 号站的 X0 来控制 2 号站的 Y0。

3．N∶N 网络的设置

　　N∶N 网络的设置（见表 6-5）只有在程序运行或 PLC 起动时才有效。除了站号，其余参数均由主站设置。D8178 设置的刷新范围模式适用于 N∶N 网络中所有的工作站。使用 FX_{3G} 和 FX_{3U}/FX_{3UC} 时，用 M8179 设定使用的串行通信的通道。

表 6-5　N∶N 网络的特殊软元件

软元件	名称	描述	初始值
M8038	参数设定	设定通信参用的标志位	
M8179	通道设定	M8179 为 ON 时使用通道 2，通道 1 不使用 M8179	
D8176	站号设定	主站为 0，从站为 1～7	0
D8177	从站个数	要进行通信的从站的台数（1～7）	7
D8178	刷新范围模式	相互进行通信的软元件点数的模式（0～2）	0
D8179	重试次数	通信出错时的自动重试次数（0～10）	3

159

软元件	名称	描述	初始值
D8180	监视时间	用于判断通信异常的时间，单位为 10ms（5～255）	5
M8183	主站数据传送序列错误	主站发生数据传送序列错误时为 ON	
M8184～M8190	从站数据传送序列错误	1～7 号从站发生数据传送序列错误时为 ON	
M8191	正在执行数据传送序列	正在执行 N∶N 数据传送序列时为 ON	

在主站的程序中，可以用 M8184～M8190 的常开触点控制指示故障从站的指示灯。

N∶N 网络通信的故障诊断方法见手册《FX 系列微型可编程控制器用户手册通信篇》中 N∶N 网络功能篇的第 9 章。

4. N∶N 网络编程举例

（1）硬件配置

硬件示意图如图 6-10 所示，3 台 FX$_{3G}$ 系列 PLC 通过 FX$_{3G}$-485-BD 和 N∶N 网络功能交换数据。

（2）控制要求

要求在 PLC 运行时，通过 N∶N 网络功能实现的数据交换，完成以下的操作：

1）通过 M1000～M1003，用主站的 X0～X3 来控制 1 号从站的 Y10～Y13。

2）通过 M1064～M1067，用 1 号从站的 X0～X3 来控制 2 号从站的 Y14～Y17。

3）通过 M1128～M1131，用 2 号从站的 X0～X3 来控制主站的 Y20～Y23。

4）主站的数据寄存器 D1 为 1 号从站的计数器 C1 提供设定值。C1 的触点状态由 M1070 映射到主站的 Y5 输出点。

（3）主站和从站的程序

主站和两个从站的程序见图 6-11～图 6-13（见例程"N∶N 网络主站""N∶N 网络从站 1"和"N∶N 网络从站 2"）。

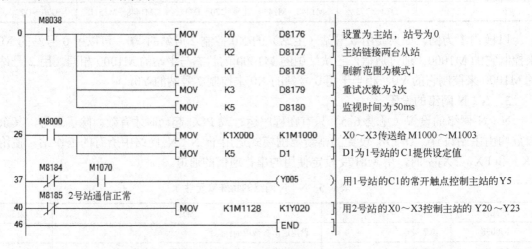

图 6-11 N∶N 链接的主站程序

N∶N 网络的设定程序必须从第 0 步用 M8038（见表 6-5）的常开触点开始编写，否则不能执行 N∶N 网络功能。不要用程序或编程工具使 M8038 置 ON。站号必须连续设置，如果有重复的或是空的站号，不能正常链接。

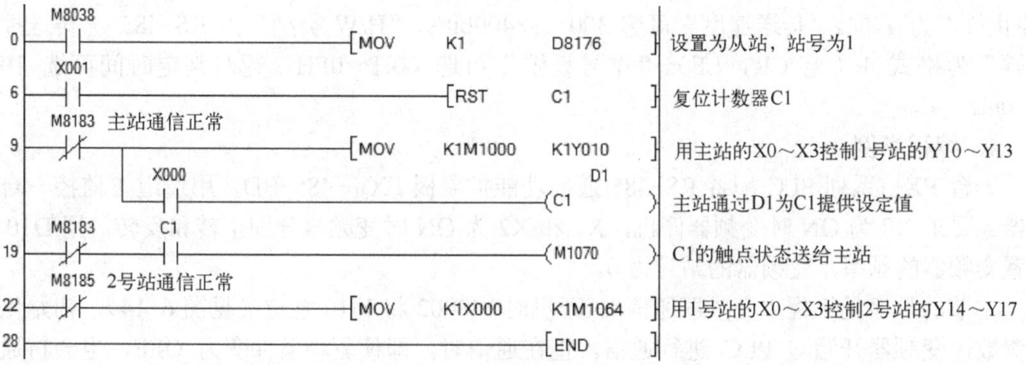

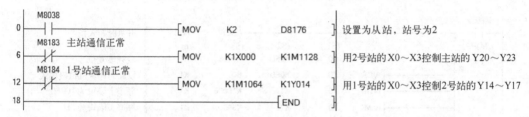

图6-12 N:N链接的1号从站程序

图6-13 N:N链接的2号从站程序

在主站的程序中，设置 N:N 链接的参数，刷新范围为模式 1（可以访问每台 PLC 的 32 个位软元件和 4 个字软元件），重试次数为 3 次，监视时间为 50ms。

更改了参数的设置后，将程序下载到各 PLC，将所有 PLC 的电源全都断开后，再同时上电。正常通信时各通信设备内置的 SD 和 RD LED 应闪烁。

FX3 系列可以使用两个通道，使用通道 2 时，应使用 OUT 指令将 M8179 置为 ON。但是两个通道不要同时使用 N:N 网络或分别同时使用并联链接和 N:N 网络。

6.3.3 变频器通信功能

1．硬件配置

通过 RS-485 和变频器计算机链接协议，FX3 系列 PLC 最多可以与 8 台三菱的 FR 700、800 系列的变频器通信，变频器使用内置的 RS-485 通信端口。如果 PLC 使用 RS-485 通信功能扩展板，最大通信距离 50m。如果使用 RS-485 通信适配器，最大通信距离 500m。FX_{3G} 的波特率为 300～38400bit/s，其他系列为 300～19200bit/s。

2．变频器的参数设置

F700 系列变频器使用内置的 RS-485 端口，用变频器的操作面板为变频器设置下列参数：RS-485 通信站号、波特率、7 位数据位和 1 位停止位、偶校验、等待时间、无 CR/LF、上电时外部运行模式、计算机链接协议、不进行通信检查，根据需要可能还要设置其他一些参数。

3．用 PLC 参数设置对话框设置通信参数

可以用程序设置通信的参数，在使用计算机链接、变频器通信、无协议通信（RS/RS2 指令）功能时，也可以用 PLC 参数设置对话框中的"PLC 系统（2）"选项卡设置通信的参数。用"协议"选择框设置为"无协议通信"，"数据长度"为 7 位，"奇偶校验"为偶校验，

"停止位"为 1 位。"传送速度"可选 300~38400bit/s，"H/W 类型"为 RS-485，"传送控制步骤"为格式 1（无 CR，LF）。"站号设置"可选 00H~0FH，超时判定时间可选 10~2550ms。

4．编程举例

一台 FX₃U 系列 PLC 配备 RS-485 通信功能扩展板 FX₃U-485-BD，用通道 1 监控一台变频器。要求 X0 为 ON 时变频器停机，X1 和 X2 为 ON 时变频器分别正转和反转。用 D10 来设置变频器的频率，变频器的站号为 0。

本节的程序见例程"变频器通信"。开机时 M8002 将 M10 置位（见图 6-14），初始化通信参数，变频器开始与 PLC 进行通信。正在通信时，即使驱动条件变为 OFF，也会将通信执行完。驱动条件一直为 ON 时，反复进行通信。通信结束时，与变频器通信的指令执行结束标志位（M8029）保持 1 个扫描周期为 ON。用它的常开触点将 M10 复位。

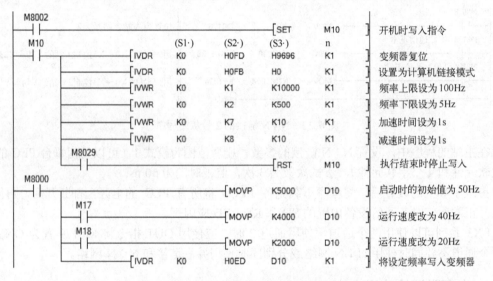

图 6-14　变频器的参数与频率设置

变频器的运行控制命令 IVDR（FNC 271）的（S1·）是变频器的站号，（S2·）是变频器指令代码，（S3·）是写入到变频器中的值，n 为通道号（1 或 2）。该指令的帮助功能给出了指令代码对应的写入内容。指令代码为 H0FD 时，将变频器复位，发送的数据字为 H9696。指令代码为 HFB 时发送数据字 H0，将变频器设置为计算机链接模式。

指令 IVWR（FNC 273）用于写入变频器的参数，（S2·）是变频器的参数编号（见《三菱通用变频器 FR-E700 使用手册（基础篇）》的 3.6 节中的参数一览表），（S3·）是写入到变频器的参数值。频率值的单位为 0.01Hz，加、减速时间的单位为 0.1s。

M17 或 M18 分别为 ON 时将频率设定值修改为 40 Hz 和 20 Hz。最后用指令 IVDR 写入设定的频率值。

IVDR 指令的命令代码为 H0FA 时（见图 6-15），写入运行指令。8 位运行指令和变频器状态监视器各位的意义详见《三菱通用变频器 FR-E700 使用手册（应用篇）》的 P209。运行指令保存在 K2M20（M20~M27）中，其中的第 1 位 M21 为 ON 时为正转命令，第 2 位 M22 为 ON 时为反转命令。这两位均为 OFF 时，变频器停机。

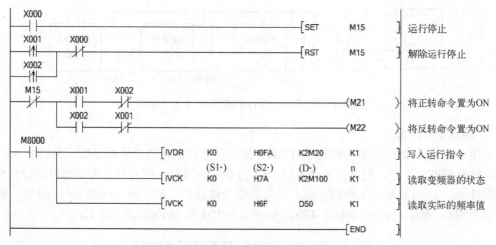

图 6-15　变频器的控制与状态监视

X0 为 ON 时 M15 被置位，使 M21 和 M22 均为 OFF，变频器停机。X1 为 ON 时 M15 被复位，M21 变为 ON，电动机正转。X2 为 ON 时 M15 被复位，M22 变为 ON，电动机反转。

变频器运行监视指令 IVCK（FNC 270）的（S1·）是变频器的站号，（S2·）是指令代码，读出的变频器运行数据保存到目标操作数（D·）中，n 为通道号（1 或 2）。

指令代码为 H7A 时，读出变频器的状态，保存到 K2M100（M100～M107）中。M100～M104 为 ON 分别表示变频器正在运行、正转运行、反转运行、到达设定的频率和过载。M106 和 M107 为 ON 分别表示检测到频率和有异常出现。可以用上述存储器位分别控制相应的状态显示指示灯。

IVCK 指令的代码为 H6F 时，将读出的输出频率值保存到 D50 中，单位为 0.01Hz。可以用人机界面显示该频率值。

6.4　计算机链接功能

6.4.1　控制顺序与设定方法

1. 计算机链接的硬件连接

FX 系列的计算机链接通信协议可以用于一台计算机与一台配有 RS-232C 端口的 PLC 通信（见图 6-16），用 USB/RS-232 转接器连接计算机与 PLC。也可以用于一台计算机与最多 16 台配有 RS-485 端口的 PLC 的通信（见图 6-17），RS-485 网络与计算机的 USB 端口之间用 USB/RS-485 转接器连接。计算机发出读/写 PLC 软元件的指令数据，PLC 收到后返回响应数据。

图 6-16　计算机链接通信示意图

FX$_{3G}$ 的波特率为 300～38400bit/s，其他系列的为 300～19200 bit/s。

计算机链接与 Modbus 通信协议中的 ASCII 模式相似，由计算机发出读/写 PLC 软元件的指令数据，PLC 收到后自动生成和返回响应数据。

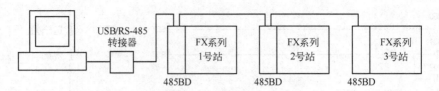

图 6-17　计算机与多台 PLC 链接通信示意图

2. 通信参数的设定

通道 1 和通道 2 分别用 D8120 和 D8420 来设置计算机链接通信的参数（见表 6-6），b0 为 0 时数据长度为 7 位，反之为 8 位。b2、b1 为 00、01 和 11 时分别为无奇偶校验位、奇校验和偶校验。b3 为 0 时为 1 个停止位，反之为 2 个停止位。b7～b4 为 0011～1010 时，波特率分别为 300、600、1200、2400、4800、9600、19200 和 38400bit/s（仅 FX$_{3G}$）。

表 6-6　用 D8120 和 D8420 设置串行通信的格式

b15	b14	b13	b12～b10	b9	b8	b7～b4	b3	b2, b1	b0
控制顺序	协议	和校验	控制线	报尾	报头	波特率	停止位	奇偶校验	数据长度

b8 为 0 时无报头，反之报头在 D8124 中。b9 为 0 时无报尾，反之报尾在 D8125 中。控制线 b11、b10 为 00 时为 RS-485/RS-422 端口，为 10 时为 RS-232C 端口。未使用 b12、b13 为 1 时自动附加和校验码，反之没有和校验码。b14 为 1 时为专用协议通信，反之为无协议通信。b15 为 1 时为协议格式 4，指令数据和响应数据结束时有控制码 CR（回车）和 LF（换行），它们的值分别为 0DH 和 0AH。反之为协议格式 1，数据结束时没有控制码 CR 和 LF。

在计算机链接方式下，b8、b9 这两位要设置为 0，b14 应选"专用协议"。

此外用 D8121 和 D8421 设置 PLC 的站号，用 D8129 和 D8429 设置超时判定时间。也可以用 PLC 参数设置对话框中的"PLC 系统（2）"选项卡设置通信的参数。

3. 专用协议的基本格式

专用协议的基本格式如图 6-18 所示。D8120 和 D8420 的 b15 位为 1 时（协议格式 4），才有控制码 CR 和 LF。只有 D8120 和 D8420 的 b13 位为 1 时，基本格式中才有和校验码。

控制码	PLC 站号	PC 号	指令	报文等待时间	数据字符	和校验码	控制码 CR、LF

图 6-18　专用协议的基本格式

基本格式中的各部分均使用 ASCII 码，各种控制码的功能和 ASCII 代码见表 6-7。用 ASCII 码传送数据，可以避免控制码与专用协议的基本格式中的其他部分混淆。一个字节的十六进制数对应于两个 ASCII 码（占两个字节），因此 ASCII 码的传送效率较低。

表 6-7　控制码

信号	代码	功能描述	信号	代码	功能描述	信号	代码	功能描述
STX	02H	文本开始	ENQ	05H	查询	CL	0CH	清除
ETX	03H	文本结束	ACK	06H	肯定响应	CR	0DH	回车
EOT	04H	传送结束	LF	0AH	换行	NAK	15H	否定响应

PLC 站号（00H～0FH）决定计算机访问哪一台 PLC，FX 系列的 PC 号（PLC 的标识号）为十六进制数 FFH。报文等待时间是 PLC 接收到从计算机发送的数据后，向计算机发送数据需要等待的最少时间。报文等待时间以 10ms 为单位，可以在 0～150ms 之间设置。若 PLC 的扫描时间大于 70ms，应设置报文等待时间大于最大扫描时间。

4. 计算机读出 PLC 软元件的数据格式

下面以协议格式 4 为例，来介绍计算机读出 PLC 软元件的数据格式（见图 6-19）。若选择协议格式 1，没有数据格式最后的控制码 CR 和 LF。

计算机读出 PLC 软元件数据的过程分为 3 步：

1）计算机向 PLC 发送以控制码 ENQ（查询）开始的指令数据，图 6-19 中的数据按从左至右的顺序发送。

2）PLC 接收到指令数据后，向计算机发送以控制码 STX（文本开始）开始的，包含要求读出的软元件中的数据的响应数据（图 6-19 中的 B 部分）。

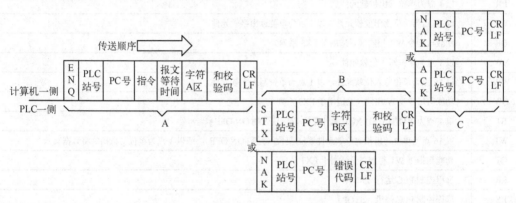

图 6-19 计算机读出 PLC 软元件的数据格式

计算机向 PLC 发送的指令数据有错误时（例如命令格式不正确或 PLC 站号不符等），或者在通信过程中产生错误，PLC 将向计算机发送以 NAK 开始的包含错误代码的否定响应数据（见图 6-19 中的 B 部分），通过错误代码告诉计算机产生通信错误可能的原因。

3）计算机在接收到 PLC 返回的响应数据后，向 PLC 发送以 ACK 开始的肯定响应数据，表示数据已接收到，见图 6-19 中的 C 部分。

计算机接收到 PLC 发送的有错误的响应数据时，向 PLC 发送以 NAK 开始的否定响应数据，见图 6-19 中的 C 部分。

5. 计算机向 PLC 写入软元件的数据格式

计算机向 PLC 写入软元件的数据格式只包括 A、B 两部分。计算机首先向 PLC 发送写入软元件的指令数据（图 6-20 中的 A 部分），PLC 收到后，执行相应的操作，执行完成后向计算机发送图 6-20 的 B 部分中以 ACK 开头的肯定响应数据，表示写操作已执行。

与读数据命令相同，若计算机发送的写命令有错误或者在通信过程中出现了错误，PLC 将向计算机发送以 NAK 开头的否定响应数据，用错误代码告诉计算机错误的可能原因。

6. 计算机链接通信的指令

计算机链接的指令（见表 6-8）用来指定计算机对 PLC 要执行的操作，例如读出和写入等，指令用两个 ASCII 字符来表示。

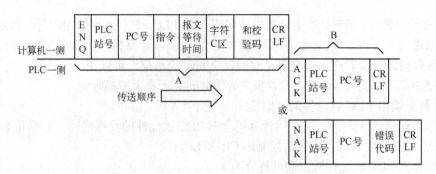

图 6-20   计算机写入 PLC 软元件的数据格式

表 6-8   计算机链接中的指令

指令	描述
BR	以 1 点为单位读出位软元件
WR	以 16 点为单位读出位软元件，以 1 点为单位读出字软元件
QR	功能与指令 WR 相同（只适用于 FX3 系列）
BW	以 1 点为单位写入位软元件
WW	以 16 点为单位写入位软元件，以 1 点为单位写入字软元件
QW	功能与指令 WW 相同（只适用于 FX3 系列）
BT	以 1 点为单位随机指定位软元件置位/复位（强制 ON/OFF）
WT	以 16 点为单位随机指定位软元件置位/复位（强制 ON/OFF），或以 1 点为单位随机指定将数据写入
QT	功能与指令 WT 相同（只适用于 FX3 系列）
RR	远程控制 PLC 运行（RUN）
RS	远程控制 PLC 停机（STOP）
PC	读出 PLC 的型号代码
GW	将所有连接的 PLC 的全局标志 M8126 置为 ON/OFF
—	PLC 发出请求，用于下位请求通信，没有指令，只能用于 1 对 1 系统
TT	返回式测试功能，将计算机发送给 PLC 的字符原样返回给计算机

7. 和校验码

和校验码用来校验接收到的信息中的数据是否正确。将协议格式中的第一个控制码与和校验码之间所有字符的十六进制数形式的 ASCII 码求和，把和的最低两位十六进制数作为和校验码，并且以 ASCII 码的形式放在报文的末尾。当 D8120 的 b13 位为 1 时，PLC 发送响应报文时自动地在报文的末尾加上和校验码。接收方根据接收到的字符计算出和校验码，并与接收到的和校验码比较，可以检查出接收到的数据是否出错。

6.4.2   计算机链接通信举例

本节中的例子均采用协议格式 1，如果采用协议格式 4，报文末尾应增加指令码 CR 和 LF（0DH、0AH）。报文中的 ASCII 码均用十六进制数的格式来表示。

1. 用 WR 指令成批读出字软元件

（1）计算机向 PLC 发送 WR 指令数据

PLC 的字软元件包括定时器 T、计数器 C 和数据寄存器 D 等。起始软元件号用 5 位字符表示，例如 D0001。FX 系列 PLC 的定时器和计数器的个数均不超过 256 个，为了保证起始软元件号有 5 个字符，规定它们的软元件号的第二位用 N 来表示，例如 TN002 或 CN100。

计算机首先向 PLC 发送下面的指令数据，请求读出 PLC 的字软元件 D1 和 D2：

名称	控制码	站号	PC 号	指令	报文等待时间	起始软元件	软元件点数	和校验码
字符	ENQ	02	FF	WR	3	D0001	02	31

此外，WR 指令还可以用来读取 16 点一组的多组位软元件。

（2）PLC 返回响应数据

假设 D1 和 D2 中的数据为十六进制数 1234H 和 ABCDH，下面是 PLC 返回的响应数据。

名称	控制码	站号	PC 号	D1 的值	D2 的值	控制码	和校验码
字符	STX	02	FF	1234	ABCD	ETX	C5

PLC 检测到和校验码错误时，返回下面的响应数据：

名称	控制码	站号	PC 号	错误代码
字符	NAK	02	FF	02H

参考文献[14]给出了错误代码的具体意义。

（3）计算机发送响应数据

计算机正确地接收到要读出的数据后，向 PLC 发送肯定响应数据：

名称	控制码	站号	PC 号
字符	ACK	02	FF

如果计算机检测到通信错误，向 PLC 发送否定响应数据：

名称	控制码	站号	PC 号
字符	NAK	02	FF

2. 用 WW 指令成批写入字软元件

（1）计算机向 PLC 发送 WW 指令数据

计算机向 2 号站 PLC 发送下面的指令数据，请求分别向 PLC 的字软元件 D1 和 D2 写入十六进制数据 1234H 和 ACD7H：

名称	控制码	站号	PC 号	指令	报文等待时间	起始元件	软元件点数	写入 D1 的值	写入 D2 的值	和校验码
字符	ENQ	02	FF	WW	3	D0001	02	1234	ACD7	FF

此外，WW 指令还可以用来写入 16 点一组的多组位软元件。

（2）PLC 返回响应数据

PLC 正确地接收到要写入的数据后，向计算机返回肯定的响应数据，包括控制码 ACK、站号和 PC 号 FFH。PLC 检测到通信错误时，向计算机返回否定的响应数据，包括控制码 NAK、站号、PC 号 FFH 和错误代码。

计算机链接通信更详细的使用方法见编者编写的《FX 系列 PLC 编程及应用 第 3 版》。

6.5 PLC 串口通信调试软件及其应用

作者针对 PLC 常用的通信协议的帧格式和常见的校验方式开发的串口通信调试软件，能方便灵活地生成与 PLC 通信的各种格式的帧，直观地显示和保存通信记录。该软件不用安装，双击其中的"PLC 串口通信调试 1.0.exe"，出现图 6-22 所示的界面。为了减少占用的篇幅，通信记录列表的高度被缩小。

该软件可以选择用字符串、十进制或十六进制字节串这 3 种数据格式，输入要发送的帧和显示收/发的帧，3 种数据格式可以相互转换。可以计算常用的校验码，生成 PLC 通信中常用的多种协议格式的帧，适用范围广。软件具有记忆功能，能保存上次退出时的工作状态（包括通信记录）。能按时间间隔划分和显示接收到的帧，时间间隔可以修改。

1. 硬件连接

现在的计算机几乎都没有 RS-232C 端口了。作者用 USB 转 RS-232 的转接器连接计算机的 USB 端口和 FX-232-BD 功能扩展板的 RS-232C 端口，用这条通道实现计算机链接或无协议通信。同时用编程电缆连接计算机的另一个 USB 端口和 PLC 的 RS-422 编程端口，计算机和 PLC 可以通过这两条通道同时进行通信。作者使用的 USB/RS-232 转接器与 USB-SC09-FX 编程电缆的驱动程序相同。在计算机的设备管理器的"端口"文件夹中，可以看到连接 USB/RS-232 转接器和编程电缆的 USB 端口分别对应于 COM4 和 COM3。

2. 设置串口通信调试软件的参数

执行串口通信调试软件的"串口设置"菜单中的"串口属性"命令，设置端口为 COM4、波特率为 19200bit/s、数据位为 8 位、无奇偶校验位，1 位停止位（应与 PLC 设置的参数相同）。串口的状态与设置的参数显示在窗口下面的状态栏中（见图 6-22）。

用"发送方式"菜单中的命令设置发送方式为单次发送，单击"接收参数设置"按钮，设置"接收超时时间"为 150ms。可以用"串口设置"菜单中的"打开/关闭串口"命令打开或关闭串口 COM4。

3. PLC 的初始化程序

打开例程"计算机链接通信"，将它下载到 PLC，PLC 进入 RUN 模式。图 6-21 是它的主程序。除了上述串口通信调试软件设置的参数，其他参数设置为有校验和、计算机链接协议、RS-232C 端口、控制协议格式 1。写入 D8120 的十六进制数为 6891H。

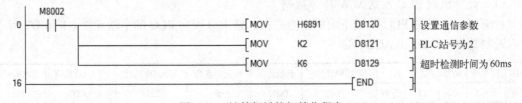

图 6-21　计算机链接初始化程序

4. 生成指令数据

用计算机链接的 WR 命令，读出 2 号 PLC 站从 D100 开始的两个字的指令数据如下：

名称	控制码	站号	PC 号	指令	报文等待时间	起始软元件	软元件点数	和校验码
字符	ENQ	02	FF	WR	A	D0100	02	40
ASCII	05H	30H 32H	46H 46H	57H 52H	41H	44H 30H 31H 30H 30H	30H 32H	34H 30H

用 PLC 串口通信调试软件生成发送帧的步骤如下：

1）用图 6-22 中的"发送帧"选择框设置数据格式为"字符串"，在发送帧文本框中输入控制码 ENQ 与和校验码之间的字符串"02FFWRAD010002"。字符串中的字符不能用空格隔开，因为空格也是字符。将发送帧数据格式改为"十六进制字节串"，文本框内显示自动转换后的十六进制 ASCII 码"30 32 46 46 57 52 41 44 30 31 30 30 30 32"。

2）单击图 6-22 中的"计算校验码"按钮，打开"计算校验码"对话框（见图 6-23）。单击"求和"按钮，求得上述十六进制的 ASCII 码的和为 33FH。单击"对应 ASCII 码"按钮，将 33FH 转换为十六进制数形式的 ASCII 码"33 33 46"。

二维码 6-1

3）关闭"计算校验码"对话框，将和校验码的低字节（3FH）对应的十六进制 ASCII 码 33 和 46 复制到发送帧的末尾。在帧首加上控制码 ENQ 对应的十六进制数 05H。这样就生成了完整的发送帧"05 30 32 46 46 57 52 41 44 30 31 30 30 30 32 33 46"。输入 05 时，前面的无效 0 可以省略。

二维码 6-2

视频"计算机链接实验 A"和"计算机链接实验 B"可分别通过扫描二维码 6-1 和 6-2 播放。

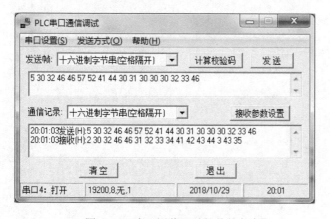

图 6-22　串口通信调试软件的主窗口

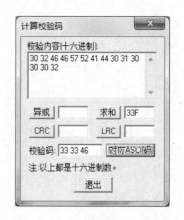

图 6-23　"计算校验码"对话框

如果在设置 D8120 时"控制顺序"为协议格式 4，应在帧尾加上控制码 CR 和 LF 对应的十六进制数 0DH 和 0AH。在编程软件中设置 D100 和 D101 的值分别为 1234H 和 ABCDH，单击图 6-22 中的"发送"按钮，发送后串口通信调试软件接收到的十六进制的响应帧为

名称	控制码	站号	PC 号	D1 的值	D2 的值	控制码	和校验码
字符	STX	02	FF	1234	ABCD	ETX	C5
ASCII	02H	30H 32H	46H 46H	31H 32H 33H 34H	41H 42H 43H 44H	03H	43H 35H

可以用"清空"按钮清除"通信记录"文本框中记录的发送报文和接收报文。

6.6　习题

1. 异步通信为什么需要设置起始位和停止位？

2. 什么是偶校验？

3. 什么是半双工通信方式？

4. 简述 RS-232C 和 RS-485 在通信速率、通信距离和可连接的站数等方面的区别。

5. 简述主从通信方式为防止各站争用通信线采取的控制策略。

6. 简述以太网为防止各站争用总线采取的控制策略。

7. 简述令牌总线为防止各站争用总线采取的控制策略。

8. 使用并联链接的两台 PLC 是怎样交换数据的？

9. N：N 链接各站之间是怎样交换数据的？

10. 怎样通过通信实现 PLC 对变频器的正/反转起动和停车？

11. 计算机链接中的和校验码有什么作用，怎样计算和校验码？

12. 简述计算机用计算机链接协议读出 PLC 的数据时，双方的数据传输过程。

13. 简述计算机用计算机链接协议向 PLC 写入数据时，双方的数据传输过程。

第7章 模拟量模块与PID闭环控制

7.1 模拟量 I/O 模块的使用方法

7.1.1 模拟量 I/O 模块

1. 变送器

变送器用来将电量或非电量转换为标准量程的电流或电压，然后送给模拟量输入模块。

变送器分为电流输出型变送器和电压输出型变送器。电压输出型变送器具有恒压源的性质，PLC 模拟量输入模块的电压输入端的输入阻抗很高，例如 FX$_{3U}$-4AD 电压输入的输入阻抗为 200kΩ。如果变送器距离 PLC 较远，微小的干扰信号电流在模块的输入阻抗上将产生较高的干扰电压。例如 50μA 干扰电流在 200kΩ 输入阻抗上将产生 10V 的干扰电压信号，所以远程传送的模拟量电压信号的抗干扰能力很差。

电流输出型变送器具有恒流源的性质，恒流源的内阻很大。PLC 的模拟量输入模块的输入为电流时，输入阻抗较低，例如电流输入时 FX$_{3U}$-4AD 的输入阻抗为 250Ω。线路上的干扰信号在模块的输入阻抗上产生的干扰电压很低，所以模拟量电流信号适用于远程传送。电流信号的传送距离比电压信号的传送距离远得多，使用屏蔽电缆信号线时可达数百米。

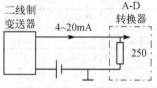

图 7-1 二线制变送器

电流输出型变送器分为二线制和四线制两种，四线制变送器有两根电源线和两根信号线。二线制变送器只有两根外部接线，它们既是电源线，也是信号线（见图 7-1），输出 4～20mA 的信号电流，直流电源串接在回路中，有的二线制变送器通过隔离式安全栅供电。通过调试，在被检测信号量程的下限时输出电流为 4mA，被检测信号满量程时输出电流为 20mA。二线制变送器的接线少，信号可以远传，在工业中得到了广泛的应用。

2. 模拟量与数字量的转换

在工业控制中，某些输入量（例如压力、温度、流量、转速等）是连续变化的模拟量，某些执行机构（例如伺服电动机、电动调节阀等）要求 PLC 输出模拟量信号，而 PLC 的 CPU 只能处理数字量。模拟量首先被传感器和变送器转换为标准量程的电流或电压，例如 4～20mA 和 0～10V，PLC 用模拟量输入模块中的 A-D 转换器将它们转换成数字量。

模拟量输出模块中的 D-A 转换器将 PID 控制器的数字输出量转换为模拟量信号（电压或电流），再去控制执行机构，例如变频器或电动调节阀。

3. 模拟量模块的性能指标

（1）分辨率与综合精度

模拟量输入模块的分辨率用转换后的二进制数的位数来表示。位数越多，分辨率越高。

12 位二进制数对应的十进制数为 0～4095。以 FX$_{3U}$-4AD-ADP 模拟量输入适配器为例，0～10V 对应于数字 0～4000，分辨率为 10V/4000 字 ＝2.5mV /字。

分辨率与模块的综合精度是两个不同的概念，综合精度除了与分辨率有关外，还与别的因素（例如非线性和环境温度）有关，例如 FX$_{3U}$-4AD-ADP 在 0℃～55℃时，相对于满量程 10V 的综合精度为 1%。

（2）A-D 转换时间

A-D 转换时间与 PLC 的型号有关，例如 FX$_{3U}$-4AD-ADP 用于 FX$_{3U}$/FX$_{3UC}$ 的转换时间为 200μs，用于 FX$_{3S}$/FX$_{3G}$/ FX$_{3GC}$ 的转换时间为 250μs，每个运算周期更新数据。

（3）量程

模拟量 I/O 模块的输入、输出信号可以是电压，也可以是电流。可以是单极性的（例如 0～10V 和 4～20mA）；也可以是双极性的（例如 ±10V 和 ±20mA），一般可以输入多种量程的电流或电压。带正负号的电流或电压转换后的数字用二进制补码表示。

4. 模拟量I/O 模块、特殊适配器和功能扩展板的特性

模拟量 I/O 模块和功能扩展板、特殊适配器的简要规格见表 7-1 和表 7-2。详细的规格和使用方法见《FX3 系列微型可编程控制器用户手册模拟量控制篇》。

型号中带 3G 的功能扩展板（BD）用于 FX$_{3SA}$/FX$_{3S}$ 系列和 FX$_{3G}$ 系列，型号中带 3U 的功能扩展板用于 FX$_{3U}$/FX$_{3UC}$ 系列。

模拟量电压输入电路的输入电阻一般为 200kΩ，电流输入电路的输入电阻一般为 250Ω。满量程的综合精度一般为 ±1%。表中标注的是模拟量输入模块转换电压得到的二进制数的位数，电流转换的位数一般比电压转换的少 1 位。

表 7-1　模拟量 I/O 模块与功能扩展板的简要规格

模块名称	通道数	位数	量 程
FX$_{2N}$-5A	4 入/1 出	16/12	DC ±10V、±100mV、±20mA、4～20mA
FX$_{3U}$-4AD/ FX$_{3UC}$-4AD	4	16	DC ±10V、±20mA、4～20mA
FX$_{2N}$-8AD	8	15	DC ±10V、±20mA、4～20mA、K、J 型热电偶
FX$_{3U}$-4DA	4	16	DC ±10V、0～20mA、4～20mA
FX$_{3G}$-8AV-BD/FX$_{3U}$-8AV-BD	8	8	模拟量电位器功能扩展板
FX$_{3G}$-2AD-BD	2	12	DC 0～10V、4～20mA
FX$_{3G}$-1DA-BD	1	12	DC 0～10V、4～20mA

表 7-2　模拟量特殊适配器的简要规格

模块名称	通道数	位数或分辨率	量 程
FX$_{3U}$-4AD-ADP	4	12	DC 0～10V、4～20mA
FX$_{3U}$-3A-ADP	2 入/1 出	12	DC 0～10V、4～20mA
FX$_{3U}$-4AD-PT-ADP	4	0.1℃	−50～250℃铂电阻，3 线式
FX$_{3U}$-4AD-PTW-ADP	4	0.2～0.3℃	−100～600℃铂电阻，3 线式
FX$_{3U}$-4AD-TC-ADP	4	K 型 0.4℃，J 型 0.3℃	K 型-100～1000℃和 J 型-100～600℃热电偶
FX$_{3U}$-4AD-PNK-ADP	4	0.1℃	铂电阻-50～250℃，镍电阻-40～110℃
FX$_{3U}$-4DA-ADP	4	12	DC 0～10V、4～20mA

模拟量输出电路在电压输出时的外部负载电阻一般为 5kΩ～1MΩ，电流输出时的外部负载电阻小于 500Ω。

FX 系列的模拟量模块和特殊适配器的外部模拟量电路与 PLC 内部的数字电路之间有光电隔离，模块各通道之间没有隔离。模拟量功能扩展板没有光电隔离。光电隔离可以提高系统的安全性和抗干扰能力。

模拟量功能扩展板、模拟量特殊适配器和 FX$_{3U}$ 的模拟量 I/O 模块在程序中不占用 I/O 点，FX$_{2N}$ 的模拟量 I/O 模块在程序中占用 8 个 I/O 点。

温度检测模块和特殊适配器实际上是温度变送器与模拟量输入模块的组合，传感器（热电阻或热电偶）直接与模块连接，不需要温度变送器，可以节省硬件成本和安装空间。

温度调节模块 FX$_{3U}$-4LC 有 4 个通道的温度传感器输入和控制输出功能，可以进行双位置控制、标准 PID 控制（可自整定参数）、加热/冷却 PID 控制和级联控制。通过与模拟量输出模块组合使用，可以实现 PID 控制。可以直接连接 K 型热电偶和铂电阻温度传感器。

7.1.2　模拟量输入模块和特殊适配器的应用

1. 模拟量输入模块的接线

图 7-2 是 FX$_{3U}$-4AD 模拟量输入模块的接线图。DC 24V 电源接在模块的"24+"和"24-"端，模拟量输入信号使用双绞线屏蔽电缆，电缆应与动力线和可能产生电磁感应的导线分开布线。

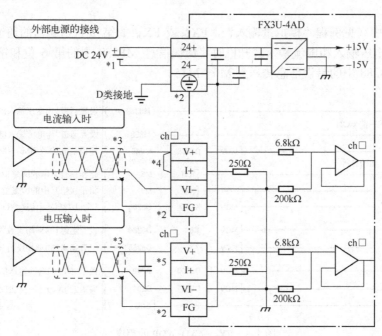

图 7-2　FX$_{3U}$-4AD 模块模拟量输入模块接线图

直流电压信号接在"V+"和"VI-"端，电流输入时将 V+和 I+端短接。应将模块的接地端子和 PLC 基本单元的接地端子连接到一起后接地。电压输入有波动或外部接线有噪音时，可以在电压输入端外接一个电容（0.1～0.47μF、25V）。

2．平均值滤波

模拟量输入模块可能采集到缓慢变化的模拟量信号中的干扰噪声，这些噪声往往以窄脉冲的方式出现。为了减轻噪声信号的影响，模块提供连续若干次采样值的平均值，可以设置求平均值的采样周期数。

但是取平均值会降低 PLC 对外部输入信号的响应速度。在使用 PID 指令对模拟量进行闭环控制时，如果平均值的次数设置得过大，将使模块的反应迟缓，可能会影响闭环控制系统的动态稳定性。

3．FX$_{3U}$-4AD-ADP 的编程

FX$_{3S}$ 只能连接 1 台模拟量特殊适配器，FX$_{3G}$ 最多可以连接 2 台，FX$_{3U}$/FX$_{3UC}$ 最多可以连接 4 台（包括模拟量功能扩展板），下面以连接 1 台模拟量特殊适配器的 FX$_{3S}$ 为例。

FX$_{3U}$-4AD-ADP 模拟量输入特殊适配器有 4 个输入通道。特殊辅助继电器 M8280～M8283 为 ON 和 OFF 时，适配器的通道 1～4 分别为电流输入和电压输入。特殊数据寄存器 D8280～D8283 用来保存来自通道 1～4 的输入数据。D8284～D8287 用来设置通道 1～4 的平均次数（1～4095）。

D8288 用于保存适配器的错误信息，b0～b3 分别为通道 1～4 的上限量程溢出，b4 为 EEPROM 错误，b5 为平均次数设定错误，b6 为适配器硬件错误（包括电源异常），b7 为适配器通信数据错误，b8～b11 分别为通道 1～4 的下限量程溢出。

参考文献[15]给出了 FX$_{3G}$ 的两台模拟量适配器和 FX$_{3U}$ 的 4 台模拟量适配器使用的特殊软元件号。

在图 7-3 中（见例程"模拟量输入"），FX$_{3S}$ 或 FX$_{3G}$ 的第 1 台适配器的通道 1 和通道 2 分别被设置为电压输入和电流输入。开机时将错误信息 M8288 中的第 6 位和第 7 位清零。在运行时将 D8288 中的错误信息传送到 M0～M15。

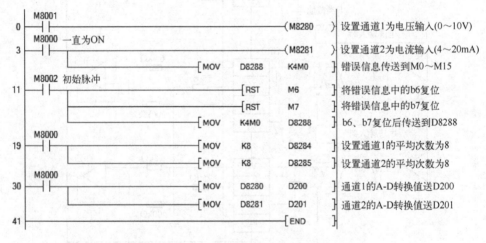

图 7-3　FX$_{3U}$-4AD-ADP 的程序

通道 1 和通道 2 的平均值滤波的次数为 8，数据寄存器 D200 和 D201 用来存放通道 1 和通道 2 的 A-D 转换的平均值。

4．将模拟量输入模块的数字量输出值转换为物理量

将模拟量输入模块输出的数字转换为实际的物理量时，应综合考虑变送器的输入/输出

174

量程和模拟量输入模块的量程，找出被测物理量与 A-D 转换后的数据之间的比例关系。

【例 7-1】 量程为 0～3.5MPa 的压力传感器的输出信号为 0～10V，设置 FX$_{3U}$-4AD-ADP 的量程为 0～10V，转换后的数字量为 0～4000，设转换后得到的数字为 N，求以 kPa 为单位的压力值。

解：因为 0～3500kPa 对应于数字量 0～4000，转换公式为

$$P = 3500 \times N / 4000 \quad (kPa)$$

上式可以采用整数运算，注意在乘除运算时应先乘后除，否则会损失原始数据的精度。

【例 7-2】 某温度变送器的输入信号范围为−100℃～500℃，输出信号为 4～20mA，FX$_{3U}$-4AD-ADP 将 4～20mA 的电流转换为 0～1600 的数字量，设转换后得到的数字为 N，求以 0.1℃为单位的温度值。

温度值−1000～5000（单位为 0.1℃）对应于数字量 0～1600，根据图 7-4 中有关线段的比例关系，可列出下面的比例关系式

$$\frac{T - (-1000)}{N} = \frac{5000 - (-1000)}{1600}$$

经整理后得到温度 T 的计算公式为

$$T = \frac{6000 \times N}{1600} - 1000 = \frac{15 \times N}{4} - 1000 \quad (0.1℃)$$

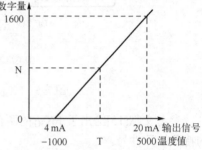

图 7-4 温度与转换值的关系

7.1.3 模拟量输出特殊适配器的应用

1. FX$_{3U}$-4DA-ADP 的性能规格

特殊适配器 FX$_{3U}$-4DA-ADP 将 12 位二进制数转换为模拟量电压或电流输出。它有 4 个模拟量输出通道，电压输出和电流输出的量程分别为 DC 0～10V 和 4～20mA。电压输出的分辨率为 10V/4000 字 = 2.5mV /字，电流输出的分辨率为 16mA/4000 字 = 4μA/字。环境温度 0℃～55℃时，相对于满量程的综合精度为 1%。用于 FX$_{3U}$/FX$_{3UC}$ 的转换时间为 200μs，用于 FX$_{3S}$/FX$_{3G}$/ FX$_{3GC}$ 的转换时间为 250μs，每个运算周期更新数据。

2. 模拟量输出信号的接线

模拟量输出使用两芯的屏蔽双绞线电缆，电缆的屏蔽层在信号接收侧单端接地。电压输出时，负载的一端接在"V□+"端子，另一端接在"COM□"端子。电流型负载接在"I□+"和"COM□"端子上（见图 7-5）。接线端子中的"□"是通道的编号 1～4。

3. FX$_{3U}$-4DA-ADP 的编程

FX$_{3U}$-4DA-ADP 模拟量输出特殊适配器有 4 个输出通道，FX$_{3S}$、FX$_{3G}$ 和 FX$_{3U}$ 分别可以使用 1 台、2 台和 4 台 FX$_{3U}$-4DA-ADP。以 FX$_{3S}$ 为例，M8280～M8283 为 ON 和 OFF 时，适配器的通道 1～4 分别为电流输出和电压输出。

M8284～M8287 用于通道 1～4 的输出保持/解除设置。如果它们为 OFF，PLC 从 RUN 切换到 STOP 时对应的通道保持最后的模拟量输出。如果为 ON，在 PLC 进入 STOP 时输出偏置值（电压输出模式为 0V，电流输出模式为 4mA）。

特殊数据寄存器 D8280～D8283 用于设置通道 1～4 的输出数据。D8288 用于保存适配器的错误信息，其 b0～b3 分别为通道 1～4 的输出数据设定值错误，b4 为 EEPROM 错误，b6 为适配器硬件错误（包括电源异常）。

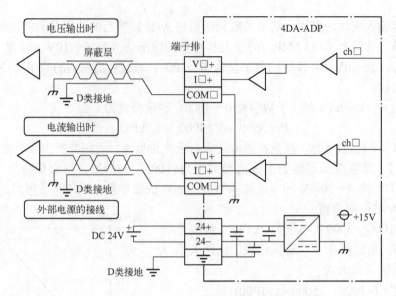

图 7-5 FX_{3U}-4DA-ADP 模拟量输出适配器接线图

参考文献[15]给出了 FX_{3G} 的两台 FX_{3U}-4DA-ADP 和 FX_{3U} 的 4 台 FX_{3U}-4DA-ADP 使用的特殊软元件号。

在图 7-6 中，FX_{3S} 或 FX_{3G} 的第 1 台适配器的通道 1 被设置为电压输出、输出保持，通道 2 被设置为电流输出、输出保持被解除。将数据寄存器 D200 和 D201 中的值送给通道 1 和通道 2 进行 D-A 转换。

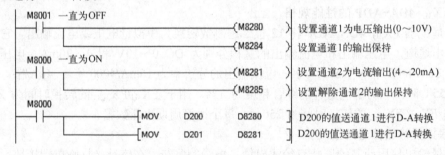

图 7-6 FX_{3U}-4DA-ADP 的程序

7.2 PID 闭环控制系统与 PID 指令

7.2.1 模拟量闭环控制系统

在工业生产中，一般用闭环控制方式来控制温度、压力、流量这一类连续变化的模拟量，使用得最多的是 PID 控制（即比例–积分–微分控制），这是因为 PID 控制具有以下优点：

1）即使没有控制系统的数学模型，也能得到比较满意的控制效果。

2）通过调用 PID 指令来编程，程序设计简单，参数调整方便。

3）有较强的灵活性和适应性，根据被控对象的具体情况，可以采用 P、PI、PD 和 PID

等方式，FX 的 PID 指令还采用了一些改进的控制方式。

1. 模拟量闭环控制系统

典型的 PLC 模拟量闭环控制系统如图 7-7 所示，点划线中的部分是用 PLC 实现的。

在模拟量闭环控制系统中，被控量 $c(t)$ 被传感器和变送器转换为标准量程的直流电流信号或直流电压信号 $pv(t)$，PLC 用模拟量输入模块中的 A-D 转换器将它们转换为时间上离散的多位二进制数字量 PV_n。

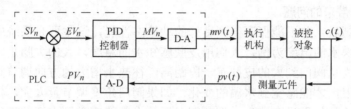

图 7-7　PID 闭环控制系统方框图

模拟量与数字量之间的相互转换和 PID 程序的执行都是周期性的操作，其间隔时间称为采样周期 T_S。各数字量中的下标 n 表示该变量是第 n 次采样计算时的数字量。

图 7-7 中的 SV_n 是设定目标值（本书简称为设定值），PV_n 为 A-D 转换后的测量值（即反馈值），误差 $EV_n = SV_n - PV_n$。模拟量输出模块的 D-A 转换器将 PID 控制器的数字量输出值 MV_n 转换为模拟量（直流电压或直流电流）$mv(t)$，再去控制执行机构。

例如在加热炉温度闭环控制系统中，被控对象为加热炉，被控制的物理量 $c(t)$ 为温度。用热电偶检测炉温，温度变送器将热电偶输出的微弱的电压信号转换为标准量程的电流或电压，然后送给模拟量输入模块，经 A-D 转换后得到与温度成比例的数字量 PV_n。CPU 将它与温度设定值 SV_n 比较，以误差值 EV_n 为输入量，进行 PID 控制运算。将数字量运算结果 MV_n 送给模拟量输出模块，经 D-A 转换后变为电流信号或电压信号 $mv(t)$，用来控制电动调节阀的开度。通过它控制加热用的天然气的流量，实现对温度的闭环控制。

2. 闭环控制的工作原理

闭环负反馈控制可以使测量值 PV_n 等于或跟随设定值 SV_n。以炉温控制系统为例，假设被控量温度值 $c(t)$ 低于给定的温度值，测量值 PV_n 小于设定值 SV_n，误差 EV_n 为正，控制器的输出值 $mv(t)$ 将增大，使执行机构（电动调节阀）的开度增大，进入加热炉的天然气流量增加，加热炉的温度升高，最终使实际温度接近或等于设定值。

天然气压力的波动、工件进入加热炉，这些因素称为扰动量，它们会破坏炉温的稳定，有的扰动量很难检测和补偿。闭环控制具有自动减小和消除误差的功能，可以有效地抑制闭环中各种扰动量对被控量的影响，使控制系统的测量值 PV_n 等于或跟随设定值 SV_n。

闭环控制系统的结构简单，容易实现自动控制，因此在各个领域得到了广泛的应用。

3. 闭环控制反馈极性的确定

闭环控制必须保证系统是负反馈（误差 = 设定值 - 测量值），而不是正反馈（误差 = 设定值 + 测量值）。如果系统接成了正反馈，将会失控，被控量会往单一方向增大或减小，给系统的安全带来极大的威胁。

闭环控制系统的反馈极性与很多因素有关，例如因为接线改变了变送器输出电流或输出电压的极性，或改变了绝对式位置传感器的安装方向，都会改变反馈的极性。

可以用下述的方法来判断反馈的极性：在调试时断开模拟量输出模块与执行机构之间的

连线，在开环状态下运行 PID 控制程序。如果控制器中有积分环节，因为反馈被断开了，不能消除误差，模拟量输出模块的输出电压或电流会向一个方向变化。这时如果假设接上执行机构，能减小误差，则为负反馈，反之之为正反馈。

以温度控制系统为例，假设开环运行时设定值大于测量值，若模拟量输出模块的输出值 $mv(t)$ 不断增大且形成闭环，将使电动调节阀的开度增大，闭环后温度测量值将会增大，使误差减小，由此可以判定系统是负反馈。

4. 闭环控制带来的问题

使用闭环控制后，并不能保证得到良好的动静态性能，这主要是系统中的滞后因素造成的。以调节洗澡水的温度为例，人们用皮肤感知水的温度，人的大脑是闭环控制器。假设水温偏低，因为从阀门到人的皮肤有一段距离，往热水增大的方向调节阀门后，需要经过一定的时间延迟，才能感觉到水温的变化。如果阀门角度调节量太大，将会造成水温忽高忽低，来回震荡。如果没有滞后，调节阀门后马上就能感觉到水温的变化，那就很好调节了。

图 7-8 和图 7-9 中的方波是给定值曲线，其幅值为 70% 和 20%。$pv(t)$ 是测量值曲线，$mv(t)$ 是 PID 控制器的输出值曲线。图 7-8 中的 $pv(t)$ 曲线的超调量小，调节时间短，$mv(t)$ 的调节作用恰到好处，是比较理想的曲线。图 7-9 中的 $pv(t)$ 曲线最后处于等幅震荡状态，其主要原因是 $mv(t)$ 的变化幅度过大，调节过头。

闭环中的滞后因素主要来源于被控对象。如果 PID 控制器的参数整定得不好，阶跃响应曲线将会产生很大的超调量，系统甚至会不稳定，出现等幅震荡（见图 7-9）或振幅越来越大的发散震荡。

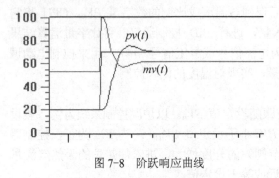

图 7-8　阶跃响应曲线

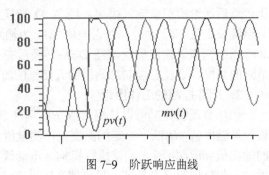

图 7-9　阶跃响应曲线

7.2.2　PID 控制器与 PID 指令

1. PID 控制器的输入/输出关系式

典型的 PID 模拟量控制系统如图 7-10 所示。图中的各物理量均为模拟量，$sv(t)$ 是设定值，$pv(t)$ 为测量值，$c(t)$ 为被控量，PID 控制器的输入/输出关系式为

$$mv(t) = K_P[ev(t) + \frac{1}{T_I}\int ev(t)dt + T_D\frac{dev(t)}{dt}] + M \tag{7-1}$$

式中误差信号 $ev(t) = sv(t) - pv(t)$，$mv(t)$ 是 PID 控制器的输出值，K_P 是控制器的比例增益，T_I 和 T_D 分别是积分时间和微分时间，M 是积分部分的初始值。PID 控制程序的主要任务就是实现式（7-1）中的运算，因此有人将 PID 控制器称为 PID 控制算法。

式（7-1）中等号右边前 3 项分别是输出量中的比例（P）部分、积分（I）部分和微分

（D）部分，它们分别与误差 $ev(t)$、误差的积分和误差的一阶导数成正比。如果取其中的一项或两项，可以组成 P、PD 或 PI 控制器。需要较好的动态品质和较高的稳态精度时，可以选用 PI 控制方式；控制对象的惯性滞后较大时，应选择 PID 控制方式。

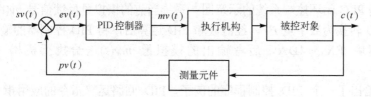

图 7-10　模拟量闭环控制系统方框图

2．改进的 PID 控制算法

改进的 PID 闭环控制系统如图 7-11 所示，点划线中的部分是用 PLC 实现的。图中的 SV_n 等下标中的 n 表示是第 n 次采样时的数字量，$pv(t)$、$mv(t)$ 和 $c(t)$ 为模拟量。

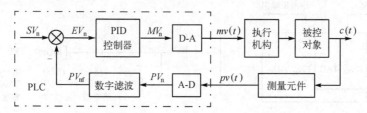

图 7-11　PLC 闭环控制系统方框图

用 PLC 实现 PID 控制时，PID 控制器实际上是以指令形式出现的一段程序。PID 指令是周期性执行的，执行的周期称为采样周期（T_S）。

FX 系列的 PID 指令采用了一阶惯性数字滤波、不完全微分和反馈量微分等措施，使该指令比标准的 PID 算法具有更好的控制效果。

（1）一阶惯性数字滤波

模拟量反馈信号 $pv(t)$ 中可能混杂有干扰噪声，采样后可以用一阶惯性数字滤波器（见图 7-11）来滤除，T_f 是滤波器的时间常数。输入滤波常数 $\alpha = T_f / (T_f + T_S)$，$T_S$ 为采样周期。α 的取值范围为 0～1，α 越大，滤波效果越好；α 过大会使系统的响应迟缓，动态性能变坏。

（2）不完全微分 PID

微分的引入可以改善系统的动态性能，但是也容易引入高频干扰。为此在微分部分增加了一阶惯性数字滤波，以平缓输出值的剧烈变化。不完全微分 PID 的传递函数为

$$\frac{MV(s)}{EV(s)} = K_P\left(1 + \frac{1}{T_I s} + \frac{T_D s}{K_D T_D s + 1}\right)$$

式中的微分增益 K_D 是不完全微分的滤波时间常数与微分时间 T_D 的比值。

（3）反馈量微分 PID

计算机控制系统的设定值 SV_n 一般用键盘来修改，这样会导致 SV_n 发生阶跃变化。因为误差 $EV_n = SV_n - PV_{nf}$（见图 7-11），SV_n 的突变将会使误差 EV_n 和 PID 的输出量 MV_n 突变，不利于系统的稳定运行。为了消除给定值突变的影响，只对反馈量 PV_{nf} 微分，这种算法称为反馈量微分 PID 算法。不考虑给定值的变化（即令 SV_n 为常数），有

$$\frac{\mathrm{d}EV_n}{\mathrm{d}t} = \frac{\mathrm{d}(SV_n - PV_{nf})}{\mathrm{d}t} = -\frac{\mathrm{d}PV_{nf}}{\mathrm{d}t}$$

3. PID 指令

图 7-12 是 PLC 闭环控制系统的示意图。系统当前的模拟量反馈信号 $pv(t)$ 被模拟量输入模块 FX_{3U}-4AD 转换为数字量 PV，经滤波和 PID 运算后，将 PID 控制器的输出量 MV 送给模拟量输出模块 FX_{3U}-4DA，后者输出的模拟量 $mv(t)$ 送给执行机构（例如电动调节阀）。

图 7-13 给出了一个 PID 控制程序的例子，PID 回路运算指令的应用指令编号为 FNC 88，源操作数（S1·）、（S2·）、（S3·）和目标操作数（D）均为 D。（S1·）和（S2·）分别用来存放给定值 SV 和本次采样的测量值（即反馈值）PV，PID 指令占用起始软元件号为（S3·）的连续的 25 个数据寄存器，用来存放控制参数的值，运算结果（PID 输出值）MV 用目标操作数（D·）存放。

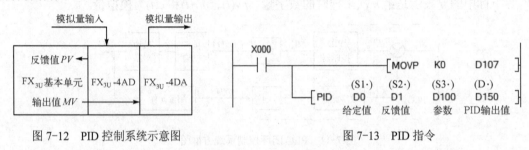

图 7-12 PID 控制系统示意图   图 7-13 PID 指令

在开始执行 PID 指令之前，应使用 MOV 指令将各参数和设定值预先写入指令指定的数据寄存器（见表 7-3）。如果使用有断电保持功能的数据寄存器，不需要重复写入。如果目标操作数（D·）有断电保持功能，应使用初始脉冲 M8002 的常开触点将它复位。

PID 指令可以在定时器中断、子程序、步进梯形指令区和跳转指令中使用，但是在执行 PID 指令之前应使用脉冲执行的 MOVP 指令将（S3）+7 清零（见图 7-13 的 D107）。

控制参数的设定和 PID 运算中的数据出现错误时，"运算错误"标志 M8067 为 ON，错误代码存放在 D8067 中。

PID 指令可以同时多次调用，但是每次调用时使用的数据寄存器的软元件号不能重复。

4. 正动作与反动作

正动作与反动作是指 PID 的输出值与测量值之间的关系。在开环状态下，PID 输出值控制的执行机构的输出增加使测量值增大的是正动作；使测量值减小的是反动作。

加热炉温度控制系统的 PID 输出值如果增大，将使调节阀的开度增大，被控对象的温度升高，这就是一个典型的正动作。制冷则恰恰相反，PID 输出值如果增大，空调压缩机的输出功率增加，使被控对象的温度降低，这就是反动作。可以用 PID 指令的参数 ACT 的第 0 位来设置采用正动作或反动作。

5. PID 指令的参数

PID 指令的源操作数（S3·）是 25 个数据寄存器组成的参数区的首个软元件号，部分参数的意义见表 7-3。

（S3·）+1（动作设定 ACT）中的第 0~2 位用来设置正动作/反动作、是否允许输入量变化报警和输出量变化报警，第 4 位用于是否执行自整定，第 5 位用于输出值的上、下限设定是否有效，第 6 位用于选择自整定的模式。(S3·) + 5 中的微分增益 K_D 是不完全微分的滤波时间常数与微分时间 T_D 的比值。

PID 参数表中的 (S3·) + 7～(S3·) + 19 被 PID 运算的内部处理占用。(S3·) + 20～(S3·) + 23 分别用于设置测量值 PV_{nf} 的上限、下限报警设定值，和设置 PID 输出值 MV 的上限、下限报警设定值。

(S3·) + 24 为报警输出，其第 0～3 位为 1 分别表示测量值 PV_{nf} 超上限和超下限、PID 输出值 MV 超上限和超下限。

表 7-3 PID 指令的部分参数

符号	地址	意义	单位与范围
T_S	(S3·)	采样时间	1～32767 ms
ACT	(S3·) + 1	动作设定	第 0 位为 0 时为正动作，反之为反动作
α	(S3·) + 2	输入滤波常数	0～99 %，为 0 时没有输入滤波
K_P	(S3·) + 3	比例增益	1～32767
T_I	(S3·) + 4	积分时间	(0～32767) × 100ms，为 0 时作为 ∞ 处理（无积分）
K_D	(S3·) + 5	微分增益	0～100 %，为 0 时无微分增益
T_D	(S3·) + 6	微分时间	(0～32767) × 10ms，为 0 时无微分处理

6. 位置式 PID 与增量式 PID

电动调节阀用位置传感器检测阀门的开度（即圆锥形阀芯的位置），通过闭环位置随动系统，使阀门的开度与阀门控制器的输入信号（即 PID 控制器的输出）成正比。

FX 系列的 PID 控制器的输出值 MV_n 与电动调节阀的阀门开度成正比，通常将它称为位置式算法 PID。如果用 PID 控制器的输出直接控制步进电动机或伺服电动机驱动的执行机构，要求控制器输出 MV_n 的增量 ΔMV_n，称为增量式算法 PID。

$$\Delta MV_n = MV_n - MV_{n-1}$$

式中的 MV_{n-1} 是第 $n-1$ 次计算时控制器的输出值。

ΔMV_n 与电动机转角的增量成正比，对 ΔMV_n 的积分（累加）是由执行机构实现的。增量式算法可以实现自动、手动工作方式的无扰动切换。

7.3 PID 控制器的参数整定方法

7.3.1 PID 参数的物理意义

1. 闭环控制的主要性能指标

由于给定输入信号或扰动输入信号的变化，系统的输出量达到稳态值之前的过程称为过渡过程或动态过程。系统的动态性能常用阶跃响应（阶跃输入时输出量的变化）曲线的参数来描述。阶跃输入信号在 $t = 0$ 之前为 0，$t > 0$ 时为某一恒定值。

系统输出量 $c(t)$ 第一次达到稳态值的时间 t_r 称为上升时间（见图 7-14），上升时间反映了系统在响应初期的快速性。

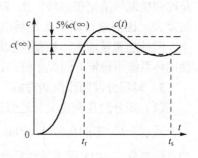

图 7-14 被控量的阶跃响应曲线

阶跃响应曲线进入并停留在稳态值 $c(\infty)$ 上下 ±5%（或 ±2%）的误差带内的时间 t_S 称为调节时间，到达调节时间表示过渡过程已基本结束。

设动态过程中输出量的最大值为 $c_{max}(t)$，如果它大于输出量的稳态值 $c(\infty)$，定义超调量为

$$\sigma\% = \frac{c_{max}(t) - c(\infty)}{c(\infty)} \times 100\%$$

超调量反映了系统的相对稳定性，它越小动态稳定性越好，一般希望超调量小于 10%。

系统的稳态误差是进入稳态后输出量的期望值与实际值之差，它反映了系统的稳态精度。

2. 对比例控制作用的理解

控制器输出量中的比例、积分、微分部分都有明确的物理意义。PID 的控制原理可以用人对炉温的手动控制来理解，假设用热电偶检测炉温，用数字仪表显示温度值。

在人工控制过程中，操作人员用眼睛读取炉温的测量值，并与炉温的设定值比较，得到温度的误差值。用手操作电位器，调节加热的电流，使炉温保持在设定值附近。有经验的操作人员通过手动操作可以得到很好的控制效果。

操作人员知道使炉温稳定在设定值时电位器的位置（文中将它称为位置 L），并根据当时的温度误差值调整电位器的转角。炉温小于设定值时，误差为正，在位置 L 的基础上顺时针增大电位器的转角，以增大加热的电流；炉温大于设定值时，误差为负，在位置 L 的基础上反时针减小电位器的转角，以减小加热的电流。令调节后的电位器转角与位置 L 的差值与误差成正比，误差绝对值越大，调节的角度越大。上述控制策略就是比例控制，即 PID 控制器输出中的比例部分与误差成正比，比例增益为式（7-1）中的 K_P。

闭环中存在着各种各样的延迟作用。例如调节电位器转角后，到温度上升到新的转角对应的稳态值时有较大的延迟。加热炉的热惯性、温度的检测、模拟量转换为数字量和 PID 的周期性计算都有延迟。由于延迟因素的存在，调节电位器转角后不能马上看到调节的效果，因此闭环控制系统调节困难的主要原因是系统中的延迟作用。

如果比例增益太小，即调节后电位器转角与位置 L 的差值太小，调节的力度不够，使温度的变化缓慢，调节时间过长。如果比例增益过大，即调节后电位器转角与位置 L 的差值过大，调节力度太强，造成调节过头，可能使温度忽高忽低，来回振荡。

如果闭环系统没有积分作用（即系统为自动控制理论中的 0 型系统），由理论分析可知，单纯的比例控制有稳态误差，稳态误差与比例增益成反比。图 7-15 和图 7-16 中的方波是比例控制的给定值曲线，图 7-15 中的系统比例增益小，超调量和振荡次数小，但是稳态误差大。比例增益增大几倍后，起动时被控量的上升速度加快（见图 7-16），稳态误差减小，但是超调量增大，振荡次数增加，调节时间加长，动态性能变坏，比例增益过大甚至会使闭环系统不稳定。因此单纯的比例控制很难兼顾动态性能和静态性能。

3. 对积分控制作用的理解

（1）积分的几何意义与近似计算

式（7-1）中的积分 $\int ev(t)\mathrm{d}t$ 对应于图 7-17 中误差曲线 $ev(t)$ 与坐标轴包围的面积（图中的灰色部分）。PID 程序是周期性执行的，执行 PID 程序的时间间隔为 T_S（即 PID 控制的采样周期）。我们只能使用连续的误差曲线上间隔时间为 T_S 的一些离散的点的值来计算积分，

因此不可能计算出准确的积分值，只能对积分作近似计算。

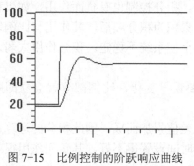
图 7-15　比例控制的阶跃响应曲线

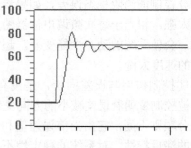
图 7-16　比例控制的阶跃响应曲线

一般用图 7-17 中的矩形面积之和来近似精确积分，每块矩形的面积为 EV_jT_S，EV_j 是第 j 次计算的误差值。各小块矩形面积累加后的总面积为 $T_S\sum\limits_{j=1}^{n}EV_j$。当 T_S 较小时，积分的误差不大。

每次 PID 运算时，积分运算是在原来的积分值的基础上，增加一个与当前的误差值成正比的微小部分。误差为正时，积分项增大。误差为负时，积分项减小。

（2）积分控制的作用

在上述的温度控制系统中，积分控制相当于根据当时的误差值，周期性地微调电位器的角度。温度低于设定值时误差为正，积分项增大，使加热电流增加；反之积分项减小。因此只要误差不为零，控制器的输出就会因为积分作用而不断变化。积分这种微调的"大方向"是正确的，只要误差不为零，积分项就会向减小误差的方向变化。在误差很小的时候，比例部分和微分部分的作用几乎可以忽略不计，但是积分项仍然不断变化，用"水滴石穿"的力量，使误差趋近于零。

在系统处于稳定状态时，误差恒为零，比例部分和微分部分均为零，积分部分不再变化，并且刚好等于稳态时需要的控制器的输出值，对应于上述温度控制系统中电位器转角的位置 L。因此积分部分的作用是消除稳态误差，提高控制精度，一般是积分控制必需的。在纯比例控制的基础上增加积分控制，被控量最终等于设定值（见图 7-18），稳态误差被消除。

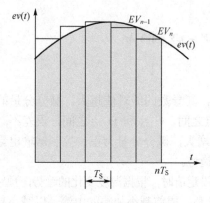
图 7-17　积分的近似计算

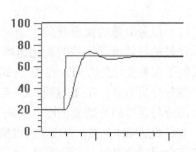
图 7-18　PI 控制器的阶跃响应曲线

（3）积分控制的缺点

积分控制能消除稳态误差，如果参数整定得不好，积分控制也有负面作用。如果积分控制作用太强，相当于每次微调电位器的角度值过大，累积为积分项后，其作用与比例增益过大相同，会使系统的动态性能变差，超调量增大，甚至使系统不稳定。积分作用太弱，则消除误差的速度太慢。

比例控制作用与误差同步，是没有延迟的。只要误差变化，比例部分就会立即跟着变化，使被控制量朝着误差减小的方向变化。

积分项则不同，它由当前误差值和过去的历次误差值累加而成。因此积分的运算过程具有严重的滞后特性，对系统的稳定性不利。如果积分时间设置得不好，其负面作用很难通过积分作用本身迅速地修正。

（4）积分控制的应用

具有滞后特性的积分作用很少单独使用，它一般与比例控制和微分控制联合使用，组成PI 或 PID 控制器。PI 和 PID 控制器既克服了单纯的比例调节有稳态误差的缺点，又避免了单纯的积分调节响应慢、动态性能不好的缺点，因此被广泛使用。如果控制器有积分作用（采用 PI 或 PID 控制），积分能消除阶跃输入的稳态误差，这时可以将比例增益调得小一些。

（5）积分部分的调试

因为积分时间 T_I 在式（7-1）的积分项的分母中，T_I 越小，积分项变化的速度越快，积分作用越强。综上所述，积分作用太强（即 T_I 太小），系统的稳定性变差，超调量增大。积分作用太弱（即 T_I 太大），系统消除误差的速度太慢，T_I 的值应取得适中。

4．对微分控制作用的理解

（1）微分部分的几何意义与近似计算

在误差曲线 $ev(t)$ 上作一条切线（见图 7-19），该切线与 x 轴正方向的夹角 α 的正切值 $\tan\alpha$ 即为该点处误差的一阶导数 $dev(t)/dt$。PID 控制器输出表达式（7-1）中的导数用下式来近似：

$$\frac{dev(t)}{dt} \approx \frac{\Delta ev(t)}{\Delta t} = \frac{EV_n - EV_{n-1}}{T_S}$$

式中 EV_{n-1} 是第 $n-1$ 次采样时的误差值（见图 7-19）。将积分和导数的近似表达式代入式（7-1），第 n 次采样时控制器的输出为

$$MV_n = K_p[EV_n + \frac{T_S}{T_I}\sum_{j=1}^{n} EV_j + \frac{T_D}{T_S}(EV_n - EV_{n-1})] + M \qquad (7-2)$$

（2）微分分量的物理意义

误差的导数就是误差的变化速率，误差变化越快，其导数的绝对值越大。微分分量的符号反映了误差变化的方向。在图 7-20 的 A 点和 B 点之间、C 点和 D 点之间，误差不断减小，微分分量为负；在 B 点和 C 点之间，误差不断增大，微分分量为正。控制器输出量的微分部分与误差的导数成正比，反映了被控量变化的趋势。

有经验的操作人员在温度上升过快，但是尚未达到设定值时，根据温度变化的趋势，预感到温度将会超过设定值，出现超调；于是调节电位器的转角，提前减小加热的电流，以减小超调量。这相当于士兵射击远方的移动目标时，考虑到子弹运动的时间，需要一定的提前量一样。

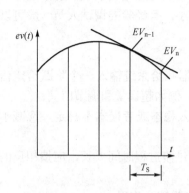

图 7-19 导数的近似计算

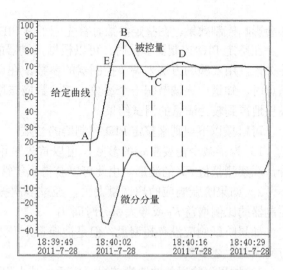

图 7-20 PID 控制器输出中的微分分量

在图 7-20 中启动过程的上升阶段（A 点到 E 点），被控量尚未超过其稳态值，超调还没有出现。但是因为被控量不断增大，误差 $e(t)$ 不断减小，控制器输出量的微分分量为负，使控制器的输出量减小，相当于减小了温度控制系统加热的功率，提前给出了制动作用，以阻止温度上升过快，所以可以减少超调量。因此微分控制具有超前和预测的特性，在温度尚未超过稳态值之前，微分作用就能提前采取措施，以减小超调量。在图 7-20 中的 E 点和 B 点之间，被控量继续增大，控制器输出量的微分分量仍然为负，继续起制动作用，以减小超调量。

闭环控制系统的振荡甚至不稳定的根本原因在于有较大的滞后因素，微分控制的超前作用可以抵消滞后因素的影响。适当的微分控制作用可以使超调量减小，调节时间缩短，增加系统的稳定性。对于有较大惯性或滞后的被控对象，控制器输出量变化后，要经过较长的时间才能引起测量值的变化。如果 PI 控制器的控制效果不理想，可以考虑在控制器中增加微分作用，以改善闭环系统的动态特性。编者在使用 PI 控制器调试某转速控制系统时，不管怎样调节参数，超调量总是压不下去。增加微分控制作用后，超调量很快就降到了期望的范围。

（3）微分部分的调试

微分时间 T_D 与微分作用的强弱成正比，T_D 越大，微分作用越强。但是 T_D 太大，将导致微分部分剧烈变化，可能会使响应曲线变得很怪异，甚至出现"毛刺"（见图 7-26），或使被控量接近稳态值时变化缓慢。后一现象的原因是因为接近稳态值时，误差很小，比例部分消除误差的能力很弱。因为微分作用太强，抑制了被控量的上升，导致被控量上升极为缓慢，到达稳态的时间过长。此外微分部分过强会使系统抑制干扰噪声的能力降低。综上所述，微分控制作用的强度应适当，太弱则作用不大，过强则有负面作用。如果将微分时间设置为 0，微分部分将不起作用。

7.3.2 PID 参数的整定方法

1. PID 参数的整定方法

PID 控制器有 4 个主要的参数 T_S、K_P、T_I、T_D 需要整定，无论哪一个参数选择得不合适都会影响控制效果。在整定参数时首先应了解 PID 参数与系统动态、静态性能之间的关系。

在整定 PID 控制器参数时，可以根据控制器的参数与系统动态性能和静态性能之间的定性关系，用实验的方法来调节控制器的参数。在调试中最重要的问题是在系统性能不能令人满意时，知道应该调节哪一个参数，该参数应该增大还是减小。有经验的调试人员一般可以较快地得到较为满意的调试结果。

可以按以下规则来整定 PID 控制器的参数：

1）为了减少需要整定的参数，可以首先采用 PI 控制器。给系统输入一个阶跃给定信号，观察测量值 PV 的波形。由此可以获得系统性能的信息，例如超调量和调节时间。

2）如果阶跃响应的超调量太大，经过多次振荡才能进入稳态或者根本不稳定，应减小控制器的比例增益 K_P 或增大积分时间 T_I。

如果阶跃响应没有超调量，但是被控量上升过于缓慢，过渡过程时间太长，应按相反的方向调整上述参数。

3）如果消除误差的速度较慢，应适当减小积分时间，增强积分作用。

4）如果被控量第一次达到稳态值的上升时间太长（上升缓慢），可以适当增大增益 K_P。如果因此使超调量增大，可以通过增大积分时间和调节微分时间来补偿。

5）反复调节比例增益和积分时间，如果超调量仍然较大，可以加入微分作用，即采用 PID 控制。微分时间 T_D 从 0 逐渐增大，反复调节 K_P、T_I 和 T_D，直到满足要求。需要注意的是在调节比例增益 K_P 时，同时会影响到积分分量和微分分量的值，而不是仅仅影响到比例分量。

总之，PID 参数的整定是一个综合的、各参数相互影响的过程，实际调试过程中的多次尝试是非常重要的，也是必需的。

2．采样周期的确定

PID 控制程序是周期性执行的，执行的周期称为采样周期 T_S。采样周期越小，采样值越能反映模拟量的变化情况。但是 T_S 太小会增加 CPU 的运算工作量，相邻两次采样的差值几乎没有什么变化，将使 PID 控制器输出的微分部分接近为零，所以也不宜将 T_S 取得过小。

确定采样周期时，应保证在被控量迅速变化的区段（例如启动过程的上升阶段），能有足够多的采样点，以保证不会因为采样点过稀而丢失被采集的模拟量中的重要信息。将各采样点的测量值 PV_n 连接起来，应能基本上复现模拟量测量值 $pv(t)$ 曲线。

表 7-4 给出了过程控制中采样周期的经验数据，表中的数据仅供参考。以温度控制为例，一个很小的恒温箱的热惯性比几十立方米的加热炉的热惯性小得多，它们的采样周期显然也应该有很大的差别。实际的采样周期需要经过现场调试后确定。

表 7-4　过程控制中采样周期的经验数据

被控制量	流量	压力	温度	液位	成分
采样周期/s	1～5	3～10	15～20	6～8	15～20

3．怎样确定 PID 控制器的初始参数

如果调试人员熟悉被控对象，或者有类似的控制系统的资料可供参考，PID 控制器的初始参数是比较容易确定的。反之，控制器的初始参数的确定是相当困难的，随意确定的初始参数可能比最后调试好的参数相差数十倍甚至数百倍。

编者建议采用下面的方法来确定 PI 控制器的初始参数。为了保证系统的安全，避免在首次投入运行时出现系统不稳定或超调量过大的异常情况，在第一次试运行时设置尽量保守的参数，即比例增益不要太大，积分时间不要太小，以保证不会出现较大的超调量。此外还应制订被控量响应曲线上升过快、可能出现较大超调量的紧急处理预案，例如迅速关闭系统或马上切换到手动方式。试运行后根据响应曲线的特征和上述调整 PID 控制器参数的规则，来修改控制器的参数。

7.3.3 PID 参数整定的实验

1．硬件闭环 PID 控制实验

为了学习整定 PID 控制器参数的方法，必须做闭环实验，开环运行 PID 程序没有任何意义。三菱的仿真软件 Gix Simulator2 不能对 PID 指令仿真，所以不能用 GX Works2 做纯软件仿真的闭环实验。如果有 FX 系列的 PLC，组成一个闭环需要模拟量输入和模拟量输出的硬件，此外还需要被控对象、检测元件、变送器和执行机构。例如可以用电热水壶作为被控对象，用热电阻检测温度，用温度变送器将温度转换为标准量程的电压，用交流固态调压器作执行机构。

2．用运算放大器模拟被控对象的闭环实验

可以用以运算放大器为核心的模拟电路（见图 7-21）来代替现场的被控对象，在实验室组成模拟的闭环控制系统。运算放大器应使用双电源，例如±12V 的电源。设置模拟量输入、模拟量输出模块的量程为±10V。

将运算放大器电路的输出端接到 PLC 的模拟量输入模块的电压输入端，将 PLC 模拟量输出模块的电压输出端接到运算放大器电路的输入端，这样就组成了一个模拟的闭环控制系统。

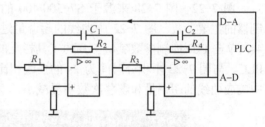

图 7-21　模拟被控对象的电路

可以用图 7-21 中的运算放大器电路来模拟一阶惯性环节、两个串联的惯性环节，或串联的惯性环节与积分环节。图中左边的运算放大器电路的传递函数为

$$G_1(s) = -\frac{R_2/C_1 s}{R_2 + 1/C_1 s} \cdot \frac{1}{R_1} = -\frac{R_2}{R_1(R_2 C_1 s + 1)} = -\frac{K}{Ts + 1}$$

式中 $K = R_2/R_1$, $T = R_2 C_1$，s 是拉氏变换中的拉普拉斯算子。右边的运算放大器的传递函数可以用类似的方法求得。

如果断开图中的 C_2，右边的运算放大器变为反相器，其传递函数为 $G_2(s) = -R_4/R_3$。如果断开图中的 R_4，右边的运算放大器变为积分器，其传递函数为 $G_2(s) = -1/(R_3 C_2 s)$。模拟对象总的传递函数为 $G(s) = G_1(s) \cdot G_2(s)$。电阻和电容的值应取大一些，使传递函数中的时间常数为秒级。可以在电路板上设置 DIP 开关，用它来改变被控对象传递函数的结构和参数。

3．纯软件闭环 PID 实验

西门子的 S7-300/400 PLC 的功能块 FB 41 是 PID 控制的子程序，S7-300/400 的仿真软件 PLCSIM 可以对 FB 41 仿真。此外西门子还提供了一个用来模拟被控对象、检测元件和执行机构的功能块 FB 100。用 FB 41 和 FB 100 可以组成虚拟的 PID 闭环控制系统，只用计算机就可以对 PID 控制系统仿真。

通过设置 PID 控制器的参数，用仿真软件执行闭环控制程序后，观察被控量的变化情况，通过被控量阶跃响应曲线的形状，估算超调量和调节时间等性能指标，就可以判断出控制的品质。可以根据 7.3.2 节 PID 参数的整定方法修改 PID 控制器的参数，直到得到比较理想的控制效果。

编者编写的《S7-300/400 PLC 应用技术 第 4 版》详细介绍了纯软件 PID 闭环仿真程序的设计方法和做仿真实验的方法。使用 S7-300/400 的编程软件 STEP 7 集成的 PID 控制参数赋值工具来修改 PID 的参数、显示 PID 控制的设定值和被控量的曲线。该书详细地介绍了 PID 控制参数赋值工具的使用方法。本节后面的 PID 控制的阶跃响应曲线来自 PID 控制参数赋值工具。

该书的随书光盘提供了 PID 闭环控制仿真程序和仿真所需的全部软件。还提供了 PID 闭环控制仿真的视频教程。

根据读者或使用本教材的学校的具体条件，可以选择 3 种实验方式：

1）全部采用硬件的 PID 控制实验。

2）使用硬件 PLC，用运算放大器来模拟被控对象、执行器和检测元件的 PID 控制实验。

3）S7-300/400 的纯软件 PID 控制仿真实验。

4. PID 闭环控制仿真结果介绍

图 7-22～图 7-28 来源于 S7-300/400 的纯软件 PID 控制仿真实验，图中给出了 PID 控制器的主要参数。图 7-22 中曲线的超调量过大，有多次震荡。将图中的积分时间由 2s 改为 4s，单击 PID 控制参数赋值工具的工具栏上的"下载"按钮🏭，将修改后的参数下载到仿真 PLC。与图 7-22 中积分时间为 2s 的曲线相比，增大积分时间（减弱积分作用）后，图 7-23 中响应曲线的超调量和震荡次数明显减小。

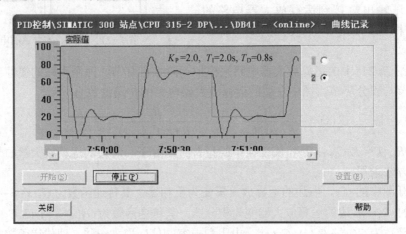

图 7-22 曲线记录对话框

将图 7-23 中的积分时间还原为 2s，微分时间由 0.8s 增大为 2s。与图 7-22 中的曲线相比，适当增大微分时间后，图 7-24 中响应曲线的超调量和震荡次数明显减小。

将图 7-24 中的积分时间改为 8s，微分时间仍然为 2s。与图 7-22 中的曲线相比（积分时间为 2s，微分时间为 0.8s），增大积分时间和适当增大微分时间后，图 7-25 中响应曲线的超调量几乎为 0，但是付出的代价是第一次上升到稳态值的时间较长。

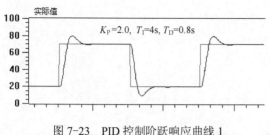

图 7-23　PID 控制阶跃响应曲线 1

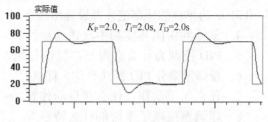

图 7-24　PID 控制阶跃响应曲线 2

微分时间也不是越大越好，图 7-26 的微分时间增大到 4s，因为微分作用过强，在误差剧烈变化时，对误差变化的抑制作用太强，曲线上出现了"毛刺"，曲线变得很怪异。这种现象提示应减弱微分部分。

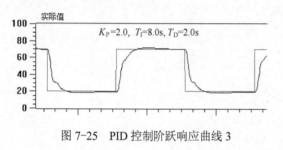

图 7-25　PID 控制阶跃响应曲线 3

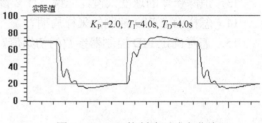

图 7-26　PID 控制阶跃响应曲线 4

图 7-27 和图 7-28 的微分时间均为 0（即采用 PI 调节），积分时间均为 8s。图 7-27 的比例增益为 2.0，图 7-28 的比例增益为 1.0，减小了比例增益后，同时减弱了比例作用和积分作用。可以看出，减小比例增益能显著降低超调量。但是付出的代价是上升时间 t_r 增大。

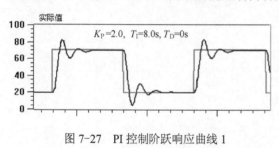

图 7-27　PI 控制阶跃响应曲线 1

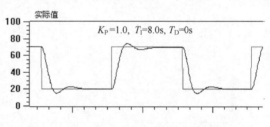

图 7-28　PI 控制阶跃响应曲线 2

读者可以修改程序中 FB 100（被控对象）的参数，下载到仿真 PLC 后，调整 PID 控制器的参数，直到得到较好的响应曲线，即超调量较小，过渡过程时间较短。也可以修改采样周期，了解采样周期与控制效果之间的关系。通过仿真实验，可以较快地掌握 PID 参数的整定方法。

7.4　习题

1．为什么在模拟量信号远距离传送时应使用电流信号，而不是电压信号？

2．为什么要对模拟量信号的采样值进行平均值滤波？怎样选择滤波的参数？

3．频率变送器的量程为 45～55Hz，输出信号为 4～20mA，某模拟量输入特殊适配器输入信号的量程为 4～20mA，转换后的数字量为 0～1600。设转换后得到的数字为 N，试求以 0.01Hz 为单位的频率值，并设计出程序。

4. 怎样判别闭环控制中反馈的极性？

5. PID 控制为什么会得到广泛的使用？

6. 反馈量微分 PID 算法有什么优点？

7. 什么叫正动作，什么叫反动作？

8. 超调量反映了系统的什么特性？

9. PID 中的积分部分有什么作用？增大积分时间 T_I 对系统的性能有什么影响？

10. PID 中的微分部分有什么作用？

11. 如果闭环响应的超调量过大，应调节哪些参数，怎样调节？

12. 阶跃响应没有超调量，但是被控量上升过于缓慢，应调节哪些参数，怎样调节？

13. 消除误差的速度太慢，应调节什么参数？

14. 怎样确定 PID 控制的采样周期？

15. 怎样确定 PID 控制器参数的初始值？

第8章 PLC应用中的一些问题

8.1 PLC控制系统的可靠性措施

PLC是专门为工业环境设计的控制装置，一般不需要采取什么特殊措施，就可以直接在工业环境使用。但是如果环境过于恶劣，电磁干扰特别强烈，或安装和使用不当，都不能保证系统的正常安全运行。干扰可能使PLC接收到错误的信号，造成误动作，或使PLC内部的数据丢失，严重时甚至会使系统失控。在系统设计时，应采取相应的可靠性措施，以消除或减小干扰的影响，保证系统的正常运行。

1. 电源的抗干扰措施

电源是干扰进入PLC的主要途径之一，电源干扰主要是通过供电线路的分布式电容和分布式电感的耦合产生的，各种大功率用电设备是主要的干扰源。

在干扰较强或对可靠性要求很高的场合，可以在PLC的交流电源输入端加接带屏蔽层的隔离变压器和低通滤波器。

隔离变压器可以抑制从电源线窜入的外来干扰，提高抗高频共模干扰能力。高频干扰信号不是通过变压器绕组的耦合，而是通过一次、二次绕组间的分布电容传递的。在一次、二次线圈之间加绕屏蔽层，并将它和铁心一起接地，可以减少绕组间的分布电容，提高抗高频干扰的能力。

可以在互联网上搜索"电源滤波器""抗干扰电源"和"净化电源"等关键词，选用相应的抗电源干扰的产品。

2. 布线的抗干扰措施

数字量信号传输距离较远时，可以选用屏蔽电缆。模拟量信号和高速信号（例如旋转编码器提供的信号）应选择屏蔽电缆，通信电缆应按规定选型。

PLC应远离强干扰源，例如大功率晶闸管装置、变频器、高频焊机和大型动力设备等。PLC不能与高压电器安装在同一个开关柜内，在柜内PLC应远离动力线，二者之间的距离应大于20cm。不同类型的导线应分别装入不同的电缆管或电缆槽中，并使其有尽可能大的空间距离。

I/O线与电源线应分开走线，并保持一定的距离。如果不得已要在同一线槽中布线，应使用屏蔽电缆。交流信号与直流信号应分别使用不同的电缆，数字量、模拟量I/O线应分开敷设，后者应采用屏蔽线。

一般情况下，屏蔽电缆的屏蔽层应两端接金属机壳，并确保大面积接触金属表面，以便能承受高频干扰。在极少数情况下，也可以只对一端的屏蔽层接地，例如模拟量输入模块的传感器使用的屏蔽双绞线电缆，可以只将传感器侧的电缆屏蔽层接到电气参考地。

信号线和它的返回线绞合在一起，能减小感性耦合引起的干扰，绞合越靠近端子越好。

模拟量信号的传输线应使用双屏蔽的双绞线（每对双绞线和整个电缆都有屏蔽层）。不同的模拟量信号线应独立走线，它们有各自的屏蔽层，以减少线间的耦合。不要把不同的模拟量信号置于同一个公共返回线。模拟量信号和数字量信号的传输电缆应分别屏蔽和走线，DC 24V 和 AC 220V 信号不要共用同一条电缆。

连接具有不同参考电位的设备将会在连接电缆中产生不必要的电流。这种电流会造成通信故障或损坏设备。应确保需要用通信电缆连接的所有设备或者共享一个共同的参考点，或者进行隔离，以防止不必要的电流。

如果模拟量输入/输出信号距离 PLC 较远，应采用 4～20mA 的电流传输方式，而不是易受干扰的电压传输方式。干扰较强的环境应选用有光隔离的模拟量 I/O 模块，使用分布电容小、干扰抑制能力强的配电器为变送器供电，以减少对 PLC 的模拟量输入信号的干扰。模拟量输入信号的数字滤波是减轻干扰影响的有效措施。应短接未使用的 A-D 通道的输入端，以防止干扰电压进入 PLC，影响系统的正常工作。

3. PLC 的接地

控制设备有两种地：

1）安全保护地（或称电磁兼容性地）。车间里一般有保护接地网络，为了保证操作人员的安全，应将电动机的外壳和控制屏的金属屏体连接到安全保护地。

2）信号地（或称控制地、仪表地）。它是电子设备的电位参考点，例如 PLC 输入回路中电源的负极应接到信号地。PLC 和变频器通信时，应将 PLC 的 RS-485 端口的第 5 脚（5V 电源的负极）与变频器的模拟量输入信号的负极连接到信号地。

控制系统中所有的控制设备需要接信号地的端子应保证一点接地。首先以控制屏为单位，将屏内各设备需要接信号地的端子连接到一起，然后用规定面积的导线将各个屏的信号地端子连接到接地网络的某一点。信号地最好采用单独的接地装置。

如果将各控制屏或设备的信号地就近连接到当地的安全保护地网络上，强电设备的接地电流可能在两个接地点之间产生较大的电位差，干扰控制系统的工作，严重时可能烧毁设备。

有不少企业因为在车间烧电焊，烧毁了控制设备的通信端口和设备。电焊机的二次电压很低，但是焊接电流很大。焊接线的"地线"一般搭在与保护接地网络连接的设备的金属构件上。如果电焊机的接地线的接地点离焊接点较远，焊接电流可能通过保护接地网络形成回路。如果各设备的信号地不是一点接地，而是就近接到安全保护地网络上，焊接电流有可能烧毁设备的通信端口或模块。

4. 防止变频器干扰的措施

现在 PLC 越来越多地与变频器一起使用，经常会遇到变频器干扰 PLC 的正常运行的故障，变频器已经成为 PLC 最常见的干扰源。

变频器的主电路为交-直-交变换电路，工频电源被整流为直流电压，输出的是基波频率可变的高频脉冲信号，载波频率可能大于 10kHz。变频器的输入电流为含有丰富的高次谐波的脉冲波，它会通过电力线干扰其他设备。高次谐波电流还通过电缆向空间辐射，干扰邻近的电气设备。

可以在变频器输入侧与输出侧串接电抗器，或者安装谐波滤波器（见图 8-1），以吸收谐波，抑制高频谐波电流。

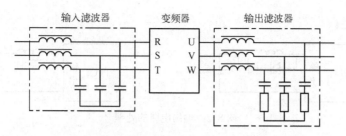

图 8-1 变频器的输入滤波器与输出滤波器

将变频器放在控制柜内，并将其金属外壳接地，对高频谐波有屏蔽作用。变频器的输入、输出电流（特别是输出电流）中含有丰富的谐波，所以主电路也是辐射源。PLC 的信号线和变频器的输出线应分别穿管敷设，变频器的输出线一定要使用屏蔽电缆或穿钢管敷设，以减轻对其他设备的辐射干扰和感应干扰。

变频器应使用专用接地线，且用粗短线接地，其他邻近的电气设备的接地线必须与变频器的接地线分开。

可以对受干扰的 PLC 采用屏蔽措施，在 PLC 的电源输入端串入滤波电路或安装隔离变压器，以减小谐波电流的影响。

5. 强烈干扰环境中的隔离措施

一般情况下，PLC 的输入/输出信号采用内部的隔离措施就可以保证系统的正常运行。因此一般没有必要在 PLC 外部再设置干扰隔离器件。

在发电厂等工业环境，空间极强的电磁场和高电压、大电流断路器的通断将会对 PLC 产生强烈的干扰。由于现场条件的限制，有时很长的强电电缆和 PLC 的低压控制电缆只能敷设在同一电缆沟内，强电干扰在 PLC 的输入线上产生的感应电压和感应电流相当大，可能使 PLC 输入端的光耦合器中的发光二极管发光，使 PLC 产生误动作。可以用小型继电器来隔离用长线引入 PLC 的开关量信号。FX 系列的开关量输入模块的 ON 输入灵敏度电流为 3.5mA 或 4.5mA，而小型继电器的线圈吸合电流为数十毫安，强电干扰信号通过电磁感应产生的能量一般不会使隔离用的继电器误动作。来自开关柜内和距离开关柜不远的输入信号一般没有必要用继电器来隔离。

为了提高抗干扰能力，长距离的串行通信信号可以考虑用光纤来传输和隔离，或使用带光耦合器的通信端口。

6. PLC 输出的可靠性措施

如果用 PLC 驱动交流接触器，应将额定电压为 AC 380V 的交流接触器的线圈换成 220V 的。在负载要求的输出功率超过 PLC 的允许值时，应设置外部继电器。PLC 输出模块内的小型继电器的触点小，断弧能力差，不能直接用于 DC 220V 的电路，必须通过外部继电器驱动 DC 220V 的负载。

7. 感性负载的处理

感性负载具有储能作用，控制它的触点断开时，电路中的感性负载会产生高于电源电压数倍甚至数十倍的反电动势，触点闭合时，触点的抖动可能产生电弧，它们都会产生干扰。

PLC 的输出端接有感性元件（例如继电器、接触器的线圈）时，对于直流电路，一般情况可以只在负载两端并联型号为 IN4001 的续流二极管（见图 8-2）；如果要求提高关断速度，可以串接一个 8.2V（晶体管输出）或 36V（继电器输出）的稳压管。接线时应注意二极管和稳压管的极性。

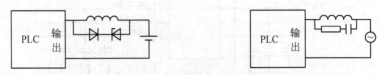

图 8-2 输出电路的处理

对于交流电路，应在负载两端并联阻容电路，以抑制电路断开时产生的电弧对 PLC 的影响。负载电压为 220V 时，电阻可以取 100～120Ω，电容可以取 0.1μF，电容的额定电压应大于电源峰值电压。要求较高时，还可以在负载两端并联压敏电阻，其压敏电压应大于额定电压有效值的 2.2 倍。

为了减少电动机和电力变压器投切时产生的干扰，可以在 PLC 的电源输入端设置浪涌电流吸收器。

8.2 PLC 在变频器控制中的应用

随着变频器技术的发展和价格的降低，变频器在工业控制中的应用越来越广泛。变频器在控制系统中主要作为执行机构来使用，有的变频器还有闭环 PID 控制功能。PLC 和变频器都是以计算机技术为基础的现代工业控制产品，将二者有机地结合起来，用 PLC 来控制变频器，是当代工业控制中经常遇到的问题。常见的控制要求有：

1）用 PLC 控制变频电动机的方向、转速和加速、减速时间。

2）实现变频器与多台电动机之间的切换控制。

3）实现电动机的工频电源和变频电源之间的切换。

4）用单台变频器实现泵站的恒压供水控制。

5）通过通信实现 PLC 对变频器的控制，将变频器纳入工厂自动化通信网络。

8.2.1 电动机转速与旋转方向的控制

PLC 可以用下列方法控制电动机的转速和旋转方向。

1．用模拟量输出模块提供频率给定信号

PLC 的模拟量输出模块输出的直流电压或直流电流送给变频器的模拟量转速给定输入端，用 PLC 输出的模拟信号控制变频器的输出频率。这种控制方式的硬件接线简单，但是 PLC 的模拟量输出模块价格较高。

2．用 PLC 的开关量输出信号有级调节频率

PLC 的开关量输出/输入点一般可以与变频器的开关量输入/输出点直接相连，这种控制方式的接线简单，抗干扰能力强。用 PLC 的开关量输出模块可以控制电动机的正/反转、有级调节转速和加/减速时间。有级调节可以满足大多数系统的要求。

3．用串行通信提供频率给定信号

除了上述的方法外，PLC 可以通过串行通信监控多个变频器，PLC 和变频器之间还可以传送大量的参数设置信息和状态信息（见 6.3.3 节）。

4．PLC 控制变频器的例子

不同厂家不同型号的变频器的输入、输出接线端子的设置和功能基本上相同。

PLC 的输入继电器 X0 和 X1 用来接收按钮 SB1 和 SB2 的指令信号（见图 8-3），通过 PLC 的输出点 Y10 控制变频器的工频电源的接通和断开。

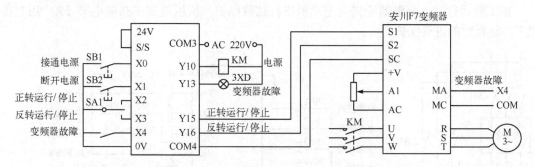

图 8-3　正/反转控制的硬件接线图

图 8-4 是正/反转控制的梯形图。按下"接通电源"按钮 SB1，输入继电器 X0 变为 ON，SET 指令使输出继电器 Y10 的线圈通电并保持，接触器 KM 的线圈得电，其主触点闭合，接通变频器的电源。

按下"断开电源"按钮 SB2，X1 变为 ON，如果 X2、X3 均为 OFF（SA1 在中间位置），变频器未运行，则 Y10 被 RST 指令复位，使接触器 KM 的线圈断电，其主触点断开，变频器电源被切断。变频器出现故障时，X4 的常开触点接通，亦使 Y10 复位，通过 Y10 使变频器的电源断电。

当电动机正转或反转运行时，X2 或 X3 的常闭触点断开，使断开电源按钮对应的输入继电器 X1 不起作用，以防止在电动机运行时切断变频器的电源。

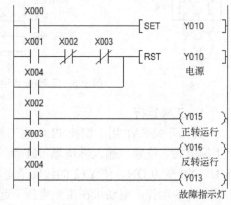

图 8-4　正反转控制梯形图

三位置旋钮开关 SA1 通过 X2 和 X3 控制电动机的正转、反转运行或停止。变频器的输出频率由接在模拟量输入端 A1 的电位器控制。

将 SA1 旋至"正转运行"位置，X2 变为 ON，使 Y15 动作，变频器的 S1 端子被接通，电动机正转运行。将 SA1 旋至"反转运行"位置，X3 变为 ON，使 Y16 动作，变频器的 S2 端子被接通，电动机反转运行。

将 SA1 旋至中间位置，X2 和 X3 均为 OFF，使 Y15 和 Yl6 的线圈断电，变频器的 S1 和 S2 端子都处于断开状态，电动机停机。

8.2.2　变频电源与工频电源的切换

为了保证在变频器出现故障时设备不至于停机，很多设备都要求设置工频运行和变频运行两种模式。有的设备还要求变频器因故障自动停机时，可以自动切换为工频运行方式，同时发出报警信号。

在工频/变频切换控制的主电路中（见图 8-5），接触器 KM1 和 KM2 同时动作时为变频运行，仅 KM3 动作时工频电源直接接到电动机。

工频电源如果接到变频器的输出端，将会损坏变频器，所以 KM2 和 KM3 绝对不能同时动作，相互之间必须设置可靠的互锁。为此在 PLC 的输出电路中用 KM2 和 KM3 的常闭触点组成硬件互锁电路。

在工频运行时，变频器不能对电动机进行过载保护，所以设置了热继电器 FR，用它提供工频运行时的过载保护。

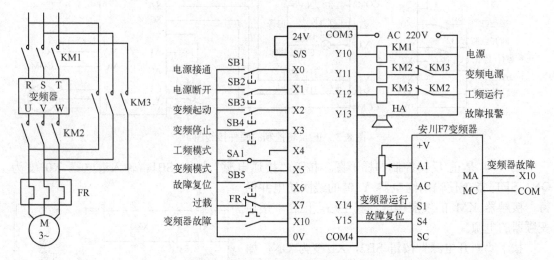

图 8-5　工频/变频电源切换的主电路与 PLC 外部接线图

1．工频运行

选择开关 SA1 用于切换 PLC 的工频运行模式或变频运行模式。工频运行时将 SA1 置于"工频模式"位置，输入继电器 X4 为 ON，为工频运行做好准备。按下"电源接通"按钮 SB1，X0 变为 ON，使 Y12 的线圈通电并保持（见图 8-6 和例程"工频变频电源切换"），接触器 KM3 动作，电动机在工频电压下起动并运行。

工频运行时 X4 的常闭触点断开，按下"电源断开"按钮 SB2，X1 的常闭触点断开，使 Y12 的线圈断电，接触器 KM3 失电，电动机停止运行。如果电动机过载，热继电器 FR 的常闭触点断开，X7 变为 OFF，Y12 的线圈也会断电，使接触器 KM3 失电，电动机停止运行。

2．变频运行

变频运行时将选择开关 SA1 旋至"变频模式"位置，X5 为 ON，为变频运行做好准备。按下"电源接通"按钮 SB1，X0 变为 ON，使 Y10 和 Y11 的线圈通电，接触器 KM1 和 KM2 动作，接通变频器的电源，并将电动机接至变频器的输出端。

接通变频器电源后，按下变频起动按钮 SB3，X2 变为 ON，使 Y14 的线圈通电，变频器的 S1 端子被接通，电动机在变频模式运行。Y14 的常开触点闭合后，使断开电源的按钮 SB2（X1）的常闭触点不起作用，以防止在电动机变频运行时切断变频器的电源。按下变频停止按钮 SB4，X3 的常闭触点断开，使 Y14 的线圈断电，变频器的 S1 端子处于断开状态，电动机减速和停机。

3．故障时自动切换电源

如果变频器出现故障，变频器的 MA 与 MC 端子之间的常开触点闭合，使 PLC 的输入继电器 X10 变为 ON，Y11、Y10 和 Y14 的线圈断电。Y14 使变频器的输入端子 S1 断开，变频器停止工作；Y11 和 Y10 使接触器 KM1 和 KM2 的线圈断电，变频器的电源被断开。

另外，X10 使 Y13 的线圈通电并保持，声光报警器 HA 动作，开始报警。同时 T0 开始定时，定时时间到时，使 Y12 的线圈通电并保持，电动机自动进入工频运行状态。

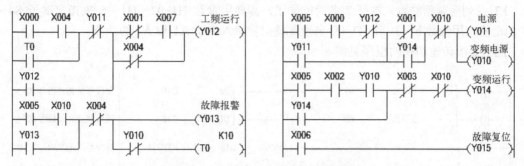

图 8-6　工频/变频电源切换的梯形图

操作人员接到报警信号后，应立即将 SA1 置于"工频模式"位置，输入继电器 X4 动作，使控制系统正式进入工频运行模式。另一方面，使 Y13 的线圈断电，停止声光报警。

处理完变频器的故障，重新通电后，应按下故障复位按钮 SB5，X6 变为 ON，使 Y15 的线圈通电，接通变频器的故障复位输入端 S4，使变频器的故障状态复位。

8.2.3　电动机的多段转速控制

有很多设备并不需要连续调节转速，只要能对若干段固定的转速进行切换就行了。几乎所有的变频器都有设置多段转速的功能，只需要用变频器的 2 点或 3 点开关量输入信号，就可以切换 4 段或 8 段转速，可以避免使用昂贵的 PLC 模拟量输出模块来连续调节变频器的输出频率。有的设备要求个别的转速段的转速给定值可以由操作人员调整，这一功能可以用接在变频器模拟量给定信号输入端的电位器来实现。其他段的转速则用变频器的参数来设置，在运行时操作人员不能修改它们。

图 8-7 用 FX 系列 PLC 的 Y30 和 Y31 来控制安川 F7 系列变频器转速的方向，用 Y34～Y36 控制变频器的 8 段转速，用按钮 SB3 和 SB4 控制转速的切换。按一次"加段号"按钮 SB3，转速的段号加 1，第 7 段时按"加段号"按钮不起作用。按一次"减段号"按钮 SB4，转速的段号减 1，第 0 段时按"减段号"按钮不起作用。用变频器的参数设定各段速度的值。

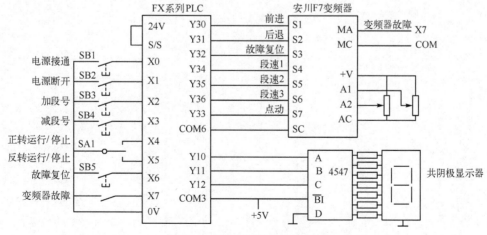

图 8-7　多段转速切换的接线图

用七段译码驱动芯片 4547 控制七段共阴极显示器来显示段号。变频器和 4547 芯片分别使用 PLC 不同的输出点，与 4547 相连的输出点的电源电压为 DC 5V。

F7 系列变频器的输入端子为多功能端子，需要用参数 H1-02～H1-05 来指定端子 S4～S7 的功能，用参数 b1-01 和 H3-09 来设置模拟量输入端子 A1 和 A2 的功能。

控制 8 段转速切换的程序见图 8-8。

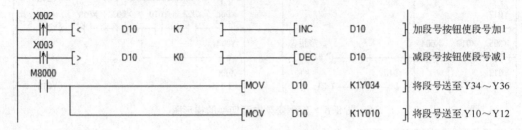

图 8-8　多段转速切换的程序

8.3　习题

1. PLC 的布线需要注意什么问题？
2. 什么是安全保护地？什么是信号地？控制系统为什么要一点接地？
3. 怎样防止变频器干扰 PLC 的正常工作？
4. 在有强烈干扰的环境下，可以采取哪些可靠性措施？
5. 如果 PLC 的输出端接有感性元件，应采取什么措施来保证其正常运行？
6. 怎样用 PLC 来控制变频器的输出频率和电动机的旋转方向？
7. 怎样用 PLC 来控制变频电源与工频电源的切换？
8. 怎样用 PLC 来控制变频器的多段转速的切换？

附　　录

附录 A　实验指导书

如果用硬件 PLC 做实验，需要 FX 系列 PLC、编程电缆、开关量输入电路板和安装了编程软件 GX Works2 的计算机。可以用硬件 PLC 或仿真软件来调试程序，二者的区别仅在于用外接的小开关或用"当前值更改"对话框产生各输入信号。大多数实验可以用仿真的方法来做，实验指导书主要介绍使用仿真软件的实验方法。

A.1　编程软件和仿真软件的使用练习

1. 实验目的

通过实验了解和熟悉 FX 系列 PLC 的外部接线方法，了解和熟悉编程软件和仿真软件的使用方法。

2. 实验内容

（1）生成和编译程序

1）打开编程软件，创建一个新的工程。设置 PLC 的系列号和机型，工程类型为简单工程，使用标签，编程语言为梯形图。用菜单命令"工程"→"另存为"更改工程的名称。

2）输入图 A-1 所示的运输带控制的梯形图程序，单击"转换"按钮 ，编译输入的程序。用"工具"菜单中的命令对程序进行检查。

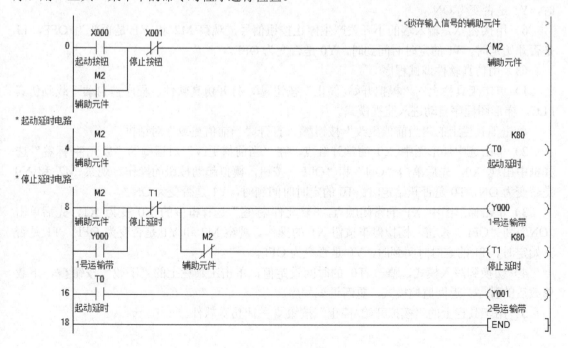

图 A-1　梯形图

3）在"全局软元件注释"视图中输入图 A-1 所示的软元件注释。打开主程序，设置注释的显示格式为 1 行 8 列，用"视图"菜单中的命令显示注释，设置当前值监视行的显示方式为"仅在监视时显示"。

4）在程序步 4 和程序步 8 的电路上面生成和显示如图 A-1 所示的声明。

5）在 M2 的线圈上面生成和显示如图 A-1 所示的注解。

6）在写入模式下双击梯形图中的某个触点或线圈，单击出现的"梯形图输入"对话框中的"帮助"按钮，打开"指令帮助"对话框。在"指令选择"选项卡找到算术运算指令中的 DADD 指令，阅读它的详细的帮助信息。

7）用"视图"菜单中的"放大/缩小"命令改变显示的倍率，最后设为"自动倍率"显示。改变编程软件视图的宽度，观察显示倍率的自动变化。

（2）用硬件 PLC 调试程序

1）在断电的情况下将开关量输入板接到 PLC 的输入端，用编程电缆连接 PLC 和计算机的通信端口，PLC 的工作模式开关置于 STOP 位置，接通计算机和 PLC 的电源。

2）打开计算机的设备管理器，查看 USB-SC09-FX 编程电缆对应的 COM 口。按 2.2.1 节的要求设置连接目标参数。单击"通信测试"按钮，测试 PLC 与计算机的通信是否成功。

3）执行"工程"菜单中的"PLC 类型更改"命令，使 PLC 的类型与实际的 PLC 一致。单击工具栏上的"下载"按钮🔽，下载修改后的程序。

4）用 PLC 上的 RUN/STOP 开关，或执行编程软件的菜单命令"在线"→"远程操作"，将 PLC 切换到 RUN 模式。

5）单击工具栏上的"监控模式"按钮🔍，切换到监视模式。用接在 X0 输入端的小开关产生起动按钮信号，观察 M2 和 Y0 是否变为 ON，T0 是否开始定时。T0 的定时时间到时，Y1 是否变为 ON。

6）用接在 X1 输入端的小开关产生停止按钮信号，观察 M2 和 Y1 是否变为 OFF，T1 是否开始定时。T1 的定时时间到时，Y0 是否变为 OFF。

（3）用仿真软件调试程序

1）单击工具栏上的"模拟开始/停止"按钮🖥，打开仿真软件，程序被自动下载到仿真 PLC。梯形图程序自动进入监视模式。

单击工具栏上的"当前值更改"按钮🖥，打开"当前值更改"对话框。

2）单击选中梯形图中 X0 的常开触点，在"当前值更改"对话框的"软元件/标签"选择框中出现 X0，先后单击"ON"和"OFF"按钮，模拟起动按钮的操作。观察 M2 和 Y0 是否变为 ON，T0 是否开始定时。T0 的定时时间到时，Y1 是否变为 ON。

3）单击梯形图中 X1 的常闭触点，"软元件/标签"选择框中的 X0 变为 X1，先后单击"ON"和"OFF"按钮，模拟停车按钮 X1 的操作。观察 M2 和 Y1 是否变为 OFF，T1 是否开始定时。T1 的定时时间到时，Y0 是否变为 OFF。

4）切换到写入模式，修改 T0 的时间设定值，单击工具栏上的"下载"按钮🔽，下载修改后的程序。返回监控模式，重新调试程序。

5）用工具栏上的"模拟开始/停止"按钮🖥关闭仿真软件。

A.2 基本指令的编程实验

1. 实验目的

通过实验，熟悉基本指令的功能和使用方法，熟悉设计和调试程序的方法。

2. 实验内容

（1）基本指令实验

打开例程"基本指令"，打开仿真软件，程序被自动下载到仿真 PLC 中，用"当前值更改"对话框改变 X0 的状态。观察图 3-22 中上升沿检测指令 PLS 和下降沿检测指令 PLF 输出的脉冲。在 X0 的上升沿和下降沿，指令"PLS M5"和"PLF M1"两侧的方括号应分别变为蓝色，然后很快消失。

改变图 3-23 中 X2 和 X3 的状态，通过 Y4 线圈的状态变化观察检测到的脉冲。

多次改变图 3-24 中 X7 的状态，观察单按钮控制电路的输出 Y15 的状态变化。

观察图 3-25 中 X2 和 X3 触点组成的串联电路接通时，以及 X0 和 X1 触点组成的串联电路断开时，M0 的状态变化。

分别设置图 3-26 中置位、复位信号 X3 和 X5 的 4 种状态组合，观察 M3 的状态变化。

改变图 3-28 中串联触点电路的状态，观察反转指令的作用。

在图 3-29 中 M10 的主控触点分别为 ON 和 OFF 时，观察是否可以用 X17 和 X20 分别控制 Y6 和 Y16。

（2）抢答指示灯控制电路实验

参加智力竞赛的 A、B、C 三人的桌上各有一个抢答按钮，分别接到 PLC 的 X1～X3 输入端，通过 Y0～Y2 用三个灯 L1～L3 显示他们的抢答信号。当主持人接通抢答允许开关 X4 后，抢答开始，最先按下按钮的抢答者对应的灯亮，与此同时，禁止另外两个抢答者的灯亮，指示灯在主持人断开抢答允许开关后熄灭。图 A-2 是抢答显示程序的梯形图（见例程"抢答指示灯"）。

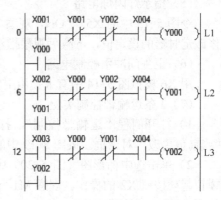

图 A-2　抢答指示灯控制程序

在 Y0～Y2 的控制电路中，分别用它们的常开触点实现自锁，为了实现互锁（即某个灯亮后另外两个灯不能亮），将各输出继电器的常闭触点与另外两个输出继电器的线圈分别串联。将程序输入 PLC 后运行该程序。调试程序时应逐项检查以下要求是否满足：

1）当抢答允许开关 X4 没有接通时，各抢答按钮是否能使对应的灯亮。它接通后，按某一个按钮是否能使对应的灯亮。

2）某一抢答者的灯亮后，另外两个抢答者的灯是否还能被点亮。

3）断开抢答允许开关 X4，是否能使已亮的灯熄灭。

A.3 定时器应用实验

1. 实验目的

通过实验，了解定时器的编程和监控的方法。

2．实验内容

打开例程"定时器应用"，打开仿真软件，程序被自动下载到仿真 PLC 中，用梯形图监视程序的运行。

（1）一般用途定时器实验

1）按图 3-7 中的波形检查定时器的功能。打开仿真软件后，打开"当前值更改"对话框。单击选中梯形图中 X0 的常开触点，单击"ON"按钮，使 X0 变为 ON，未到设定值 10s 时令 X0 变为 OFF，观察 T1 当前值变化的情况。

2）令 X0 变为 ON，到达设定值 10s 时，观察 T1 的当前值和常开触点变化的情况。

3）令 X0 变为 OFF，T1 的线圈断电，观察 T1 的当前值和常开触点变化的情况。

（2）累计型定时器实验

1）按图 3-9 中的波形检查定时器的功能。令 X1 变为 ON，T250 开始定时。未到时间设定值时，令 X1 变为 OFF，观察当前值是否变化。

2）令 X1 变为 ON，观察累计时间达到设定值时，Y1 是否变为 ON。

3）用 X2 复位 T250，观察复位的效果。

（3）断开延时定时器的实验

1）按图 5-9 中的波形检查断开延时定时器电路的功能。令 X3 变为 ON，观察 Y2 的状态变化。

2）令 X3 变为 OFF，观察 T2 是否开始定时。到达设定值时 Y2 是否变为 OFF。

（4）脉冲定时器实验

按图 5-10 中的波形检查脉冲定时器的功能。令 X4 变为 ON 的时间分别小于和大于 T3 的设定值，观察 Y3 输出的脉冲宽度是否等于 T3 的设定值。

（5）指示灯闪烁电路

令图 5-13 中的 X5 为 ON，观察 T4 和 T5 是否能交替定时，使 Y4 控制的指示灯闪烁。修改定时器的设定值，下载后观察指示灯点亮和熄灭的时间是否与修改后的值相同。

（6）卫生间冲水控制电路

用 X6 模拟图 5-14 中有人使用卫生间的信号，观察 Y5 是否按图中所示波形变化。

（7）3 条运输带控制实验

1）打开例程"运输带控制"，打开仿真软件，程序被自动下载到仿真 PLC 中，打开"当前值更改"对话框。按图 5-19 中的波形检查各定时器的工作情况。

2）单击选中梯形图（图 5-20）中 X2 的常开触点，先后单击"ON"和"OFF"按钮，模拟起动按钮 X2 的操作。观察 M1 和 Y2 是否变为 ON，T2 是否开始定时。Y3 和 Y4 是否按图 5-19 中的波形变化。

3）模拟停车按钮 X3 的操作，观察 M1 和 Y4 是否变为 OFF，T4 和 T5 是否开始定时，Y3 和 Y2 是否按图 5-19 中的波形变化。

A.4 计数器应用实验

1．实验目的

通过实验，了解计数器的编程与监控的方法。

2．实验内容

打开例程"计数器应用"的主程序，打开仿真软件，程序被自动下载到仿真 PLC 中，打开"当前值更改"对话框。

（1）加计数器的实验

按图 3-10 中的波形检查加计数器的功能，操作的顺序如下：

1）令 X1 为 OFF，断开 C0 的复位电路；令 X0 多次反复变为 ON 和 OFF，给 C0 提供计数脉冲，观察在 X0 由 OFF 变为 ON 时 C0 的当前值是否加 1，发了 5 个脉冲后 Y0 是否变为 ON。C0 的当前值等于设定值后再发计数脉冲，观察 C0 的当前值是否变化。

2）令 X1 变为 ON，复位 C0。观察 C0 的当前值是否变为 0，Y0 是否变为 OFF。此时用 X0 发出计数脉冲，观察 C0 的当前值是否变化。

3）做硬件实验时在计数过程中将运行模式开关置于 STOP 位置，过一会再置于 RUN 位置，（或断开 PLC 的电源，过一会再接通电源），观察 C0 的当前值和触点的变化情况，C0 是否有断电保持功能？用有断电保持功能的计数器（例如 FX$_{3U}$ 的 C100）代替图 3-10 中的 C0，下载改写后的程序，按上述方法观察它是否有断电保持功能。

（2）32 位加减计数器的仿真实验

令 X4 多次反复变为 ON 和 OFF（见图 3-11），给 32 位加减计数器 C200 提供计数脉冲。用 X2 改变 M8200 的状态，观察是否能改变计数的方向。观察 C200 的计数当前值大于等于设定值时，C200 的常开触点是否接通。小于设定值时，C200 的常开触点是否断开。

（3）长延时定时器实验

令图 5-11 中的 X3 为 ON，观察 C1 的当前值是否每分钟加 1，X3 为 OFF 时 C1 是否被复位。

减小图 5-12 中 T0 和 C2 的设定值，用 X5 启动 T0 定时。观察总的定时时间是否等于 C2 和 T0 设定值的乘积的十分之一（单位为 s）。

A.5 应用指令基础与比较指令实验

1. 实验目的

通过实验，了解应用指令的基础知识和比较指令的使用方法。

2. 实验内容

（1）应用指令基础知识的实验

打开例程"应用指令"，打开仿真软件，程序被自动下载到仿真 PLC 中，打开"软元件/缓冲存储器批量监视-1"视图。在"软元件名"选择框输入 D0，显示格式为 16 位十六进制整数，多点字。双击 D0，打开"当前值更改"对话框，设置 D0 的值。显示格式改为 32 位整数，设置（D3，D2）的值。将 X2 置为 ON，观察 D0 和（D3，D2）中的数据是否分别被传送给 D1 和（D5，D4）。将 X0 反复置为 ON 和 OFF，观察图 4-2 中 INC 和 INCP 指令执行的情况。

设置 D10 的值为 500，令 X1 为 ON（见图 4-2），观察 D11 的值是否为 650。修改程序中送入 Z1 的常数值，下载后设置软元件 D6Z1 的值，检查 D7Z1 中的程序执行结果是否正确。

（2）比较指令实验

打开程序编辑器，通过设置图 4-11 中 D12～D15 的值，改变各触点比较指令等效的触点的状态，观察 Y5 线圈的状态变化。

将 X3 和 X4 置为 ON，观察图 4-13 和图 4-15 中 T0 和 T1 当前值变化的情况，和 Y0、Y1 状态的变化是否正确。

改变图 4-17 中 D9 的值，使之分别小于 2000、大于 2500 和在二者之间，观察 Y2~Y4 的状态变化是否正确。

A.6 数据传送指令与数据转换指令实验

1. 实验目的
通过实验，了解数据传送指令和数据转换指令的使用方法。

2. 实验内容
（1）数据传送指令的实验

生成一个新的工程，输入图 A-3 和图 A-4 中的程序，打开仿真软件，程序被自动下载到仿真 PLC 中，打开"软元件/缓冲存储器批量监视-1"视图。从 D0 开始监视数据寄存器，显示格式为 16 位十进制整数多点字，输入 D20~D23 的值。打开"当前值更改"对话框，令 X3 为 ON，观察 D20~D23 的值是否传送到了 D25~D28；常数 5678 是否分别被传送给 D14~D18 这 5 个数据寄存器。

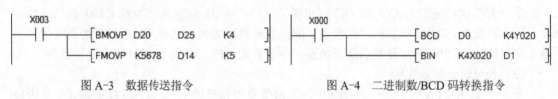

图 A-3 数据传送指令   图 A-4 二进制数/BCD 码转换指令

（2）数据转换指令的实验

将 4 位十进制格式的数写入 D0，令 X0 为 ON，观察 Y20~Y37 中的 BCD 码转换结果是否正确。在"软元件/缓冲存储器批量监视-1"视图中设置 X20~X37 提供的 BCD 码各位的值，在 X0 为 ON 时，观察 D1 中的转换结果是否正确。

A.7 彩灯循环移位实验

1. 实验目的
通过实验，熟悉循环移位指令的功能和编程方法。

2. 实验内容
打开例程"移位指令"（见图 4-25），打开仿真软件，程序被自动下载到仿真 PLC 中。

1）打开"软元件/缓冲存储器批量监视-1"视图。从 Y0 开始监视，显示格式为"位&字"，16 位十六进制数。单击"详细"按钮，设置每行 16 点。

观察是否有 3 个连续的 1 在 8 位彩灯 Y0~Y7 中循环左移，4 个连续的 1 在 16 位彩灯 Y20~Y37 中循环右移。

2）改变 T0 的设定值，下载到仿真 PLC 后观察移位的速度是否变化。

3）修改 16 位彩灯控制程序，开机时（M8002 为 ON）用 X0~X17 对应的小开关给 Y0~Y17 置初值。下载后观察彩灯的初值是否与设定值相符。

4）修改程序，在运行时用 X0~X17 改变彩灯的初值，在 X21 的上升沿用 MOV 指令将 X0~X17 的值传送给 Y0~Y17，检查修改后的程序是否能达到预期的效果。

5）用 X20 的常开触点和常闭触点改变彩灯的移位方向。X20 为 ON 时彩灯右移，为 OFF 时彩灯左移。检查修改后的程序是否能达到预期的效果。

6）按第 4 章习题 10 的要求，编写 12 位彩灯循环右移程序。运行程序，检查是否能满足要求。

A.8 数据处理指令实验

1．实验目的
通过实验，熟悉数据处理指令的功能和编程方法。

2．实验内容
打开例程"数据处理指令"，打开仿真软件，程序被自动下载到仿真 PLC 中。生成 3 个"软元件/缓冲存储器批量监视-1"视图，分别用于监视 Y0、M0 和 D0 开始的软元件。

1）将 D10～D19 中任意的数据寄存器设置为非零，将 Y20～Y34 中的若干个软元件随机地置为 ON。然后令 X3 为 ON（见图 4-30），观察成批复位的效果。

2）令 X0～X2 组成的 3 位二进制数为任意的数（见图 4-31），令 X4 为 ON，执行 DECO 指令，观察 M0～M7 中哪一位为 ON，并解释原因。

3）令 X10～X17 中的任意位为 ON（见图 4-32），令 X5 为 ON，执行 ENCO 指令，观察 D10 的值，并解释原因。

4）令 X10～X27 中的任意位为 ON，令 X6 为 ON（见图 4-33），执行 SUM 指令，观察 D5 的值是否是 X10～X27 中为 ON 的位的个数。

5）令 X6 为 ON，执行 BON 指令，改变字 K4Y10 中第 9 位（$n = 9$）Y21 的状态，观察目标操作数 M4 状态的变化。

A.9 四则运算指令实验

1．实验目的
通过实验，熟悉四则运算指令的功能和编程方法。

2．实验内容
打开例程"四则运算指令"，打开仿真软件，程序被自动下载到仿真 PLC 中。梯形图进入监视模式。

1）设置图 4-34 中各条指令的源操作数（S1·）和（S2·）的值，分别令 X0～X2 变为 ON，检查目标软元件（D·）中的运算结果是否正确。

2）令 DIV 指令的除数 D13 非零，X3 为 ON，执行 DIV 指令。单击工具栏上的"ERR 状态"按钮 ⚠，打开"PLC 诊断"对话框，查看是否有错误信息。令除数 D13 为零，执行 DIV 指令，重复上述的操作。

3）设置图 4-36 中 D8030 的值分别为 0、255 或某一中间值。先后将 X5 设置为 ON 和 OFF。观察 D30 中的运算结果（T0 的设定值）是否正确。将 X6 设置为 ON，观察 T0 是否按 D30 中的设定值定时。

4）设置图 4-37 中 D22 中的压力转换值分别为 0、2000 和 4000，令 X12 为 ON，观察 D26 中的运算结果（压力值）是否正确。

A.10 逻辑运算指令实验

1．实验目的
通过实验，熟悉逻辑运算指令的功能和编程方法。

2．实验内容

1）打开例程"逻辑运算指令"，打开仿真软件，程序被自动下载到仿真 PLC 中。打开"软元件/缓冲存储器批量监视-1"视图，监视 D0 开始的软元件。

数据寄存器采用默认的监视格式"位&字"和 16 位十六进制显示方式（见图 4-40）。

2）将图 4-38 中各指令的源操作数和 NEGP 指令的目标操作数设置为 4 位十六进制的整数，然后将显示格式改为"位&字"。令 X0 为 ON，执行逻辑运算指令，观察指令执行结果是否正确。

3）将"软元件/缓冲存储器批量监视-1"视图的"数值"改为十进制，观察在 X0 的上升沿，求补码指令 NEGP 是否仅改变了 D11 中的数的符号，而绝对值不变。

4）在十六进制显示方式设置图 4-41 中 D12 和 D14 的值，令 X1 和 X2 为 ON，观察 WAND 和 WOR 指令的执行结果是否正确。

5）改变 X30～X47 中某一位的 ON/OFF 状态。观察 D17 中"异或"运算结果的对应位是否在输入继电器的上升沿时一个扫描周期内为 ON。

A.11 浮点数运算指令实验

1．实验目的

通过实验，熟悉浮点数运算指令的功能和编程方法。

2．实验内容

1）打开例程"浮点数运算指令"，打开仿真软件，程序被自动下载到仿真 PLC 中。打开"软元件/缓冲存储器批量监视-1"视图，监视 D0 开始的软元件。数据寄存器的显示格式为 32 位实数多点字。

2）设置图 4-45 中各条指令的源操作数的值，分别令 X0～X3 变为 ON，检查对应的指令运算结果是否正确。

3）设置从 D50 开始监视 32 位的实数多点字（见图 4-46）。设置（D51，D50）中以度为单位的浮点数角度值为 30.0。先后将 X4 设置为 ON 和 OFF，观察（D53，D52）中得到的弧度值、（D55，D54）中 sin30°的值和（D59，D58）中 0.5 的反余弦角度值是否正确。

编写和调试程序，求以度为单位的浮点数角度的余弦值。

A.12 跳转指令实验

1．实验目的

通过实验，熟悉跳转指令的功能和跳转对程序执行的影响。

2．实验内容

1）打开例程"跳转指令"，打开仿真软件，程序被自动下载到仿真 PLC 中。用梯形图监视程序的运行，实验的程序见图 4-47。

分别令 X0 为 OFF 和 ON，观察是否能用 X1～X3 来分别控制 Y0、M0 和 S0。

观察跳转对定时器 T0、T250、C0 和应用指令 INC 运行的影响。观察在 X0 为 ON 和 OFF 时，是否可以分别用不同的触点控制 Y0 的两个线圈。

2）分别令 D5 小于 100 和大于 100，观察因为跳转，D6 的值的变化（见图 4-48 和图 4-49）。

A.13 子程序调用实验

1. 实验目的

通过实验，熟悉子程序的编程方法及子程序调用的特点。

2. 实验内容

（1）子程序调用的特点

打开例程"子程序调用"，打开仿真软件，程序被自动下载到仿真 PLC 中。用梯形图监视程序的运行，实验的程序见图 4-50。

先后令 X0 为 OFF 和 ON，观察子程序调用对位软元件、定时器、计数器和应用指令的影响。观察在 X0 为 ON 和 OFF 时，是否可以分别通过两个子程序控制 Y0 的两个线圈。

（2）子程序实例的调试

打开例程"运输带子程序"，打开仿真软件，程序被自动下载到仿真 PLC 中。用梯形图监视程序的运行，实验的程序见图 4-52。

1）X2 为默认的 OFF 状态，调用手动程序。改变 X3 和 X4 的状态，观察是否能通过 Y0 和 Y1 手动控制两条运输带。

2）将 X2 置为 ON，调用自动程序，观察是否能用 X0 和 X1 控制运输带的起动和停止。

3）在自动运行的某个阶段，将 X2 置为 OFF，切换到手动程序。观察公用程序是否能将 Y0、Y1 和 M2 复位为 OFF，是否能复位正在定时的 T0 和 T1。

A.14 中断程序实验

1. 实验目的

通过实验，熟悉中断指令的使用与中断程序的编程方法。

2. 实验内容

中断功能不能仿真，必须用硬件 PLC 做实验。

（1）输入中断实验

打开例程"输入中断程序"（见图 4-55）。将程序下载到硬件 PLC 中，将 PLC 切换到 RUN 模式。用 PLC 输入端子外接的小开关产生 X0 的上升沿和 X1 的下降沿，观察是否能分别将 Y0 置位和复位。

（2）定时器中断实验

打开例程"定时器中断程序"（见图 4-56），将程序下载到硬件 PLC 中，将 PLC 切换到 RUN 模式。用梯形图监视模式监视 D0 和 K2Y0，观察 D0 的值是否很快地加 1，2s 后 D0 的值为 40 时是否被清零，然后又重新开始不断增大。观察 K2Y0 的值是否每 2s 加 1。

（3）定时器中断的彩灯控制实验

打开例程"定时器中断彩灯控制"（见图 4-57）。将程序下载到硬件 PLC 中，将 PLC 切换到 RUN 模式。通过基本单元上 Y0~Y17 的状态变化，观察是否有 4 个连续点亮的灯循环移动，是否能用 X1 改变移位的方向。

打开"软元件/缓冲存储器批量监视-1"视图，显示格式为"位&字"，16 位十六进制数，每行 16 点。从 Y0 开始，监视 Y0~Y17 组成的彩灯循环移位的情况。

令 X0 为 ON，M8056 的线圈通电，观察定时器中断是否被禁止，彩灯停止移位。令

M8056 的线圈断电，观察该定时器中断是否被解禁，彩灯又开始移位。

改变定时器中断指针低两位的间隔时间，或改变比较指令中的常数，下载修改后的程序并运行，观察移位的时间间隔是否正确。

删除主程序中的 EI 指令后下载程序并运行，彩灯为什么不能移位了？

A.15 循环程序实验

1. 实验目的
通过实验，熟悉循环程序的编程方法。

2. 实验内容
1）打开例程"循环程序"（见图 4-58），打开仿真软件，程序被自动下载到仿真 PLC 中。打开"软元件/缓冲存储器批量监视-1"视图，监视从 D0 开始的软元件。

设置 D10~D14 的值，使它们之和大于 32767。在"当前值更改"对话框中令 X1 为 ON，在 X1 的上升沿执行循环程序。将"软元件/缓冲存储器批量监视-1"视图的显示格式设置为 32 位整数，观察（D1，D0）中的累加和是否正确。

2）打开例程"双重循环程序"（见图 4-59），打开仿真软件，程序下载到仿真 PLC 中。用梯形图监视程序的运行。

在"当前值更改"对话框中令 X1 为 ON，执行指针 P1 开始的子程序中的双重循环。观察循环结束后 D0 的值是否为 20。

修改循环指令中的循环次数，下载后运行程序，观察循环结束后 D0 的值是否正确。

设计循环程序，求 D20 开始连续存放的 6 个浮点数的累加和。用仿真软件调试程序。

A.16 函数的生成与调用

1. 实验目的
通过实验，熟悉用结构化编程方法生成与调用函数的方法。

2. 实验内容
1）打开例程"生成与调用函数"，查看函数"压力计算"的局部标签和函数中的程序，以及全局标签和程序块 POU_01 调用函数的程序。

2）打开仿真软件，程序被自动下载到仿真 PLC 中。用梯形图监视 POU_01 中程序的运行（见图 4-76）。单击选中"启动计算"的常开触点，在"当前值更改"对话框中将它变为 ON，分别设置"压力转换值"为 2000 和 4000，观察函数返回的"压力计算值"是否正确。

3）生成一个用函数计算圆面积的工程，函数"计算圆面积"的输入标签为有符号整数"半径"，圆周率为 3.1416，用整数运算指令计算圆的面积，用有符号双整数返回值返回求出的圆面积。在程序块 POU_01 中调用函数"计算圆面积"，半径的输入值用 D2 提供，用（D5，D4）存放圆面积。用仿真软件验证设计的程序。

A.17 功能块的生成与调用

1. 实验目的
通过实验，熟悉用结构化编程方法生成与调用功能块的方法。

2. 实验内容
1）打开例程"生成与调用功能块"，查看功能块"电动机控制"的局部标签和功能块中的程序，以及全局标签、程序块 POU_01 的局部标签和程序块 POU_01 调用功能块的程序。

2）打开仿真软件，程序被自动下载到仿真 PLC 中。用梯形图监视 POU_01 中程序的运行（见图 4-83）。用起动按钮和停止按钮控制两台电动机，观察电动机和制动器的运行是否正确。程序的仿真调试方法见 4.9.3 节。

3）仿照例程"生成与调用功能块"，用起动按钮和停止按钮控制两台电动机和它们的制动器。改用"部件选择"窗口功能块文件夹中的功能块 TP（脉冲定时器）控制制动器的延时。用仿真软件验证工程的正确性。

A.18 经验设计法仿真实验

1. 实验目的

通过实验，了解经验设计法和程序的调试方法。

2. 实验内容

（1）钻床刀架控制

打开例程"刀架控制"的主程序 MAIN（见图 5-5），打开仿真软件，程序被自动下载到仿真 PLC 中。打开"当前值更改"对话框，通过梯形图程序状态进行监视，令 X10 为 ON（未过载）。

令 X0 先后为 ON 和 OFF，模拟按下和放开进给起动按钮，观察 Y0 是否变为 ON（刀架开始进给）。

令 X3 为 ON，模拟刀架到达左限位开关 X3 所在位置，观察 Y0 是否变为 OFF（停止进给），T0 是否开始定时，当前值不断增大。

T0 当前值增大到 60（6s）时，观察 Y1 是否变为 ON，刀架返回。Y1 变为 ON 后将 X3 置为 OFF，T0 被复位。

令 X4 为 ON，模拟刀架返回起始位置，观察 Y1 是否变为 OFF。

（2）小车往返次数控制

打开例程"小车往返次数控制"的主程序 MAIN（见图 5-8），打开仿真软件，程序被自动下载到仿真 PLC 中。打开"当前值更改"对话框，通过梯形图程序状态进行监视。仿真操作的步骤如下：

1）小车开始时停在最左边，令右行起动按钮 X0 先后为 ON 和 OFF，模拟按下和松开该按钮。Y0 变为 ON，小车开始右行。

2）令右限位开关 X3 为 ON，Y0 变为 OFF，Y1 变为 ON，小车改为左行。C0 的当前值加 1 后变为 1。令 X3 为 OFF，模拟小车离开右限位开关。

3）令左限位开关 X4 为 ON，Y1 变为 OFF，Y0 变为 ON，小车改为右行。令 X4 为 OFF，模拟小车离开左限位开关。

4）重复第 2 步和第 3 步的操作，直到右限位开关 X3 使小车变为左行，C0 的当前值变为 3，C0 的常闭触点断开。

5）令左限位开关 X4 为 ON，Y1 的线圈断电，小车返回最左边后停车。

6）令右行起动按钮 X0 先后为 ON 和 OFF，应能将 C0 复位，再次起动小车右行。

（3）较复杂的自动往返小车控制的编程实验

在图 5-8 的基础上，删除与 C0 有关的触点和电路。增加下述功能：小车碰到右限位开关 X3 后停止右行，延时 5s 后自动左行。小车碰到左限位开关 X4 后停止左行，延时 6s 后自动右行。按停止按钮后小车停止运动。

输入、下载和调试程序，直至满足要求。注意调试时限位开关接通的时间应大于定时器延时的时间。小车离开某一限位开关后，应将该限位开关对应的输入点复位为 OFF。

A.19 时序控制系统仿真实验

1. 实验目的

通过实验了解时序控制系统的程序设计和调试的方法。

2. 实验内容

（1）使用定时器和区间比较指令设计时序控制电路

打开例程"时序控制"的主程序 MAIN，打开仿真软件，程序被自动下载到仿真 PLC 中。打开"当前值更改"对话框，通过梯形图程序状态进行监视。

令起动按钮 X0 先后为 ON 和 OFF，模拟按下和松开该按钮
（见图 A-5，程序见图 5-21）。M0 应变为 ON，以 0.1s 为单位的
T0 的当前值不断增大。

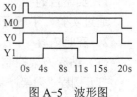

图 A-5 波形图

观察 Y0 和 Y1 的 ON/OFF 状态与 T0 当前值的关系是否符合
图 A-5 的要求。例如 T0 的当前值大于 40 且小于 110 时，Y1 是否
为 ON，其余区间 Y1 是否为 OFF。T0 的当前值等于设定值 201 时，M0 和 Y0 是否变为
OFF。

同时还可以观察 ZCP 指令定义的目标操作数 M 的状态变
化与源操作数（S1·）和（S2·）之间的关系。例如图 5-21 中
T0 的当前值小于 40 时，M16 是否为 ON；T0 的当前值大于
110 时，M18 是否为 ON；T0 的当前值在其余区间时，M17 是
否为 ON。

（2）使用多个定时器接力定时的时序控制电路

程序见图 5-23，令 X1 先后为 ON 和 OFF，模拟对起动按
钮的操作（见图 A-6）。观察 M1 和 Y3 是否变为 ON，以 0.1s
为单位的 T1 的当前值是否不断增大。

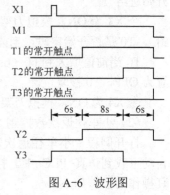

图 A-6 波形图

观察在 T1 的当前值等于设定值 60 时，Y2 是否变为
ON，T2 的当前值是否开始增大。

观察在 T2 的当前值等于设定值 80 时，Y3 是否变为 OFF，T3 的当前值是否开始增大。

观察在 T3 的当前值等于设定值 60 时，Y2 和 M1 是否变为 OFF，T1～T3 的当前值是否
变为 0。

A.20 使用 STL 指令的单序列控制程序的编程实验

1. 实验目的

通过实验，掌握使用 STL 指令的顺序控制程序的设计和调试方法。

2. 实验内容

（1）旋转工作台控制

打开例程"旋转工作台控制"（见图 5-33），打开仿真软件，程序被自动下载到仿真
PLC 中。用 3 个"软元件/缓冲存储器批量监视"视图分别监视从 X0、Y0 和 S0 开始的软元
件。执行"窗口"菜单中的"垂直并排"命令，可以同时看到上述 3 种软元件的 ON/OFF 状

态（见图 A-7）。

图 A-7　软元件/缓冲存储器批量监视视图

应根据顺序功能图（见图 A-8），而不是梯形图来调试程序。刚进入 RUN 模式时，初始步 S0 应为 ON。双击 X 窗口中的左限位开关 X3，弹出"当前值更改"对话框，令 X3 为 ON，为起动系统运行做好准备。先后令 X0 为 ON 和 OFF，模拟起动按钮的操作，观察是否能转换到步 S20，即 S0 变为 OFF，S20 和 Y0 变为 ON。Y0 变为 ON 后，工作台正转。此时应将左限位开关 X3 置为 OFF。

先后令 X4 为 ON 和 OFF，模拟右限位开关的动作，观察是否能转换到步 S21，Y0 变为 OFF，T0 开始定时。T0 定时时间到时，观察是否能转换到步 S22，Y1 变为 ON，工作台反转。此时应将右限位开关 X4 置为 OFF。令左限位开关 X3 为 ON，观察 Y1 是否能变为 OFF，工作台停止运动。S0 是否变为 ON，系统返回初始步。

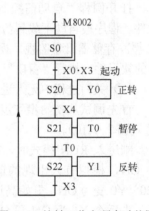

图 A-8　旋转工作台顺序功能图

（2）运料矿车控制

打开例程"运料矿车控制"（见图 5-34），打开仿真软件，程序被自动下载到仿真 PLC 中。用 3 个"软元件/缓冲存储器批量监视"视图分别监视从 X0、S0 和 Y0 开始的软元件。执行"窗口"菜单中的"垂直并排"命令。

刚进入 RUN 模式时，初始步 S0 为 ON（见图 A-9）。令右限位开关 X1 为 ON，为起动自动运行做好准备。先后令 X3 为 ON 和 OFF，模拟起动按钮的操作，观察是否能转换到步 S20。进入步 S20 后，Y11 应变为 ON，开始装料，T0 开始定时。8s 后 T0 的定时时间到，应转换到步 S21，Y11 变为 OFF，停止装料；Y12 变为 ON，小车左行。左行后应将右限位开关 X1 置为 OFF。

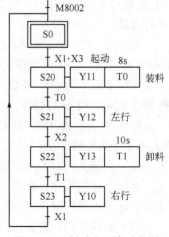

图 A-9　运料矿车顺序功能图

令 X2 为 ON，模拟左限位开关的动作，观察是否能转换到步 S22。进入步 S22 后 Y12 变为 OFF，停止左行，Y13 变为 ON，开始卸料，T1 开始定时。10s 后 T1 的定时时间到，应转换到步 S23，Y13 变为 OFF，停止卸料；Y10 变为 ON，小车右行。右行后应将左限位开关 X2 置为 OFF。

将右限位开关 X1 置为 ON，模拟小车返回初始位置。系统应从右行步返回初始步，小车停止运行。

（3）编程实验

设计满足第 5 章习题 18 中（见图 5-78）顺序功能图要求的梯形图程序，用仿真软件调试程序。

A.21 使用 STL 指令的选择序列控制程序的编程实验

1. 实验目的

通过实验，掌握有选择序列的顺序控制程序的设计和调试方法。

2. 实验内容

打开例程"自动门控制"（见图 5-39），打开仿真软件，程序被自动下载到仿真 PLC 中。用 3 个"软元件/缓冲存储器批量监视"视图监视从 X0、S0 和 Y0 开始的软元件。执行"窗口"菜单的"垂直并排"命令。

（1）关门过程中无人进入

首先调试从初始步到步 S24，最后返回初始步的流程（见图 A-10）。

刚进入 RUN 模式时，初始步 S0 应为 ON。令 X0 为 ON，模拟有人出现的情景，观察是否能转换到步 S20。Y0 变为 ON，开始高速开门。

先后令 X1 为 ON 和 OFF，模拟自动门到达减速位置的情景，观察是否能转换到步 S21。Y0 变为 OFF，Y1 变为 ON，减速开门。将 X0 复位为 OFF，模拟人离开的情景。

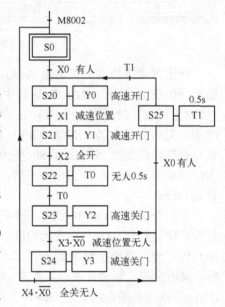

图 A-10　自动门顺序功能图

先后令 X2 为 ON 和 OFF，模拟门全开的情景，观察是否能转换到步 S22。Y1 变为 OFF，停止开门。0.5s 后应转换到步 S23，Y2 变为 ON，高速关门。

先后令 X3 为 ON 和 OFF，模拟自动门到达关门减速位置且无人的情景，观察是否能转换到步 S24。Y2 变为 OFF，Y3 变为 ON，减速关门。

先后令 X4 为 ON 和 OFF，模拟自动门全关且无人的情景，观察是否能返回到初始步 S0。Y3 变为 OFF，关门结束。

（2）高速关门时有人出现

重复上述的操作，在步 S23 为活动步时，高速关门。此时令 X0 为 ON，模拟高速关门过程中有人出现的情景。观察是否能转换到步 S25，延时后返回步 S20，开始高速开门。

（3）减速关门时有人出现

在步 S24 为活动步时，减速关门，将 X0 置位为 ON，模拟减速关门过程中有人出现的情景。观察是否能进入步 S25，延时后返回步 S20，开始高速开门。

（4）编程实验

设计满足第 5 章习题 27 中（见图 5-83）液体混合控制的顺序功能图要求的梯形图程序，用仿真软件调试程序。

A.22 使用 STL 指令的复杂的顺序功能图的编程实验

1．实验目的

通过实验，掌握有选择序列和并行序列的顺序控制程序的设计和调试方法。

2．实验内容

（1）专用钻床控制实验

打开例程"专用钻床控制"，打开仿真软件，程序被自动下载到仿真 PLC 中。用 3 个"软元件/缓冲存储器批量监视"视图监视从 X0、Y0 和 S0 开始的软元件。执行"窗口"菜单中的"垂直并排"命令。

令自动开关 X20 为 OFF，跳过自动程序，执行手动程序。根据图 5-43 中的手动程序，观察是否可以用手动按钮 X10～X17 分别控制 Y0～Y7。

令自动开关 X20 为 ON，跳过手动程序，执行自动程序。顺序功能图见图 A-11。

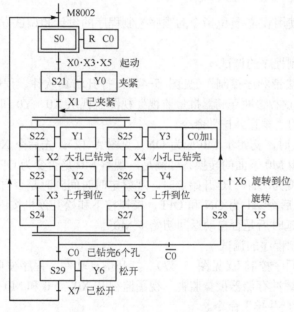

图 A-11　专用钻床顺序功能图

刚进入 RUN 模式时，初始步 S0 应为 ON，C0 的当前值应为 0，令大、小钻头上限位开关 X3、X5、旋转到位限位开关 X6 和已松开限位开关 X7 为 ON。先后令 X0 为 ON 和 OFF，模拟按下和松开起动按钮，观察是否能转换到步 S21，Y0 变为 ON，工件被夹紧。令已松开限位开关 X7 为 OFF。

令 X1 为 ON，模拟工件已被夹紧。观察是否能转换到步 S22 和 S25，Y0 变为 OFF，Y1 和 Y3 变为 ON，大、小钻头开始钻孔。C0 的当前值加 1 后变为 1。令上限位开关 X3 和 X5 为 OFF。

按顺序功能图分别先后令 X2、X3 和 X4、X5 为 ON 和 OFF，模拟钻头运动的限位开关变为 ON 和 OFF，观察是否能实现转换。

在 S24 和 S27 均为 ON 时，观察 S28 和 Y5 是否变为 ON，S24 和 S27 同时变为 OFF。

进入步 S28 后，将 X6 置为 OFF，模拟工作台开始旋转。再将 X6 置为 ON，模拟旋转到位，限位开关 X6 动作。观察是否能返回步 S22 和步 S25，C0 的当前值加 1 后变为 2。

按顺序功能图的要求模拟钻头运动的限位开关 X2～X5 的动作，直到转换到步 28。先后令 X6 为 ON 和 OFF，模拟旋转到位限位开关 X6 的断开和接通，观察是否能返回步 S22 和步 S25，C0 的当前值加 1 后变为设定值 3。

按顺序功能图的要求模拟钻头运动的限位开关 X2～X5 的动作，直到并行序列的两个子序列分别转换到步 S24 和 S27，此时 C0 的常开触点闭合，观察是否能转换到松开步 S29。令 X1（已夹紧）为 OFF，X7（已松开）为 ON，观察 Y6 是否变为 OFF，返回初始步 S0。

（2）剪板机控制的编程实验

用 STL 指令设计满足第 5 章习题 14（见图 5-74）的剪板机控制的顺序功能图和梯形图程序，用仿真软件调试程序。

A.23 使用置位/复位指令的顺序控制编程实验

1. 实验目的

通过实验，熟悉使用置位/复位指令的顺序控制程序的设计和调试方法。

2. 实验内容

（1）二运输带控制程序的调试

打开例程"二运输带顺序控制"（见图 5-46），打开仿真软件，程序被自动下载到仿真 PLC 中。用 3 个"软元件/缓冲存储器批量监视"视图监视从 X0、Y0 和 M0 开始的软元件。执行"窗口"菜单中的"垂直并排"命令。

刚进入 RUN 模式时，初始步 M0 应为 ON（见图 A-12）。先后令 X0 为 ON 和 OFF，模拟起动按钮的操作，步 M0 下面的转换条件满足，观察 M0 是否变为 OFF，M1 变为 ON，转换到了步 M1。Y1 应变为 ON，T0 开始定时。观察定时时间到时是否自动转换到步 M2，Y0 和 Y1 同时为 ON。先后令 X1 为 ON 和 OFF，模拟按下和松开停机按钮，观察是否从步 M2 转换到步 M3，经 T1 延时后是否自动返回初始步 M0。

（2）小车顺序控制程序的调试

打开例程"小车顺序控制"（见图 5-47），打开仿真软件，程序被自动下载到仿真 PLC 中。用 3 个"软元件/缓冲存储器批量监视"视图监视从 X0、Y0 和 M0 开始的软元件。执行"窗口"菜单中的"垂直并排"命令。

刚进入 RUN 模式时，初始步 M0 应为 ON（见图 A-13）。令 X0 为 ON，模拟左限位开关动作，为起动系统运行做好准备。先后令 X3 为 ON 和 OFF，模拟起动按钮的操作，观察是否能转换到步 M1。M0 变为 OFF，M1 和 Y0 变为 ON，小车右行。

令 X0 为 OFF，模拟小车离开左限位开关。先后令 X1 为 ON 和 OFF，模拟中限位开关动作，观察是否能转换到步 M2。Y0 变为 OFF，Y1 变为 ON，小车改为左行。

依次模拟 X0、X2 和 X0 对应的限位开关的动作和复位，观察是否能按顺序功能图的要求，顺序转换到步 M3 和 M4，最后返回初始步 M0。小车换向后，应将小车离开后的限位开关复位为 OFF。

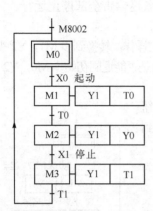

图 A-12 二运输带顺序功能图

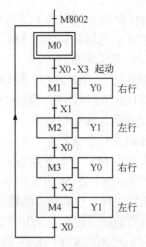

图 A-13 小车控制顺序功能图

（3）编程实验

设计满足第 5 章习题 17（见图 5-77）中的顺序功能图要求的梯形图程序，用仿真软件调试程序。

A.24 使用置位/复位指令的复杂的顺序功能图的编程实验

1．实验目的

通过实验，熟悉使用置位/复位指令的复杂的顺序控制程序的设计和调试方法。

2．实验内容

打开例程"三运输带顺序控制"，打开仿真软件，程序被自动下载到仿真 PLC 中。用 3 个"软元件/缓冲存储器批量监视"视图监视从 X0、Y0 和 M0 开始的软元件。执行"窗口"菜单中的"垂直并排"命令。

图 A-14 中的顺序功能图有 3 条可能的进展路线，应逐一检查，不能遗漏。

（1）运输带的正常起动和停车

刚进入 RUN 模式时，初始步 M0 应为 ON。先后令 X2 为 ON 和 OFF，模拟起动按钮的操作。观察是否能实现下述的转换：

1）转换到步 M1，Y2 变为 ON 并保持，最下面的 1 号运输带运行。

2）5s 后转换到步 M2，Y1 变为 ON 并保持，2 号和 1 号运输带同时运行。

3）再过 5s 后转换到步 M3，Y0 变为 ON，3 条运输带同时运行。

先后令 X1 为 ON 和 OFF，模拟停车按钮的操作，观察是否能实现下述的转换：

1）转换到步 M4，Y0 变为 OFF，最上面的 3 号运输带停止运行。

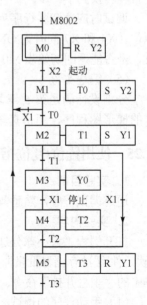

图 A-14 三运输带顺序功能图

2）5s 后转换到步 M5，Y1 变为 OFF，中间的 2 号运输带停止运行。

3）再过 5s 后返回到初始步 M0，Y2 变为 OFF，3 条运输带全部停止运行。

（2）起动一条运输带时停车

在初始步时先后令 X2 为 ON 和 OFF，模拟起动按钮的操作，转换到步 M1，Y2 变为 ON。在 5s 内先后令 X1 为 ON 和 OFF，模拟停车按钮的操作，观察是否能返回初始步 M0，Y2 变为 OFF。

（3）起动两条运输带时停车

在初始步时先后令 X2 为 ON 和 OFF，模拟起动按钮的操作，转换到步 M1，Y2 变为 ON 并保持。5s 后转换到步 M2，Y1 变为 ON。在 5s 内先后令 X1 为 ON 和 OFF，模拟停车按钮的操作，观察是否能转换到步 M5，Y1 变为 OFF。5s 后是否能返回初始步 M0，Y2 变为 OFF。

（4）有并行序列的顺序功能图的调试实验

打开例程"双面组合机床控制"，打开仿真软件，程序被自动下载到仿真 PLC 中。用 3 个"软元件/缓冲存储器批量监视"视图监视从 X0、Y0 和 M0 开始的软元件。执行"窗口"菜单中的"垂直并排"命令。

刚进入 RUN 模式时，初始步 M0 应为 ON（见图 A-15）。令 X4 和 X7 为 ON，模拟两侧滑台均在起始位置。先后令 X0 为 ON 和 OFF，模拟起动按钮的操作，观察是否从初始步 M0 转换到步 M1，Y0 变为 ON。令 X1 为 ON，工件被夹紧，观察 M2 和 M6 是否同时变为 ON。

以后根据顺序功能图，在前级步为活动步时，令转换条件 X2~X4、X5~X7 分别顺序为 ON 和 OFF，观察是否能转换到下一步。

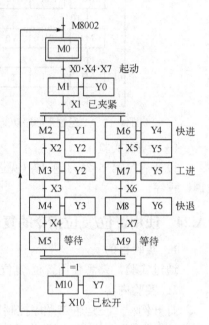

图 A-15 双面组合机床顺序功能图

调试时应注意并行序列开始的两步 M2 和 M6 是否同时变为活动步；左右滑台分别退回原位（X4 和 X7 同时为 ON），进入等待步 M5 和 M9 时，是否能转换到步 M10；X10 为 ON 时，是否能返回初始步 M0。

（5）编程实验

分别设计满足第 5 章习题 20（见图 5-80）和习题 21（见图 5-81）中的顺序功能图要求的梯形图程序，用仿真软件调试程序。

A.25　使用置位/复位指令的大小球分选控制实验

1．实验目的

通过调试程序，熟悉具有多种工作方式的系统的顺序控制程序的设计和调试方法。

2．实验内容

打开例程"大小球分选控制"，打开仿真软件，程序被自动下载到仿真 PLC 中。用 3 个"软元件/缓冲存储器批量监视"视图监视从 X0、Y0 和 M0 开始的软元件。执行"窗口"菜单中的"垂直并排"命令。大小球分选系统的 PLC 外部接线图见图 5-56。

（1）手动程序的调试

令 X10 为 ON，进入手动工作方式。调试时根据手动程序，检查各手动按钮是否能控制相应的输出量，有关的限位开关是否起作用。

最后令左限位开关 X1 和上限位开关 X4 为 ON，吸合阀 Y4 为 OFF，原点条件标志 M5 和初始步 M0 应为 ON，然后切换到自动模式。

（2）单周期工作方式的调试

为了正确地模拟系统的工作情况，除了在各步结束时提供适当的转换条件（将某个输入继电器置位为 ON），还应根据表 A-1 的要求，在某些步将某些输入继电器复位为 OFF。例如在右行步 M23，机械手右行后，离开了左限位开关 X1，所以应将 X1 复位为 OFF。将表 A-1 中的 M21～M23 改为 M24～M26，X2 改为 X3，可用于调试搬运小球的控制程序。

表 A-1　调试机械手搬运大球的表格

步	M0 初始	M20 下降	M21 吸合	M22 上升	M23 右行	M27 下降	M28 释放	M29 上升	M30 左行
复位操作	—	复位 X4	—	—	复位 X1	复位 X4	—	复位 X5	复位 X2
转换条件	X16·M5	T0·$\overline{X5}$	T1	X4 置位	X2 置位	X5 置位	T2	X4 置位	X1 置位
其他输入的状态	X4=1 X1=1	— X1=1	— X1=1	— X1=1	X4=1 —	— X2=1	X5=1 X2=1	— X2=1	X4=1 —

在原点条件标志 M5 为 ON，初始步 M0 为活动步时，令手动开关 X10 为 OFF，单周期开关 X13 为 ON，进入单周期工作方式。先后令 X16 为 ON 和 OFF，模拟起动按钮的操作，观察是否能从初始步 M0 切换到下降步 M20（见图 A-16），M0 变为 OFF，M20 变为 ON。

机械手下降后上限位开关 X4 变为 OFF，因此在下降步应将 X4 复位为 OFF。令下限位开关 X5 为 OFF，4s 后 T0 的定时时间到时，切换到吸合大球步 M21，吸合电磁阀 Y4 变为 ON 并被保持，直到在释放步被复位。

2s 后 T1 的定时时间到，自动切换到上升步 M22。以后按表 A-1 的要求，在各步对输入继电器进行操作，定时器提供的转换条件是自动产生的。观察是否能按顺序功能图的要求实现步的活动状态的转换，各步的动作（输出继电器的状态）是否正确。

调试完搬运大球的程序后，还应调试搬运小球的程序。

（3）连续工作方式的调试

在初始步为活动步时，令单周期开关 X13 为 OFF，连续开关 X14 为 ON，进入连续工作方式，此时 M5 应为 ON。先后令 X16 为 ON 和 OFF，模拟起动按钮的操作，观察是否能从初始步 M0 切换到下降步 M20，"转换允许"标志 M6 是否变为 ON。按照与单周期方式相同的方法，根据顺序功能图，在各步提供相应的转换条件，观察步与步之间的转换是否正常。在左行步 M30 时，令左限位开关 X1 为 ON，观察是否能返回下降步 M20。在以后的某一步模拟停止按钮 X17 的操作，观察连续标志 M7 是否变为 OFF，完成最后一个工作周期剩余各步的任务后，是否能从左行步 M30 返回初始步 M0。

（4）单步工作方式的调试

在初始步为活动步时，令连续开关 X14 为 OFF，单步开关 X12 为 ON，进入单步工作方式，此时 M5 应为 ON。先后令 X16 为 ON 和 OFF，模拟起动按钮的操作，观察是否能从初始步 M0 转换到下降步 M20。T0 的定时时间到时，是否能自动转换到吸合步 M21。以后的每一步都需要在转换条件满足时提供起动按钮信号，才能转换到下一步，直到回到初始步。

（5）回原点工作方式的调试

令单步开关 X12 为 OFF，回原点开关 X11 为 ON，进入回原点工作方式。按回原点工作方式的顺序功能图（见图 A-17）检查回原点程序。

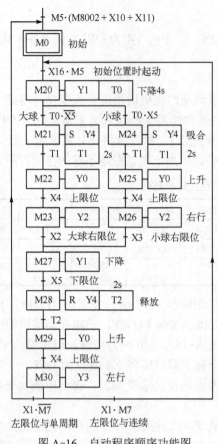

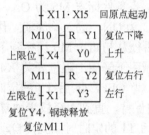

图 A-16　自动程序顺序功能图　　　图 A-17　回原点顺序功能图

令上限位开关 X4 和左限位开关 X1 均为 OFF，Y1、Y2 和 Y4 为 ON。先后令 X15 为 ON 和 OFF，模拟按下和松开回原点起动按钮 X15，观察是否能进入上升步 M10，Y1 被复位，Y0 变为 ON，机械手上升。令上限位开关 X4 为 ON，观察是否能转换到左行步 M11，Y2 被复位，Y3 变为 ON，机械手左行。令左限位开关 X1 为 ON，观察是否能复位 M11 和 Y4，钢球被释放；Y3 变为 OFF，停止左行；M5 和 M0 变为 ON，为自动运行做好了准备。

（6）公用程序的调试

公用程序见图 5-58。在自动程序运行时切换到手动模式或回原点模式，检查除初始步 M0 之外，其余各步对应的辅助继电器 M20～M30 中为 ON 的是否被复位。

在回原点方式时切换到非回原点方式，检查回原点方式各步对应的辅助继电器 M10 和 M11 是否被复位。在连续方式切换到非连续方式，检查连续标志 M7 是否被复位。

（7）多种工作方式控制系统的编程实验

设计满足第 5 章习题 28 中（见图 5-83）要求的梯形图程序，用仿真软件调试程序。

A.26　PLC 并联链接通信实验

1. 实验目的

通过实验，熟悉并联链接通信的硬件接线与编程方法。

2．实验设备与硬件连接

两台配有功能扩展板 FX_{3G}-485-BD 或 FX_{3U}-485-BD 的 FX3 系列 PLC、安装有 GX Works2 的计算机 1 台和编程电缆 1 根。

并联链接的接线见图 A-18，SG 为信号公共线。网络两端的设备的 RDA 与 RDB 端子之间应接 110Ω终端电阻。

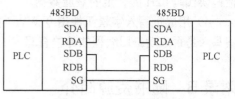

图 A-18　并联链接接线图

3．实验内容

打开例程"并联链接主站"和"并联链接从站"，将它们的程序分别写入两台 PLC，令两台 PLC 处于 RUN 模式，进行下面的操作：

观察两台 PLC 的 X0～X7 是否能分别控制对方的 Y0～Y7。

修改主站的 D0 的值，观察它的值大于或小于 100 时是否能改变从站的 Y10 的状态。修改从站的 D10 的值，然后接通主站的 X10，使 T0 开始定时，观察从站的 D10 是否能改变主站的 T0 的设定值。

A.27　计算机链接通信实验

1．实验目的

通过实验，熟悉计算机链接通信协议的命令和使用方法。

2．实验设备

FX3 系列 PLC 1 台，安装有 GX Works2 与 PLC 串口通信调试软件的计算机 1 台，编程电缆 1 条，232-BD 通信用功能扩展板（例如 FX_{3G}-232-BD）1 块，USB/RS-232C 转换器 1 个。

安装好编程电缆和 USB/RS-232 转接器的驱动程序后，用 USB/RS-232 转接器连接 FX-232-BD 的 RS-232C 端口和计算机的 USB 端口。用编程电缆连接 PLC 的编程端口和计算机的 USB 端口。打开计算机的设备管理器的"端口"文件夹，观察连接 USB/RS-232 转接器和编程电缆的 USB 端口对应的两个 COM 口的编号。

在用串口通信调试软件读写 PLC 存储区时，可以用编程软件监视和修改 PLC 的存储区。

3．实验内容

打开例程"计算机链接通信"，将程序写入 PLC，令 PLC 处于 RUN 模式。图 6-21 是通信的初始化程序。通信参数如下：数据位为 8 位，无奇偶校验，1 个停止位，传输速率为 19200bit/s，有校验和，计算机链接协议，RS-232C 端口，控制协议格式 1。写入 D8120 的十六进制数为 H6891。

假设 USB/RS-232 转接器对应的 COM 口为 COM4，用串口通信调试软件设置通信端口为 COM4，按上面的要求设置通信参数。

2）用"软元件/缓冲存储器批量监视视图-1"监视从 D10 开始的数据寄存器。用十六进制格式设置 D10～D12 的值。

参考 6.4.2 节，用成批读出字软元件指令 WR 读取 D10～D12 的值。用串口通信调试软件生成 WR 指令数据，发送给 PLC 后，观察 PLC 返回的响应数据中 D10～D12 的值是否正确。

3）向 PLC 发送包含错误的和校验码的指令数据，观察 PLC 是否返回以 NAK 开始的包括错误代码 02H 的否定的响应数据。

　　4）用成批写入字软元件指令 WW 向 D10～D12 写入数据，通过 PLC 返回的响应数据观察写入是否成功。用编程软件检查写入的数据是否正确。

附录 B　随书资源简介

　　本书配有 31 个视频教程、40 个例程和用户手册，读者可以扫描本书封底"IT"字样的二维码，输入本书书号中的 5 位数字（63522），就可以获取下载链接。后缀为 pdf 的用户手册用 Adobe Reader 或兼容的阅读器阅读，可以在互联网下载阅读器。

　　1．软件

　　\GX Works2 编程软件 V1.570U 版

　　\串口通信调试软件

　　\CH340 驱动（232 转 USB）

　　2．多媒体视频教程

　　（1）第 2、3 章视频教程

　　编程软件使用入门，生成用户程序，程序编辑器的操作，生成注释、声明与注解，指令帮助信息的使用，设置连接目标与写入程序，程序的监控调试与读取，仿真软件使用入门，定时器的基本功能，计数器的基本功能。

　　（2）第 4 章视频教程

　　应用指令基础，比较指令应用，循环移位指令应用，四则运算指令应用，逻辑运算指令应用，浮点数运算指令应用，子程序的编写与调用，输入中断程序，定时器中断程序，方便指令应用，生成与调用函数 A，生成与调用函数 B，生成与调用功能块 A，生成与调用功能块 B。

　　（3）第 5 章视频教程

　　定时器应用电路，旋转工作台顺控程序，自动门顺控程序的调试，小车顺控程序的调试，双面组合机床顺控程序。

　　（4）第 6 章视频教程

　　计算机链接实验 A，计算机链接实验 B。

　　3．用户手册

　　FX3GA 系列微型可编程控制器硬件手册，FX3G 系列微型可编程控制器用户手册硬件篇，FX3G 系列微型可编程控制器硬件手册，FX3SA 系列微型可编程控制器硬件手册，FX3S 系列微型可编程控制器用户手册硬件篇，FX3UC 系列微型可编程控制器用户手册硬件篇，FX3U 系列微型可编程控制器用户手册硬件篇，FX3U 系列微型可编程控制器硬件手册，FX3 系列微型可编程控制器编程手册 基本·应用指令说明书，FX3 系列微型可编程控制器用户手册 MODBUS 通信篇，FX3 系列微型可编程控制器用户手册模拟量控制篇，FX5U 样本，FXCPU 结构化编程手册 软元件·公共说明篇，FXCPU 结构化编程手册顺控指令篇，FXCPU 结构化编程手册应用函数篇，FX 系列微型可编程控制器用户手册通信篇，GX Works2 Version 1 操作手册公共篇，GX Works2 Version1 操作手册结构化工程篇，三菱电机自动化综合样本，三菱通用变频器 FR-E700 使用手册（基础篇），三菱通用变频器 FR-E700 使用手册（应用篇），微型可编程控制器 FX 系列样本。

4．例程

第 2、3 章例程：入门例程，定时器应用，计数器应用，基本指令，抢答指示灯。

第 4 章例程：应用指令，数据传送指令，移位指令，数据处理指令，四则运算指令，逻辑运算指令，浮点数转换，浮点数运算，跳转指令，子程序调用，多条 FEND 指令，运输带子程序，输入中断程序，定时器中断程序，定时器中断彩灯控制，循环程序，双重循环程序，方便指令，时钟指令，生成与调用函数，生成与调用功能块。

第 5 章例程：刀架控制，小车往返次数控制，定时器应用，计数器应用，运输带控制，时序控制，旋转工作台控制，运料矿车控制，自动门控制，专用钻床控制，二运输带顺序控制，小车顺序控制，三运输带顺序控制，双面组合机床控制，大小球分选控制。

第 6、7 章例程：并联链接主站，并联链接从站，N∶N 网络主站，N∶N 网络从站 1，N∶N 网络从站 2，变频器通信，计算机链接通信，模拟量输入程序，工频变频电源切换。

参 考 文 献

[1] 廖常初. FX 系列 PLC 编程及应用[M]. 3 版. 北京：机械工业出版社，2019.

[2] 廖常初. PLC 编程及应用[M]. 5 版. 北京：机械工业出版社，2019.

[3] 廖常初. S7-300/400 PLC 应用技术[M]. 4 版. 北京：机械工业出版社，2016.

[4] 廖常初. S7-1200 PLC 编程及应用[M]. 3 版. 北京：机械工业出版社，2017.

[5] 廖常初. S7-1200/1500 PLC 应用技术[M]. 北京：机械工业出版社，2018.

[6] 廖常初，陈晓东. 西门子人机界面（触摸屏）组态与应用技术[M]. 3 版. 北京：机械工业出版社，2018.

[7] 廖常初，祖正容. 西门子工业网络的组态编程与故障诊断[M]. 北京：机械工业出版社，2009.

[8] 廖常初. S7-200 SMART PLC 编程及应用[M]. 3 版. 北京：机械工业出版社，2019.

[9] 廖常初. S7-200 SMART PLC 应用教程[M]. 2 版. 北京：机械工业出版社，2019.

[10] 廖常初. S7-200 PLC 基础教程[M]. 4 版. 北京：机械工业出版社，2019.

[11] 廖常初. S7-1200 PLC 应用教程[M]. 北京：机械工业出版社，2017.

[12] 廖常初. 跟我动手学 S7-300/400 PLC[M]. 2 版. 北京：机械工业出版社，2016.

[13] 三菱电机株式会社. FX3 系列微型可编程控制器编程手册 基本·应用指令说明书[Z]. 2016.

[14] 三菱电机株式会社. FX 系列微型可编程控制器用户手册通信篇[Z]. 2016.

[15] 三菱电机株式会社. FX3 系列微型可编程控制器用户手册模拟量控制篇[Z]. 2015.

[16] 三菱电机株式会社. 微型可编程控制器 FX 系列样本[Z]. 2015.

[17] 三菱电机株式会社. 三菱电机自动化综合样本[Z]. 2017.

[18] 三菱电机株式会社. GX Works2 Version 1 操作手册公共篇[Z]. 2016.

[19] 三菱电机株式会社. GX Works2 Version1 操作手册结构化工程篇[Z]. 2016.

[20] 三菱电机株式会社. FXCPU 结构化编程手册应用函数篇[Z]. 2009.

[21] 三菱电机株式会社. FXCPU 结构化编程手册顺控指令篇[Z]. 2008.

廖常初　重庆大学教授。我国知名的自动化专家，PLC 领域著名作者，西门子官方特邀培训专家。曾长期在企业从事机械、电气技术工作，长期从事工业控制和 PLC 应用的教学、科研和工程应用工作，具备丰富的实际经验和教学经验。多年来编写了多部 PLC 领域的国内销量超 10 万册的经典著作。

廖老师编写的图书以严谨、实用、细致著称，得到了学术界和企业界的一致认可。为了更好地服务于读者，廖老师充分利用网络社区平台开设个人博客，积极与网友交流。同时他还参与各项培训工作，多年来为众多从业者传道授业解惑，赢得了广大读者、网友们的好评和尊敬。

S7-200 PLC 基础教程　第 4 版

书号：978-7-111-61896-6　定价：45.00 元

作者：廖常初

推荐简言：本书介绍了 S7-200 的硬件结构、指令系统和编程软件的使用方法；功能指令的使用方法；一整套先进的数字量控制系统梯形图的设计方法；S7-200 的通信功能和通信程序的设计方法，以及 PLC 之间、PLC 与变频器之间通信的编程和实现的方法；PID 控制和 PID 参数的整定方法、提高 PLC 控制系统硬件可靠性的措施、触摸屏的组态和应用，以及常用的编程向导的使用方法。附录有 32 个实验指导书。本书免费电子资源包括 40 多个二维码视频、相关软件、用户手册、40 多个例程、电子课件和习题答案。

S7-300/400 PLC 应用教程　第 3 版

书号：978-7-111-54209-4　定价：55.00 元

作者：廖常初

推荐简言：本书介绍了西门子 S7-300/400 PLC 的硬件结构和硬件组态、指令、程序结构、PID 闭环控制、编程软件和仿真软件的使用方法；一整套开关量控制系统的编程方法；西门子的各种通信网络和通信服务的组态和编程的方法、网络控制系统的故障诊断方法、用仿真软件在计算机上模拟运行和监控 PLC 用户程序的方法；以及通过仿真学习 PID 参数整定的方法。本书光盘提供相关软件、用户手册、例程和 30 多个多媒体视频。

S7-200 SMART PLC 应用教程　第 2 版

书号：978-7-111-62526-1　定价：45.00 元

作者：廖常初

推荐简言：本书全面介绍了 S7-200 SMART 的硬件组成、工作原理、指令系统和编程软件的使用方法；设计数字量控制系统梯形图的顺序控制设计法；PLC 之间、PLC 与变频器之间通信的编程和调试的方法；PID 控制系统和 PID 参数的整定方法、提高系统可靠性的硬件措施、触摸屏的组态和应用，以及常用的编程向导的使用方法。通过大量的例程，介绍了功能指令的使用方法。附录中有 32 个实验指导书。本书提供 40 多个多媒体视频教程、40 多个例程、相关软件和用户手册、电子课件和习题答案。

S7-1200 PLC 应用教程

书号：978-7-111-57703-4　定价：39.90 元

作者：廖常初

推荐简言：本书介绍了 S7-1200 的硬件结构和硬件组态、指令、程序结构、PID 闭环控制、编程软件和仿真软件的使用方法；一整套易学易用的开关量控制系统的编程方法；多种通信网络和通信服务的组态和编程的方法；网络控制系统的故障诊断方法；精简系列面板的组态与仿真的方法；用仿真软件在计算机上模拟运行和监控 PLC 用户程序的方法；以及通过仿真学习 PID 参数整定的方法。附录有 20 多个实验的指导。本书提供电子课件。